现代信息管理与信息系统系列教材

上海市第四期教育高地（信息管理与信息系统）建设成果

计算机信息技术

JISUANJI XINXI JISHU

王裕明　李跃文／主　编

李红艳　范君晖／副主编

清華大學出版社

北　京

内容简介

本书是为非计算机专业的学生学习计算机信息技术而编写的教材。本着理论和实际相结合的角度，系统、全面地介绍了计算机信息技术的概念和发展；从信息技术的角度，对信息的产生、传输、管理和处理等内容进行介绍，使全书结构合理、内容丰富而实用；各章既具独立性又有连贯性，从头到尾贯穿了信息在计算机中的各种表现和处理方法。让读者不仅能学会计算机的基本操作，而且还能掌握计算机的基本原理、基本知识和基本方法，为后续课程的学习打下良好的基础。

本书可作为高等院校信息管理与信息系统及相关专业的基础课程教材或参考书，亦可作为信息工作者的参考书。

图书在版编目(CIP)数据

计算机信息技术 / 王裕明，李跃文主编. —北京：清华大学出版社，2011.5（2023.8重印）
现代信息管理与信息系统系列教材
ISBN 978-7-302-23549-1

Ⅰ. ①计… Ⅱ. ①王… ②李… Ⅲ. ①电子计算机—基本知识—高等学校—教材 Ⅳ. ①TP3

中国版本图书馆 CIP 数据核字(2010)第 157838 号

责任编辑：刘志彬
责任校对：宋玉莲
责任印制：宋 林

出版发行：清华大学出版社
网 址：http://www.tup.com.cn，http://www.wqbook.com
地 址：北京清华大学学研大厦 A 座 邮 编：100084
社 总 机：010-83470000 邮 购：010-62786544
投稿与读者服务：010-62776969，c-service@tup.tsinghua.edu.cn
质 量 反 馈：010-62772015，zhiliang@tup.tsinghua.edu.cn
印 装 者：北京国马印刷厂
经 销：全国新华书店
开 本：185mm×230mm **印 张**：16.25 **字 数**：322 千字
版 次：2011 年 5 月第 1 版 **印 次**：2023 年 8 月第 9 次印刷
定 价：45.00 元

产品编号：039004-03

总　序

作为一种资源，信息是人类智慧的结晶和财富，是社会进步、经济与科技发展的源泉。信息同物质、能源一起，成为现代科学技术的三大支柱：物质为人类提供材料，能源向人类提供动力，而信息为人类奉献知识和智慧。

在人类发展史上，还没有哪种技术能够像信息技术这样对人类社会产生如此广泛而深远的影响。而现代信息技术，特别是采用电子技术来开发与利用信息是时代的需要，是世界性潮流、是人类社会发展的必然趋势，并正以空前的速度向前发展。

环顾当今世界，几乎每个国家都把信息技术视为促进经济增长、维护国家利益和实现社会可持续发展的最重要的手段，信息技术已成为衡量一个国家的综合国力和国家竞争实力的关键因素。

在国内，随着信息化建设的进一步深化，特别是电子商务和电子政务的兴起，社会各界对于信息管理人才的需求越来越多，要求也越来越高。这表明，"信息管理与信息系统"作为管理科学的一个重要分支，已经成为信息时代人才培养不可缺少的一个重要方面。

作为上海市优秀教学团队，上海工程技术大学信息管理与信息系统专业教师队伍在学科建设中，秉承面向国际、面向服务国家和地区经济建设的宗旨，坚持教学与研究相结合、理论与实践相结合，在近20年的专业建设中取得了一系列丰硕的教学与研究结果。

为了使读者进一步掌握信息管理理论和技术，也为了让研究成果更好地服务于社会，我们组织了一批长期从事信息管理与信息系统教学和研究的教师撰写了本系列教材。

本着培养"宽口径、厚基础、重应用、高素质"德才兼备、一专多能的信息管理类人才的原则，本系列教材以理论与实践相结合，注重系统性、基础性，突出应用性作为编写理念。因此，体现出以下三个方面的特点：

(1) 构建与人才培养目标相适应的教材体系。

教材建设的关键在于构建与人才培养目标相适应的知识内容体系。作为21世纪信息管理与信息系统专业的教材必须适应"以信息化带动工业化"的国家发展战略，以运筹学、系统工程等管理科学为研究方法，以计算机科学与技术为支持工具，构建培养读者掌握企业实施管理信息化所必需的知识体系。

本系列教材密切结合我国社会主义市场经济的发展对人才的需要，紧跟时代的发展，

不断补充和引进新的教学内容，增加信息技术方面的最新进展，紧紧围绕上述培养目标建设面向21世纪的信息管理与信息系统专业课程体系，并在此基础上进行教材体系的建设。

(2) 重视理论体系架构的完整性和鲜明性。

本系列教材可以使读者了解信息管理过程中，各个环节所应用的信息技术，了解信息管理系统的规划、开发和管理的内容，从而体会到信息管理的三大支撑学科——经济学、管理学和计算机科学在信息技术和信息系统所实现的信息管理中的内在联系和作用。

本系列教材由三个层次模块的教材组成，三个层次模块既有本身的核心知识内容，又紧密联系，形成了知识结构系统性的特点。其中：

- 信息管理的基础理论模块，如《信息资源管理》、《系统工程——方法应用》、《运筹学》等；
- 信息管理的技术模块，如《Java语言编程实践教程》、《信息系统分析与设计》、《数据结构与程序设计》、《数据库系统原理及应用》等；
- 信息管理的应用模块，如《电子商务》、《管理信息系统理论与实践》等。

(3) 体现专业知识内容的应用性。

本系列教材强调理论联系实际，充分结合信息技术的实践和我国信息化的实际，注重理论的实际运用，全面提升"知识"与"能力"。在教材编写的过程中，教材案例编排的逻辑关系清晰，应用广泛，针对性强。本系列教材在注重理论与实践相结合的同时，也提高了实际应用的可操作性。

本套教材内容丰富，信息量大，章节结构符合教学需要和计算机用户的学习习惯。每章的开始，列出了"学习目标"和"本章重点"，便于读者提纲挈领地掌握各章知识点，每章的最后还附有"案例分析"和"习题"两部分内容，教师可以参照上机练习，实时指导学生进行上机操作，使学生及时巩固所学知识。

丛书编著做到了专业知识体系框架完整。在内容安排上，各教材内容广泛汲取了同类教材的精华，借鉴了本领域内众多专家和学者的观点和见解。

本套丛书在编写过程中参阅了大量的中外文参考书和文献资料，在此向国内外有关作者表示衷心的感谢。

由于编者水平和时间所限，如有错误和遗漏之处，敬请读者提出宝贵意见。

汪　泓

2010年4月

于上海工程技术大学

前　言

信息社会以计算机技术为特征。计算机进入大学课堂，并被列为大学基础类课程，反映了计算机应用已成为信息社会发展的重要标志，而具有计算机应用能力是计算机应用人才的主要特征。按照高等院校非计算机专业大学生培养目标要求，计算机应用能力包括三个层次：操作使用能力、应用开发能力和研究创新能力。本教材以计算机操作使用能力的培养作为主要目标，着重培养大学生的信息素养。

本书在编写过程中注意到以下几个方面：

(1) 在组成和结构上，能够更系统、更深入地介绍计算机科学与技术的基本概念、基本原理、基本技术和方法。

(2) 在内容的选择上，针对非计算机专业学生的特点，既考虑初学计算机的学生需要，系统地介绍办公软件的应用，同时又增设了一些软件使用技巧以提高有一定计算机操作技术的学生的学习积极性，强调理论和实践相结合。

(3) 教材以 Microsoft Windows 7 和 Office 2007 为平台，在内容上加强了网络中的数据通信知识、网络应用的基础知识和信息系统基础等内容。

本书共分 9 章，分别介绍计算机系统简介、计算机数据的存取与处理、用户界面与操作系统、网络与数据通信、文字处理、电子表格处理、演示文稿处理、信息系统理论基础，以及计算机的科学应用。

各章的写作分工如下：王裕明编写第 1～3 章；李跃文编写第 5～7 章；李红艳编写第 4 章和第 8 章；范君晖编写第 9 章。

本书在编写过程中，一直得到国家教育部管理科学与工程教学指导委员会副主任委员、校长汪泓教授的关心和支持，初稿完成后，她又在百忙之中抽空审阅了全书。吴忠教授等也对本书的编写提出了宝贵的修改意见，在此一并表示感谢！

本书参考和引用了大量国内外的著作、论文和研究报告。由于篇幅有限，本书仅仅列举了主要文献。我们向所有被参考和引用论著的作者表示由衷的感谢，他们辛勤劳动的成果为本书提供了丰富的资料。

由于编者水平和时间所限，书中如有不足之处，敬请读者提出宝贵意见。

编　者

2010 年 12 月

目 录

第1章 计算机系统简介

本章关键词

计算机系统(computer system)　信息技术(information technology)

本章要点

本章主要介绍了计算机的发展与分类、计算机在信息社会中的应用。

重点掌握：计算机的分类、特点与应用。

计算机是一种能按照人们事先编写的程序连续、自动地工作，能对输入的数据进行加工、存储、传送，由电子部件和机械部件组成的电子设备。计算机及其应用已渗透到社会的各个领域，有力地推动了整个信息化社会的发展。计算机已成为人们生活中必不可少的现代化工具，从而形成了一种被称为人类的“第二文化”——“计算机文化”。

1.1 计算机的发展与分类

1.1.1 计算机的发展

1946年第一台电子计算机的诞生标志着计算机时代的到来。在以后的60多年里，计算机技术发展异常迅速，在人类科技史上还没有哪一门学科是可以与电子计算机的发展速度相提并论的。纵观计算机技术的发展历程，无论是构成计算机系统的软件还是硬件，每隔一段时间都会出现重大的变革，人们通常将这个变革称为计算机换代，迄今为止计算机的发展已经历了四代。

第一代：电子管计算机(1945—1956年)

在第二次世界大战中，美国政府寻求计算机以开发潜在的战略价值，这促进了计算机的研究与发展。1944年Howard H. Aiken(1900—1973年)研制出全电子计算器，为美国海军绘制弹道图。这台简称为Mark I的机器有半个足球场大，内含500mi① 的电线，

① 1mi=1.609 344km。

使用电磁信号来移动机械部件，速度很慢(3～5s一次计算)并且适应性很差，只能用于专门领域，但是它既可以执行基本算术运算，也可以运算复杂的等式。

1946年2月14日，美国宾夕法尼亚大学研制成功了第一台全自动"电子数字积分计算机——ENIAC"(electronic numerical integrator and computer)在费城公诸于世。ENIAC是计算机发展史上的里程碑，它通过不同部分之间的重新接线编程，还拥有并行计算能力。ENIAC由美国政府和宾夕法尼亚大学合作开发，使用了18 000个电子管，70 000个电阻器，有500万个焊接点，耗电160kW，其运算速度比Mark I快1 000倍。ENIAC是第一台普通用途计算机，如图1-1所示。

图1-1　世界上第一台电子计算机——ENIAC

20世纪40年代中期，冯·诺依曼(John von Neumann)参加了宾夕法尼亚大学的小组，1945年设计出电子离散可变自动计算机——EDVAC(electronic discrete variable automatic computer)，将程序和数据以相同的格式一起储存在存储器中，这使得计算机可以在任意点暂停或继续工作。冯·诺依曼计算机的关键部分是中央处理器，它使计算机所有功能通过单一的资源统一起来。

第一代计算机的特点是操作指令是为特定任务编制的，每种机器有各自不同的机器语言，功能受到限制，速度也慢。其另一个明显特点是使用真空电子管和磁鼓储存数据。

第二代：晶体管计算机(1956—1963年)

1948年，晶体管的发明大大促进了计算机的发展，晶体管代替了体积庞大的电子管，电子设备的体积不断减小。1956年，晶体管在计算机中使用，晶体管和磁芯存储器在计算机中的使用导致了第二代计算机的产生。第二代计算机体积小、速度快、功耗低、性能更稳定。首先使用晶体管技术的是早期的超级计算机，主要用于原子科学的大量数据处理。这些机器价格昂贵，生产数量极少。

1960 年，出现了一些成功地用在商业领域、大学和政府部门的第二代计算机。第二代计算机用晶体管代替电子管，还有现代计算机的一些部件：打印机、磁带、磁盘、内存、操作系统等。计算机中存储的程序使得计算机有很好的适应性，可以更有效地用于商业用途。在这一时期出现了更高级的 COBOL 和 FORTRAN 等语言，以单词、语句和数学公式代替了含混晦涩的二进制机器码，使计算机编程更容易。新的职业（程序员、分析员和计算机系统专家）和整个软件产业由此诞生。

第三代：集成电路计算机（1964—1971 年）

虽然晶体管比起电子管是一个明显的进步，但晶体管还是产生大量的热量，这会损害计算机内部的敏感部分。1958 年德州仪器的工程师 Jack Kilby 将三种电子元件结合到一块小小的硅片上，发明了集成电路（IC）。科学家使更多的元件集成到单一的半导体芯片上。这项技术成熟时，很快便被引入到计算机领域，从而使计算机变得更小、功耗更低、速度更快。这一时期的发展还包括使用了操作系统，使得计算机在中心程序的控制协调下可以同时运行许多不同的程序。

第四代：大规模集成电路计算机（1971 年至今）

集成电路出现后，唯一的发展方向是扩大规模。大规模集成电路 LSI 可以在一个芯片上容纳几百个元件。到了 20 世纪 80 年代，超大规模集成电路 VLSI 在芯片上容纳了几十万个元件，ULSI 已能在单个芯片上集成 108～109 个晶体管。可以在硬币大小的芯片上容纳如此数量的元件使得计算机的体积和价格不断下降，而功能和可靠性不断增强。

20 世纪 70 年代中期，计算机制造商开始将计算机带给普通消费者，这时的小型机带有友好界面的软件包、供非专业人员使用的程序以及最受欢迎的文字处理和电子表格程序。这一领域的先锋有 Commodore、Radio Shack 和 Apple Computers 等。

1981 年，IBM 推出个人计算机（PC）用于家庭、办公室和学校。20 世纪 80 年代个人计算机的竞争使得其价格不断下跌，微机的拥有量不断增加，计算机继续缩小体积，以至从桌上到膝上再到掌上。与 IBM PC 竞争的 Apple Macintosh 系列于 1984 年推出，Macintosh 提供了友好的图形界面，用户可以用鼠标方便地操作。

随着元件、器件的不断更新，传统计算机已经经历了上述的四代演变。它们都是属于以顺序控制和按地址寻索为基础的诺依曼机体制，都以高速数值计算为主要目标，而系统设计原理并没有多大的变化。由于硬件实现的功能过于简单，软件负担越来越重，造成了所谓的“软件危机”。技术体系上固有的局限性严重地妨碍了计算机性能的继续提高，从而限制传统计算机在 21 世纪信息社会中的广泛应用。因此，必须在崭新的理论和技术的基础上创造新一代计算机。新一代计算机是把信息采集、存储、处理、通信与人工智能结合在一起的智能计算机系统。它不仅能进行数值计算或处理一般的信息，而且主要面向知识处理，具有形式化推理、联想、学习和解释的能力，能够帮助人们进行判断、决策、开拓未知的领域和获取新的知识。人与计算机之间可以直接通过自然语言(声音、文字)或图像交换信息。新一代计算机系统又称第五代计算机系统,新一代计算机系统是为使用未来社会信息化的要求而提出的,其与前四代计算机有着质的区别。可以认为,它是计算机发展史上的又一次重大变革,将广泛应用于未来社会生活的各个方面。

我国计算机研究起步较晚,但是发展速度很快。1983 年,国防科技大学研制成功"银河-Ⅰ"巨型计算机,运行速度达每秒 1 亿次;1992 年,国防科技大学计算机研究所又成功研制了"银河-Ⅱ"巨型计算机,使计算机运行速度达到每秒 10 亿次;后来又成功研制成功了"银河-Ⅲ"巨型计算机,其运算速度达到了 130 亿次每秒,系统的综合技术已经达到了国际先进水平,填补了我国通用巨型计算的空白,标志着我国计算机的研制技术已经进入世界先进行列。特别是我国 2008 年研制的"曙光 5000A"巨型计算机(图 1-2),其运算速度已超过每秒 200 万亿次。

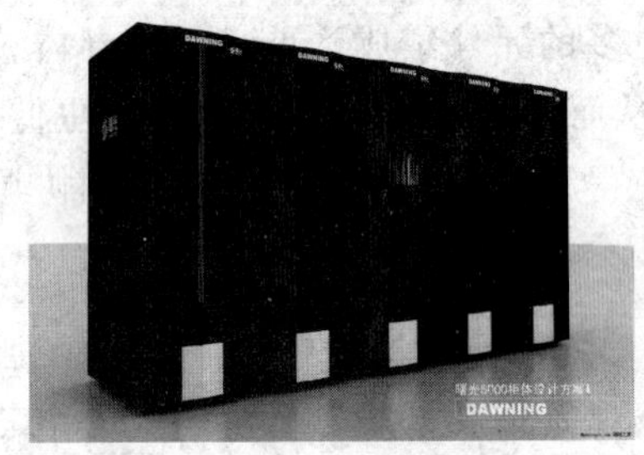

图 1-2 "曙光 5000A"巨型计算机

现代计算机的发展表现在两个方面:一是巨型化、微型化、多媒体化、网络化和智能化五种趋向;二是朝着非冯·诺依曼结构模式发展。巨型化是指高速、大存储容量和强功能的超大型计算机。现在运算速度高达每秒数万亿次。我国还在开发每秒 1 000 万亿次运算的超级计算机。微型机可渗透到诸如仪表、家用电器、导弹弹头等中、小型机无法进入的领地,所以发展异常迅速。当前微型机的标志是运算器和控制器集成在一起,今后将逐步发展到对存储器、通道处理机、高速运算部件、图形卡、声卡的集成,进一步将系统的软件固化,达到整个微型机系统的集成。

多媒体是指将以数字技术为核心的图像、声音与计算机、通信等融为一体的信息环境。多媒体技术的目标是无论在何地,只需要简单的设备就能自由自在地以交互和对话方式收发所需要的信息。其实质就是使人们利用计算机以更接近自然的方式交换信息。

计算机网络是现代通信技术与计算机技术相结合的产物。从单机走向联网,是计算机应用发展的必然结果。计算机网络把国家、地区、单位和个人连成一体,影响到普通人家的生活。

智能化是建立在现代化科学基础之上、综合性很强的边缘学科。它是让计算机来模拟人的感觉、行为、思维过程的机理,使它具备视觉、听觉、语言、行为、思维、逻辑推理、学习、证明等能力,形成智能型、超智能型计算机。智能化的研究包括模式识别、物形分析、自然语言的生成和理解、定理的自动证明、自动程序设计、专家系统、学习系统、智能机器人等。其基本方法和基本技术是通过对知识的组织和推理求得问题的解答,所以涉及的内容很广,需要对数学、信息论、控制论、计算机逻辑、神经心理学、生理学、教育学、哲学、法律等多方面知识进行综合。而人工智能的研究更使计算机突破了"计算"这一初级含

义，从本质上拓宽了计算机的能力，可以越来越多地代替或超越人类某些方面的脑力劳动。

1.1.2　新型的计算机

从第一台电子计算机诞生到现在，各种类型计算机都以存储程序方式进行工作，仍然属于冯·诺依曼型计算机。随着计算机应用领域的开拓更新，冯·诺依曼型的工作方式已不能满足需要，所以提出了制造非冯·诺依曼式计算机的想法。从目前的研究情况看，未来新型计算机将可能在下列几个方面取得革命性的突破。

1. 生物计算机

20 世纪 80 年代初，人们提出了生物芯片构想，着手研究由蛋白质分子或传导化合物元件组成的生物计算机。其最大的特点是采用了生物芯片，它由生物工程技术产生的蛋白质分子构成。在这种芯片中，信息以波的形式传播，运算速度比当今最新一代计算机快 10 万倍，而能量消耗仅相当于普通计算机的十分之一，并且拥有巨大的存储能力。由于蛋白质分子能够自我组合，再生新的微型电路，使得生物计算机具有生物体的一些特点，如能发挥生物体本身的调节机能，从而自动修复芯片发生的故障，还能模仿人脑的思考机制。

美国首次公诸于世的生物计算机被用来模拟电子计算机的逻辑运算，解决虚构的七城市间最佳路径问题。

目前，在生物计算机研究领域已经有了新的进展，预计在不久的将来，就能制造出分子元件，即通过在分子水平上的物理化学作用对信息进行检测、处理、传输和存储。另外，在超微技术领域也取得了某些突破，制造出了微型机器人。长远目标是让这种微型机器人成为一部微小的生物计算机，它们不仅小巧玲珑，而且可以像微生物那样自我复制和自我繁殖，可以钻进人体里杀死病毒，修复血管、心脏、肾脏等内部器官的损伤，或者让引起癌变的 DNA 突变发生逆转，从而使人延年益寿。

2. 光子计算机

光子计算机利用光子取代电子进行数据运算、传输和存储。在光子计算机中，不同波长的光表示不同的数据，可快速完成复杂的计算工作。由于光的速度是 30 万 km/s，是电子的 300 倍，所以理论上光计算机运算速度比目前的计算机高出 300 倍。

与传统的硅芯片计算机相比，光子计算机具有下列优点：超高速的运算速度、强大的并行处理能力、大存储量、非常强的抗干扰能力、与人脑相似的容错性等。据推测，未来光子计算机的运算速度可能比今天的超级计算机快 1 000～10 000 倍。1990 年，美国贝尔实验室宣布研制出世界上第一台光学计算机。它采用砷化镓光学开关，运算速度达 10 亿次/秒。尽管这台光学计算机与理论上的光学计算机还有一定距离，但其已显示出强大的

生命力。目前光学计算机的许多关键技术，如光存储技术、光存储器、光电子集成电路等都已取得重大突破。预计在未来一二十年内，这种新型计算机可取得突破性进展。

3. 量子计算机

量子计算机是由美国阿贡国家实验室提出来的。它基于量子力学的基本原理，利用质子、电子等亚原子微粒的从一个能态到另一个能态转变中，出现类似数学上二进制的特性。第一代至第四代计算机代表了它的过去和现在，从新一代计算机身上则可以展望到计算机的未来。虽然目前光计算机和量子计算机都还远没有到实用阶段，到目前为止，人们也还只是搭建出以人脑神经系统处理信息的原理为基础设计的非冯·诺依曼式计算机的模型，但就像查尔斯·巴贝奇100多年前的分析机模型和图灵60年前的“图灵机”都先后变成现实一样，人们有理由相信，今日还在研制中的非冯·诺依曼型计算机，将来也必将成为现实。

1.1.3 计算机的分类

随着计算机技术的发展和应用的推动，尤其是微处理器的发展，计算机的类型越来越多样化。根据用途及其使用范围的不同，计算机可以分为通用机和专用机。专用计算机功能单一、适应性差，但在特定用途下最有效、最经济、最快捷；通用计算机功能齐全、适应性强，但效率、速度和经济性相对于专用计算机来说要低。

从计算机的运算速度等性能指标来看，计算机主要有高性能计算机、微型机、工作站、服务器、嵌入式计算机等。但这种分类标准不是固定不变的，只能针对某一个时期。

1. 高性能计算机

高性能计算机是指目前速度最快、处理能力最强的计算机，其在过去被称为巨型机或大型机。目前，计算机运算速度最快的是日本NEC的Earth Simulator(地球模拟器)，它实测运算速度可达到每秒35万亿次浮点运算，峰值运算速度可达到每秒40万亿次浮点运算。高性能计算机数量不多，但却有重要的和特殊的用途。在军事上，其可用于战略防御系统、大型预警系统、航天测控系统等。在民用方面，其可用于大区域中长期天气预报、大面积物探信息处理系统、大型科学计算和模拟系统等。

中国的“巨型机之父”是2004年国家最高科学技术奖获得者金怡濂院士。他在20世纪90年代初提出了一个我国超大规模巨型计算机研制的全新的跨越式的方案，这一方案把巨型机的峰值运算速度从每秒10亿次提升到每秒3 000亿次以上，跨越了两个数量级，闯出了一条中国巨型机赶超世界先进水平的发展道路。

近年来我国巨型机的研发也取得了很大的成绩，推出了“曙光”、“联想”等代表国内最高水平的巨型机系统，并在国民经济的关键领域得到了应用。

中型计算机规模和性能介于大型计算机和小型计算机之间。小型计算机规模较小，

成本较低，易于维护，在速度、存储容量和软件系统的完善方面占有优势。小型计算机的用途很广泛，既可用于科学计算、数据处理，又可用于生产过程中自动控制和数据采集及分析处理。

2. 微型计算机

微型计算机又称个人计算机(PC)。1971年Intel公司的工程师成功地在一个芯片上实现了中央处理器CPU的功能，制成了世界上第一片4位微处理器Intel 4004，组成了世界上第一台4位微型计算机——MCS-4，从此揭开了世界微型计算机大发展的帷幕。随后许多公司如Motorola、Zilog等也争相研制微处理器，并先后推出了8位、16位、32位、64位微处理器。每18个月，微处理器的集成速度和处理速度便提高一倍，价格却下降一半。在目前的市场上CPU主要有：Intel的Core、Core2，AMD的Athlon64、Phenom等双核及四核产品。

自IBM公司于1981年采用Intel的微处理器推出IBM PC以来，微型计算机因其小、巧、轻、使用方便、价格便宜等优点在过去20多年中得到迅速的发展，并成为计算机的主流。今天，微型计算机的应用已经遍及社会的各个领域：从工厂的生产控制到政府的办公自动化，从商店的数据处理到家庭的信息管理，几乎无所不在。微型计算机的种类很多，主要分三类：台式机、笔记本电脑和个人数字助理PDA。

3. 工作站

工作站是一种介于微机与小型机之间的高档微机系统。自1980年美国Appolo公司推出世界上第一个工作站DN-100以来，工作站迅速发展，已成为专长处理某类特殊事务的一种独立的计算机类型。工作站通常配有高分辨率的大屏幕显示器和大容量的内、外存储器，具有较强的数据处理能力与高性能的图形功能。

早期的工作站大都采用Motorola公司的芯片，配置UNIX操作系统。现在的许多工作站采用Core2或Pheonm芯片，配置Windows XP/Vista或者Linux操作系统。与传统的工作站相比，搭配通用CPU和传统操作系统的工作站价格便宜。有人将这类工作站则称为个人工作站，而传统的、具有高图像性能的工作站则称为技术工作站。

4. 服务器

服务器是一种在网络环境中为多个用户提供服务的计算机系统。从硬件上来说，一台普通的微型机也可以充当服务器，关键是它要安装网络操作系统、网络协议和各种服务软件。服务器的管理和服务有文件、数据库、图形、图像以及打印、通信、安全、保密和系统管理、网络管理等服务。根据提供的服务的不同，服务器可以分为文件服务器、数据库服务器、应用服务器和通信服务器等。

5. 嵌入式计算机

嵌入式计算机是指作为一个信息处理部件，嵌入到应用系统之中的计算机。嵌入式

计算机与通用型计算机最大的区别是运行固化的软件,用户很难或不能改变。嵌入式计算机应用最广泛,数量超过微型机,目前广泛应用于各种家用电器之中,如电冰箱、自动洗衣机、数字电视机、数字照相机、手机等。

1.2 计算机的特点与应用

1.2.1 计算机的特点

计算机的发展虽然只有短短的几十年,但从没有一种机器像计算机这样具有如此强劲的渗透力,在人类发展中扮演着如此重要的角色。这与它的强大功能是分不开的,与以往的计算工具相比,计算机具有许多特点。

在处理对象上,计算机不仅可以处理数值信息,还可以处理包括数字、文字、符号、图形、图像乃至声音等在内的一切可以用数字加以表示的信息。在计算机内部采用二进制数字进行运算,表示二进制数值的位数越多,精度就越高。因此,可以用增加表示数字的设备和运用计算技巧的方法,使数值计算的精度越来越高。电子计算机的计算精度在理论上不受限制,一般的计算机均能达到 15 位有效数字,通过技术处理可以达到任何精度要求。

在处理内容上,计算机不仅能处理数值计算,还可以对各种信息作非数值处理,如进行信息检索、图形处理;不仅可以处理加、减、乘、除算术运算,也可以处理是、非逻辑判断,计算机可以根据判断结果,自动决定以后执行的命令。1997 年 5 月在美国纽约举行的“人机大战”,国际象棋世界冠军卡斯帕罗夫输给了国际商用机器公司 IBM 的超级计算机“深蓝”。“深蓝”的运算速度不算最快,但具有强大的计算能力,能快速读取所存储的 10 亿个棋谱,每秒钟能模拟 2 亿步棋,它的快速分析和判断能力是其取胜的关键。当然,这种能力是通过编制程序、由人赋予计算机的。

在处理方式上,只要人们把处理的对象和处理问题的方法步骤以计算机可以识别和执行的“语言”事先存储到计算机中,计算机就可以完全自动地对这些数据进行处理。计算机在工作中无须人工干预,能自动执行存储在存储器中的程序。人们事先规划好程序后,向计算机发出指令,计算机既可帮助人类去完成那些枯燥乏味的重复性劳动,也可控制以及深入到人类难以胜任的、有毒的、有害的作业场所。

在处理速度上,它运算高速。现在高性能计算机每秒能进行超过数百亿次的加减运算。例如,气象、水情预报要分析大量资料,用手工计算需 10 多天才能完成,从而失去了预报的意义。现在利用计算机的快速运算能力,1 分多钟就能作出一个地区的气象、水情预报。目前一般计算机的处理速度都可以达到每秒数百万次的运算,巨型机可以达到每秒近千亿次的运算。

计算机可以存储大量数据。目前一般微型机都可以存储几十万个、几百万个、几千万个乃至上亿个数据。计算机存储的数据量越大,可以记住的信息量也就越大。大容量的存储器能记忆大量信息,不仅包括各类数据信息,还包括加工这些数据的程序。

多个计算机借助于通信网络互相连接起来,可以超越地理界限,互发电子邮件,进行网上通信,共享远程信息和资源。

计算机具有超强的记忆能力、高速的处理能力、很高的计算精度和可靠的判断能力。人们进行的任何复杂的脑力劳动,如果能够分解成计算机可执行的基本操作,并以计算机可以识别的形式表示出来,存储到计算机中,计算机就可以模仿人的一部分思维活动,代替人的部分脑力劳动,按照人们的意愿自动地工作,所以有人也把计算机称为“电脑”,以强调计算机在功能上和人脑有许多相似之处,如人脑的记忆功能、计算功能、判断功能。电脑终究不是人脑,它也不可能完全代替人脑,但是说电脑不能模拟人脑的功能也是不对的。尽管电脑在很多方面远远比不上人脑,但它也有超越人脑的许多性能,人脑与电脑在许多方面有着互补作用。

1.2.2　计算机的应用

计算机之所以能得到迅速发展,其生命活力源于它的广泛应用。目前,计算机的应用范围几乎涉及人类社会的各个领域:从国民经济各部门到个人家庭生活,从军事部门到民用部门,从科学教育到文化艺术,从生产领域到消费娱乐,无处没有计算机的踪迹。计算机的应用主要归纳为以下六个方面。

1. 工业应用

自动控制是涉及面极广的一门学科。工业、农业、科学技术、国防乃至我们日常生活的各个领域都需要自动控制。在现代化工厂里,计算机普遍用于生产过程的自动控制。在生产过程中,采用计算机进行自动控制,可以大大提高产品的产量和质量,提高劳动生产率,改善人们的工作条件,节省原材料的消耗,降低生产成本等。用于生产过程自动控制的计算机,一般都是实时控制。它们对计算机的速度要求不高,但可靠性要求很高,否则将生产出不合格的产品,甚至发生重大设备事故或人身事故。

计算机辅助设计/计算机辅助制造(CAD/CAM)是借助计算机进行设计的一项实用技术。采用计算机进行辅助设计,不仅可以大大缩短设计周期,加速产品的更新换代,降低生产成本,节省人力物力,而且对保证产品质量有重要作用。由于计算机有快速的数值计算、较强的数据处理以及模拟的能力,因而在船舶、飞机等设计制造中,CAD/CAM占有越来越高的地位。在超大规模集成电路的设计和生产过程中,其中复杂的多道工序是人工难以解决的。使用已有的计算机辅助设计新的计算机,达到自动化或半自动化程度,从而减轻人的劳动强度并提高设计质量。

现代计算机更加广泛地应用于企业管理。由于计算机强大的存储能力和计算能力,现代化企业充分利用计算机的这种能力对生产要素的大量信息进行加工和处理，进而形成了基于计算机的现代化企业管理的概念。对于生产工艺复杂、产品与原料种类繁多的现代化企业，计算机辅助管理的意义是与企业在激烈的市场竞争中能否生存这个概念紧密相连的。

计算机辅助决策系统是计算机在人类预先建立的模型基础上，根据对所采集的大量数据的科学计算而产生出可以帮助人类进行判断的软件系统。计算机辅助决策系统可以节约人类大量的宝贵时间并可以帮助人类进行“知识存储”。

2. 科学计算

在科学技术及工程设计中所遇到各种数学问题的计算，统称为科学技术计算。它是计算机应用最早的领域，也是应用得较广泛的领域。例如，数学、化学、原子能、天文学、地球物理学、生物学等基础科学的研究，以及航天飞行、飞机设计、桥梁设计、水力发电、地质探矿等方面的大量计算都要用到计算机。利用计算机进行科学计算，可以节省大量的时间、人力和物力。

3. 商业应用

用计算机对数据及时地加以记录、整理和运算，加工成人们所要求的形式，称为数据处理。数据处理系统具有输入/输出数据量大而计算却很简单的特点。在商业数据处理领域中，计算机广泛应用于财会统计与经营管理中。自助银行是20世纪产生的电子银行的代表，完全由计算机控制的“银行自助营业所”可以为用户提供24小时的不间断服务。电子交易是指通过计算机和网络进行商务活动。电子交易是在Internet的广阔联系与传统信息技术系统的丰富资源相结合的背景下应运而生的一种网上相互关联的动态商务活动，是在Internet上展开的。

4. 教育应用

用计算机的通信功能利用互联网实现的远程教学是当今教育发展的重要技术手段之一。

远程教育可以解决教育资源的短缺和知识交流的问题。对于代价很高的实验教学和现场教学，可以用计算机的模拟能力在屏幕上展现教学环节，既达到教学目的又节约开支。多媒体技术的应用使得计算机与人类的沟通变得亲切许多。多媒体教学就是将原本呆板的文稿配上优美的声音、图像等，使教学效果更加完美。数字图书馆是将传统意义上的图书“数字化”。经过“数字化”的图书存放在计算机中，通过计算机网络可以同时为更多的读者服务。

5. 生活领域

应用数字社区是指现代化的居住社区。连接了高速网络的社区为拥有计算机的住户提供互联网服务，真正实现了“足不出户”就可以漫游网络世界的美好现实。信息服务行

业是 21 世纪的新兴产业，遍布世界的信息服务企业为人们提供着住房、旅游、医疗等诸多方面的信息服务。这些服务都是依靠计算机的存储、计算以及信息交换能力来实现的。

6. 人工智能

人工智能是将人脑中进行演绎推理的思维过程、规则和所采取的策略、技巧等变成计算机程序，在计算机中存储一些公理和推理规则，然后让机器去自动探索解题的方法，让计算机具有一定的学习和推理功能，能够自己积累知识，并且独立地按照人类赋予的推理逻辑来解决问题。

总之，计算机的应用已渗透到社会的各个领域，在现在与未来，它对人类的影响将越来越大。但是，我们必须清楚地认识到：计算机本身是人设计制造的，还要靠人来维护，人只有提高计算机的知识水平，才能充分发挥计算机的作用。

1.3　信息技术概述

1.3.1　信息技术的基础知识

信息技术的核心是计算机技术和远程通信技术。以往，人们把能源和物质材料看成是人类赖以生存的两大要素。而今，人们越来越认识到组成社会物质文明的要素除了能源和材料外，还有信息。信息技术从生产力变革和智力开发这两个方面推动着社会文明的进步。

信息、数据和媒体三者之间具有不可分割的、相互依存的密切关系。信息是现实世界中概念的、物质的事物的本质属性、存在方式和运动状态的实质性反映。

任何事物的存在，都伴随着相应的信息的存在。信息反映事物的特征、运动和行为。信息能借助媒体如空气、光波、磁波等传播和扩散。信息可以解释和定义为：

信息是可以减少或消除不确定性的内容。信息是控制系统进行调节活动时，与外界相互作用、相互交换的内容。信息是事物运动的状态和状态变化的方式。信息是事物发出的消息、情报、数据、指令、信号等当中包含的意义。从系统科学角度看，信息是物质系统中事物的存在方式或运动状态，以及对这种方式或状态的直接或间接的表述。通俗地说：信息是人们对客观存在的一切事物的反映，是通过物质载体所发出的消息、情报、指令、数据、信号中所包含的一切可传递和交换的知识内容。信息被认知、记载、识别、求精、证明就形成了知识。人类几千年的文化艺术和科学技术成果都是获取信息、认识信息，进行创新的伟大成果。

今天，人类还在不懈地探索，获取新的信息，并将其转化为知识，激发人类社会的发展，造福人类。如对基因组织的探索和研究就是使用一切新的理论、最先进的方法和技术获取基因信息。基因结构草图绘制完成是将基因组织信息转化为知识的过程和成果；发射空间站的目的是为了更进一步地获取宇宙空间的未知信息，表现了人类对宇宙知识的渴望、追求和探索。

信息可以转化为知识，这是人类对信息进行处理的结果。信息具有相对性，一部分人具有的知识，对另一部分人而言是信息。一部分人十分感兴趣、孜孜以求的信息，对另一部分人而言可能是毫无兴趣的无用信息。信息是无限的，而我们需要的信息却是有限的。今天在信息的海洋中获取自己需要的信息是一种极重要的能力。

数据是表达和传播信息的载体或工具。它可以是文字符号，如数字串、文字串、符号串；图形图像，如建筑图、线路图、设计图、几何图形、动画、影视；声音，如讲话声、音乐声、噪声，或其他形式。数据是一个大概念。英文 data 译为“数据”，但译为“资料”可能更为合适。从实际使用的角度看，数据分为两类：数值数据和非数值数据。数值数据是指具有“量”的概念的数据，可比较大小，它常常带有量词。而非数值数据是指具有“陈述”意义的数据，它常常是对对象的一种“描述”或“表达”。数据在人类世界里是丰富多彩的，但是在计算机世界里却只是“0”和“1”的排列。“数字化”概念的真实意义就在于此。

媒体是一种“中介”、“载体”、“连接物”。在计算机科学中，媒体的概念十分重要，主要是指以信息为中心的媒体。根据国际电报电话咨询委员会的定义，与计算机信息处理有关的媒体有五种：

(1) 感觉媒体，是为了使人类的听觉、视觉、嗅觉、味觉和触觉器官能直接产生感觉的一类媒体，如声音、文字、图画、气味等。它们是人类使用信息的有效形式。

(2) 表示媒体，是为了使计算机能有效地加工、处理、传输感觉媒体而在计算机内部采用的特殊表示形式，如声、文、图、活动图像等的二进制编码表示。

(3) 存储媒体，是用于存储表示媒体以便于计算机随时加工处理的物理实体，如磁盘、光盘、半导体存储器等。

(4) 表现媒体，是用于把感觉媒体转换成表示媒体，表示媒体转换成感觉媒体的物理设备。前者如计算机的输入设备(键盘、鼠标、扫描仪、话筒等)，后者如计算机的输出设备(显示器、打印机、音箱等)。

(5) 传输媒体，是用来把表示媒体从一台计算机上传送到另一台计算机上的通信载体，如同轴电缆、光纤、电话线等。

综上所述，与计算机有关的媒体是指信息的物理载体和表示形式。

1.3.2 信息技术的内容

信息处理是指通过人或计算机进行数据处理的过程。信息处理是人类最活跃的社会活动，它支配着人类的全部社会活动。人类围绕信息的活动形成的信息反馈周期，如图 1-3 所示。

“收集”是指对活动所产生的信息的采集和记录，得到的结果是数据，是粗信息。“加

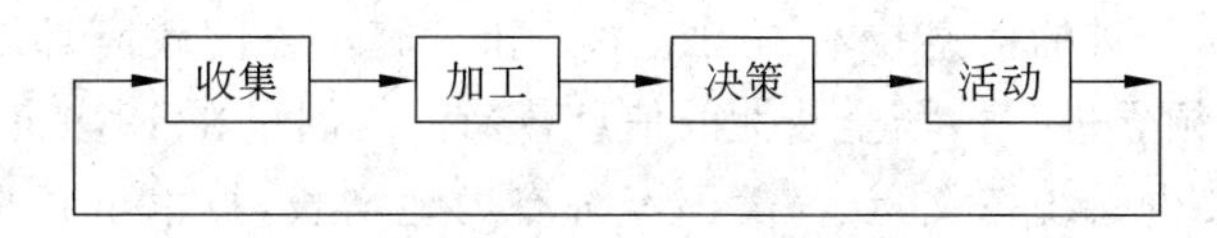

图 1-3　信息反馈周期

工”是指对收集的数据进行存储、整序、分析、提取、传播的过程，得到的结果是精练的信息。“决策”是根据加工结果制定活动方案，其结果是行动规划和计划。“活动”是将规划和计划加以实施付诸的行动。活动产生的信息又将驱动下一循环周期的发生。可见，这个循环周而复始、无限进行，但后一循环总是在信息反馈周期前一循环基础上的提升。

信息技术就是能够提高或扩展人类信息能力的方法和手段的总称。这些方法和手段主要是指完成信息产生、获取、检索、识别、变换、处理、控制、分析、显示及利用的技术。一般而言，信息处理存在于收集和加工之中，是指对信息进行收集、存储、整序、加工、传播、利用等一系列活动的总和。从历史发展来看，按所采用的处理技术和工具的不同来划分，信息处理经历了三个阶段：以人工为主要特征的古代信息技术；以电信为主要特征的近代信息技术；以网络为主要特征的现代信息技术。信息技术既是一个由若干单元技术相互联系而构成的整体，又是一个多层次、多侧面的复杂技术体系。信息技术大致可归纳为主体层、应用层、外围层三个相互区别又相互关联的层次。主体层是信息技术的核心部分，包括信息存储技术、信息处理技术、信息传输技术、信息控制技术；应用层是信息技术的延伸部分，外围层是信息技术产生和发展的基础。

人类在认识世界的过程中，逐步认识到信息、物质材料和能源是构成世界的三大要素。信息交流在人类社会文明发展过程中发挥着重要的作用，计算机作为当今的信息处理工具，在信息获取、存储、处理、交流传播等方面充当着核心的角色。能源、材料资源是有限的，而信息则几乎是不依赖自然资源的资源。语言是人类最早的信息交流工具，也标志着人类的进化。语言辅之以结绳记事、累石记数、掐指计算等极其简单的技术、方法和工具存储信息，用声音符号交流和传播信息，这足以说明有了人类就有了信息和对信息的利用。但是，在这种落后的条件下，能表示的信息量很少，能涉及的范围很小，能传播的速度很慢。用文字符号记录、存储和传播信息，突破了时空界限，达到了能存储历史信息及能较远距离的传播信息的目的。但是，由于文字负载的载体还只能是竹、帛、石、甲等，信息记录技术简单落后，信息存储量极为有限，传播也十分笨重、困难。造纸术和印刷术的发明改善了信息的存储载体和存储方式，增加了信息的存储量，扩大了信息的交流渠道，使信息革命大大地前进了一大步。但是，信息的传播速度仍然跟不上对信息的需求。电话、电报、广播、电视的出现提供了简便、快速、直接、广泛的信息传播方式，使信息革命进入一个崭新的历史时期。彻底的信息革命是在计算机技术和通信技术的集合之时。信息成为重要的社会资源。为了获取最多的信息、最有效地处理信息、最充分地利用信息，需要坚实的信息理论，先进的信息技术、方法、工具和设施。各国政府都以积极的姿态推波助澜地支持、促进、领导进行一场全球性的信息革命。美国早在1979年就发表了《关于美国工业技术新政策》的总统咨文，认为美国经济有力地增长，技术革新是必不可少的。此后日本提出了“技术立国”的口号。我国政府十分重视信息技术的发展，特别是近年来出台了许多鼓励信息技术发展的新政策；加大对信息技术的投资，进行全面信息基础设施建设。1993年美国提出“国家信息基础设施 NIT”(National Information Infrastructure)，俗称信息高速公路。这实际上是一个交互式多媒体网络，是一个由通信网、计算机、数据库及日用电子产品组成的完备的网络，是一个具有大容量、高速度的电子数据传递系统。此后，发达国家相继仿效，掀起了信息高速公路建设的热潮。作为21世纪社会信息化的基础工程，“信息高速公路”将融合现有的计算机联网服务、电视功能，能传递数据、图像、声音、文字等各种信息，其服务范围包括教育、金融、科研、卫生、商业和娱乐等极其广阔的领域，对全球经济及各国政治和文化都带来了重大而深刻的影响。高速率、多媒体的全球性的信息网络时代正大踏步地向我们走来。

总之，人类历史上曾经经历了四次信息革命。第一次是语言的使用，第二次是文字的使用，第三次是印刷术的发明，第四次是电话、广播、电视的使用。而从20世纪60年代开始，第五次信息革命新产生的信息技术，则是计算机与电子通信技术相结合的技术，从此人类开始迈入信息化社会。

1.3.3 信息时代的计算机文化

以前人类思维只是依靠大脑，而现在计算机作为人脑的延伸已成为支持人脑进行逻辑思维的现代化工具。信息技术影响着人类的思维、影响着记忆与交流。信息技术革命将把受制于键盘和显示器的计算机解放出来，使之成为我们能够与之交谈、随身相伴的对象。这些发展将改变我们的学习、工作、娱乐方式。信息技术对人类社会全方位的渗透，使许多领域焕然一新，正在形成一种新的文化形态。

文化是一个模糊的概念。据统计，关于文化有着200多种定义。在中国，比较多的提法为，文化是人类在社会历史发展中所创造的物质财富和精神财富的总和。文化分为广义文化和狭义文化。广义文化是指人类创造的与自然界相区别的一切，既包括物质和意识的活动及其成果，也包括各种社会现象和意识成果。狭义文化把文化只归结为与意识产生直接有关的意识活动和意识成果。从构成来看，文化可分为物质文化和精神文化，或者细分为物质生活、精神文化、政治文化、行为文化等。

文化离不开语言。计算机技术已经创造并且还在继续创造出不同于传统自然语言的计算机语言。这种计算机语言已从简单的应用发展到多种复杂的对话，并逐步发展到能像传统自然语言一样表达和传递信息。可以说，计算机技术引起了语言的重构与再生。

计算机参与人类的创造活动语言是人类思维的外在形式，没有语言就不能进行思维。

语言又可以相对独立于思维，在人们之间进行交往，达到意识交流的目的。可以将人脑中的思维用语言输出，传给他人，也可以传给计算机。任何文化的产生都是人的意识和实践的结果。过去人的思维成果只能物化为语言和文字，这种形式的成果不通过人是不能实现的。计算机具有逻辑思维功能，于是可以使计算机独立进行加工，产生进一步思维活动，最后产生思维成果。

于是也就出现了具有智力的计算机，造就了"深蓝"战胜国际象棋大师卡斯帕罗夫的奇迹。可以认为，计算机思维活动是一种物化思维，是人脑思维的一种延伸，这种延伸克服了人脑思维和自然语言方面的许多局限性，计算机高速、大容量、长时间自动运行等特性大大提高了人类的思维能力。可以说，现代人类文化创造活动中，越来越离不开计算机的辅助。计算机是人脑的延伸，是支持人脑进行逻辑思维的强有力的现代化工具。

一个社会的文化模式是以它的记忆为基础的。数据库的诞生使知识和信息的存储在数量与性质上都发生了质的变化，人们获得知识的方式也因此发生了变化。文字的出现曾改变了人类历史的进程和文明的面貌，而数据库的出现，也似乎宣告了类似的变化。视窗的界面和图标的含义都给人们带来了新的文字的丰富内涵。计算机技术的出现，引起了人类社会记忆系统的更新。

计算机技术使语言和知识，以及语言和知识的相互交流发生了根本性变化，因此引起了思维概念和推理的改变。人类文化的创造是人类自觉意识控制的一种创造性实践活动，它起源于人的创造性思维。计算机技术引起了语言的重构和人类记忆系统的更新。这就是说，在人类谋求生存和发展的过程中，创造方式、方法、过程和结果都发生了根本的变化，不仅精神文明发生了变化，而且物质文明也发生了变化；不仅创造这些精神文明和物质文明的过程发生了变化，而且产生了更有益于人类的成果。也就是说，计算机技术冲击着人类创造的基础、思维和信息交流，冲击着人类社会的各个领域，改变着人的观念和社会结构，这就导致了一种全新的文化模式——计算机文化的出现。

计算机已不是一门单纯的科学技术，它是跨国界、进行国际交流、推动全球经济与社会发展的重要手段。虽然计算机也是人脑创造的，但是计算机具有语言、逻辑思维和判断功能，即有着部分人脑的功能，能完成某些人脑才能完成甚至完成不了的任务。这也是计算机文化有别于汽车文化、酒文化或别的什么文化的地方。计算机文化是信息时代的特征文化，它不是属于某一国家、某一民族的一种地域文化，而是一种时域文化，是人类社会发展到一定阶段的时代文化。

信息时代的文化与以往的文化有着不同的主旋律。农业时代文化的主旋律是人与大自然竞争，以谋求生存；农业时代面向过去，依赖过去的经验和习惯，一切处于缓慢变化的节奏之中。工业时代文化的主旋律是人对大自然的开发，改造大自然以谋求发展；工业时代向大自然索取。信息时代文化的主旋律是人对其自身大脑的开发，以谋求智力的突破和智慧的发展，在顺应大自然中寻求更广阔的生存空间。

目前,人类已经进入到一个知识经济的年代。所谓知识经济是指以知识为基础的经济,是指直接围绕和依赖知识进行的社会活动,包括政治的、经济的、军事的、文化的、生活的。而知识的生产、扩散和应用是以信息为资源的。因此,信息的产生和对信息的收集、存储、加工和利用是人类关键性的社会活动。社会信息化的基本特点如下:

(1) 人的信息素质大大提高。有强烈的信息意识、丰富的信息知识、高超的信息技术、很强的信息能力,即具有较高的"信息素养"。所谓信息素养,其内涵大致包括:有强烈的"信息需求"意识,有畅通的信息获取渠道,对信息的媒体介质有较为清晰的认识,在寻找信息时能采取一定策略,对获取的信息能进行正确评价、科学整合和合理利用,能生产出自己的信息产品,即创造出新的信息,并能产生一定的经济效益和社会效益。信息、知识、智力日益成为社会发展的决定力量。

(2) 信息劳动者、脑力劳动者、知识分子的作用日益增强;"信息业"的从业人数占总从业人数的50%以上;"信息机构"数占总社会机构数的50%以上,即有大量的信息业从业人员和机构,形成一个强大的信息产业。信息技术、信息产业、信息经济日益成为科技、经济、社会发展的主导因素。

(3) 社会生产从"粗犷型"转变为"集约型"。即社会生产不再是资金的高投资,材料、能源的高消耗,劳动力的高密集度,而是知识密集型的生产方式,产品的知识含量大幅度提高,生产成本大幅度降低,也就是要用高科技手段组织和控制生产过程。

(4) 获取信息或交流信息的方式方便、简单、容易。只要你需要,各种各样的信息就像打开自来水龙头时水不断向外流淌一样向你涌来。

(5) 获取信息的费用开支很低。只要支付相当于你收入的5%费用就可以随意获取任何信息。

(6) 获取信息不受时间和地域的限制。可以在机构内,可以在家里,可以在行程中;可以在白天,可以在夜间;可以在本地,可以在异地;可以在本国,可以在外国,信息网络已成为社会发展的基础设施。

1.4 怎样学习计算机技术

对于早期的计算机使用者来说,只要会用一两种计算机程序设计语言,再加上某种文字编辑软件或其他软件就可以工作了。而今天,为了应付工作和生活中综合性的、复杂的计算机应用,使用者必须掌握尽可能多的知识和使用技能。计算机技术是实用技术,要学习计算机技术,必须经常使用计算机才能学好。但是,能熟练地使用计算机来做某些事情,如写作或画图等,还不能算是计算机技术的行家里手。计算机科学和技术知识浩如烟海,而且不断地推陈出新,使用计算机的方式也在不断地发生变化。如果仅仅是记忆一些使用计算机的工作过程和操作步骤,那是远远不够的,这样的知识也会陈旧过时。因此,

通过听课或看书来学习必要的计算机基础知识是对每一个学习计算机的人的起码要求。当然。这些基础知识应该是仔细挑选出来的,很实用同时又不会因为技术进步而很快过时。学习本课程时应该将注意力集中在以下三个方面：

(1) 准确地理解与计算机内部结构有关的基本概念,以及涉及计算机信息处理基本功能的有关内容。

(2) 了解计算机的各种应用。了解怎样把计算机作为信息处理的工具,完成具体任务,解决实际问题。

(3) 了解计算机对现代社会的影响。了解计算机通过哪些途径来影响我们的日常生活以及怎样影响我们的未来。

鉴于本课程内容较多,有些内容对初学者来说不容易理解,建议在学习时注意以下五点。

1) 逐步深入

开始读书时,总会遇到一些难以理解的概念或难以掌握的操作过程,不必强求立即学会,也不必强求把遇到的所有名词都一一记住。可以在看完一节或一章内容之后再回过来温习。或者和周围的人讨论,以求对问题有一个基本的了解。也可以在做一个标记后接着往下学,学习一个阶段之后再回过头来考虑原来的问题,这样问题往往会迎刃而解。实际上,书中每一单元的内容都值得初学者多读几遍,过一段时间之后再回过头来温习一些重要的内容,这往往能够对它们有更加深入的理解。

2) 注重实践

计算机这个学科实践性特强,不动手是学不会的,因此读书和实际使用计算机的实践活动要互相配合。在理解了书上的基本概念和操作方法之后,就要设法亲手实践,得到使用计算机硬、软件的第一手经验,以掌握要领并加深对基本概念的理解。这两个方面的活动应该是相互促进的,既要理解重要的概念,又要掌握操作方法,这是对学习者的基本要求。既动手又动脑,形成生动活泼的学习氛围。而且动手,还能强化理论联系实际的优良学风,培养实干精神。

3) 探索解决问题的多种方法

用计算机做许多事情都可能存在不止一种办法。初学计算机时,不管所要完成的任务是大还是小,最好在完成之后再设法寻找另外一种方法来完成它,有时后一种方法可能还是更好的方法。特别是在使用某种方法而没有成功时,不要半途而废,不妨换一种方法再试试看。

4) 黑箱原理

实际的计算机系统内部结构非常复杂,都要理解是不容易的。作为计算机用户,不必全部了解系统的复杂结构,而要着重了解自己与计算机系统交往层面上的各种情况,弄清楚和计算机系统之间的联系方法,如传递信息的方式、有关的约定以及每一次传递的意义

等。可把计算机看做一个“黑箱”，尽量避开那些与自己当前使用目的无关的问题和相对次要的内容，而把注意力集中在那些与当前工作情况有关的方法上。例如，学习打印机的使用方法时，可以先不去了解它是怎样通过连线与计算机主机协同工作的原理，只需要知道怎样把打印机连接到主机上，安装打印驱动程序，以及打印信息的方法即可。

5）提倡自学

老师引进门很重要，计算机发展速度快，自学能力对于计算机学习尤为重要，原因就是计算机发展迅速。掌握了自学方法，具备了自学能力，才能应付计算机日新月异的发展形势。计算机作为学习对象，理论知识和实践环境是统一的，学习内容和进度自己可以掌握，自学当中有弄不懂的东西，大多可以通过上机加以解决。

计算机技术正在日新月异地迅猛发展，掌握一定的计算机基础知识和操作技能，培养利用计算机来解决问题的思维方式，是当今社会对每个劳动者的基本要求，更是当代大学生义不容辞的责任。我们应该牢固地树立起“计算机文化意识”，提高学习和使用计算机的积极性和紧迫感，为做一名合格的社会主义劳动者而努力学习，不断进步。

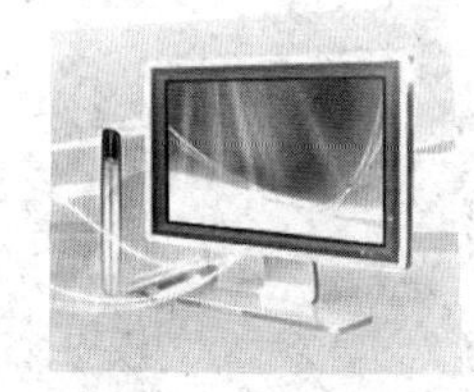

第2章 计算机数据的存取与处理

本章关键词

计算机硬件(hardware)　计算机软件(software)　二进制计数制(binary counting system)

本章要点

本章主要介绍了计算机的硬件系统、软件系统以及信息在计算机中的表示。

重点掌握：计算机的组成、二进制。

2.1 计算机的硬件与软件

完整的计算机系统包括硬件和软件两大部分。硬件是指计算机系统中的各种物理装置,它是计算机系统的物质基础。硬件系统又称为裸机,裸机只能识别由0、1组成的机器代码。软件相对于硬件而言,从狭义的角度来讲,软件是指计算机运行所需的各种程序;而从广义的角度上讲,软件还包括手册、说明书和有关的资料。软件系统看重解决如何管理和使用机器的问题。没有硬件,谈不上应用计算机。但是,光有硬件而没有软件,计算机也不能工作。所以,硬件和软件是相辅相成的。只有配上软件的计算机才能成为完整的计算机系统。

计算机系统由硬件和软件两个部分组成。计算机系统结构如图2-1所示。

2.1.1 计算机硬件系统的组成

计算机硬件是指构成计算机的一些看得见、摸得着的物理设备,它是计算机软件运行的基础。

尽管各种计算机在性能、用途和规模上有所不同,但其基本结构是相同的,遵循的都是冯·诺依曼体系结构。

冯·诺依曼设计思想包括三个方面:

(1) 计算机应包括运算器、控制器、存储器、输入设备和输出设备五大部件。

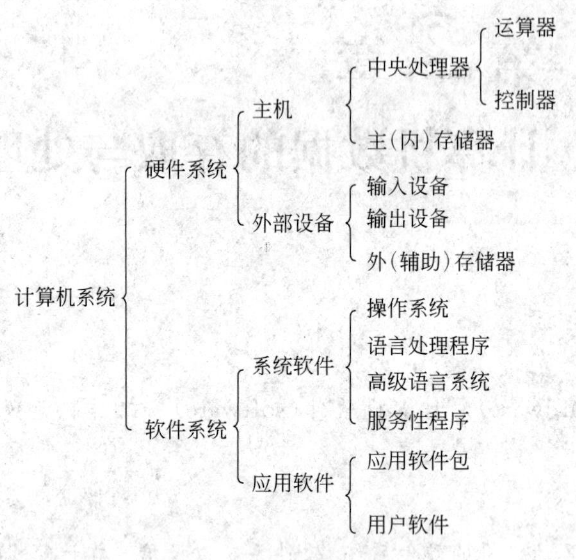

图 2-1　计算机系统的组成

(2) 计算机内部的数据和指令以二进制形式表示。

(3) 程序和数据存放在存储器中,计算机执行程序时,无须人工干预,能自动、连续地执行程序,并得到预期的结果。

计算机的工作过程就是自动执行指令的过程,程序是由指令序列组成的。一条指令的执行过程可分为三个阶段:获得指令、分析指令、执行指令。

从计算机的外观看,它由控制器、运算器、内存储器、I/O 设备以及外存储器等几个部分组成,如图 2-2 所示。具体由五大功能部件组成,即运算器、控制器、存储器、输入设备和输出设备。这五大功能部件相互配合、协同工作,其中,运算器和控制器集成在一片或几片大规模或超大规模集成电路中,称之为中央处理器(CPU)。

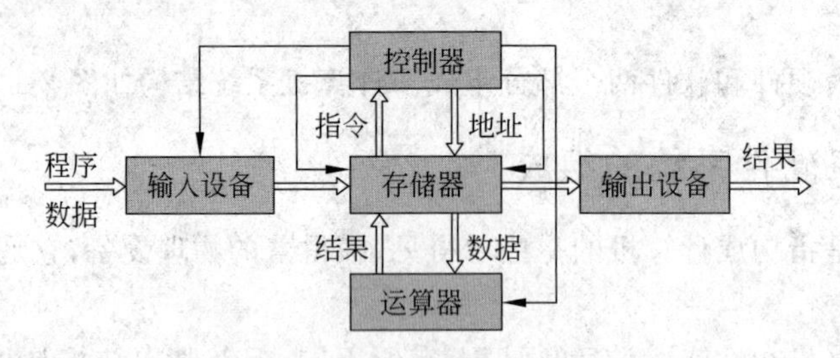

图 2-2　计算机的硬件系统

1. 控制器

控制器(control unit)是整个计算机的指挥中心,它逐条取出程序中的指令,分析后按

要求发出操作控制信号，协调各部件工作，完成程序指定的任务。

2. 运算器

运算器(arithmetic unit)是计算机的主要计算部件，它在控制器控制下完成各种算术运算和逻辑运算。运算器和控制器被集成在一块芯片上，称为中央处理器，简称 CPU (central processing unit)，是计算机的核心部件，相当于人类的大脑，指挥和调度计算机的所有工作。

3. 存储器

存储器(memory)是计算机的主要工作部件，其作用是存放数据和各种程序。存储器主要由半导体器件和磁性材料组成，其存储信息的最小单位是"位"。在计算机中是按字节组织存放数据的。某个存储设备所能容纳的二进制信息量的总和称为存储设备的存储容量。

存储容量用字节数来表示，常使用三种度量单位：KB、MB 和 GB，如 128MB、80GB 等，其关系如下：

$1KB=2^{10}=1\,024B$

$1MB=1\,024KB=2^{10}\times 2^{10}=1\,024\times 1\,024=1\,048\,576B$

$1GB=1\,024MB=2^{10}\times 2^{10}\times 2^{10}=1\,024\times 1\,024\times 1\,024=1\,073\,741\,824B$

目前，高档微型计算机的内存容量已从几 MB 发展到几百 MB，外存容量已从几百 MB 发展到上千 GB。存储器分为内部存储器(也称内存)和外部存储器(也称外存)。内部存储器是 CPU 能根据地址线直接寻址的存储空间，由半导体器件制成，用来存储当前运行所需要的程序和数据。外部存储器用于存储一些暂时不用而又需长期保存的程序或数据。当需要执行外存的程序或处理外存中的数据时，必须通过 CPU 输入/输出指令，将其调入内存中才能被 CPU 执行处理。内存存取速度快、容量小，但价格较贵；外存响应速度相对较慢，但容量大，价格较便宜。

内部存储器分为随机读写存储器 RAM(random accessed memory)和只读存储器 ROM(read only memory)。RAM 在计算机工作时，既可从中读出信息，也可随时写入信息，但关机后信息会丢失。因此，用户在操作计算机过程中应养成随时存盘的习惯，以防断电丢失数据。ROM 在计算机工作时只能从中读出信息，断电后，ROM 中的原有内容保持不变。ROM 是由厂家在生产时用专门设备写入，用户不能修改，一般用来存放自检程序、配置信息等。

CPU 与内部存储器组成了计算机的主机。

4. 输入设备

输入设备(input device)用于将用户输入的程序、数据和命令转换为计算机能识别的数据形式并保存到计算机存储器中，以便于计算机处理。常用的输入设备有键盘、鼠标、

扫描仪、光电笔等。

5. 输出设备

输出设备(output device)用于将计算机中的数据和计算机处理的结果,转换成人们可以识别的字符、图形图像形式输出。常用的输出设备有显示器、打印机、绘图仪、音箱等。

输入设备和输出设备又叫做I/O设备。通常把外存、输入设备和输出设备合称为计算机的外部设备,即外设。近几年随着多媒体技术的迅速发展,各种类型的音频、视频设备都已列入了计算机外部设备的名单。

2.1.2 微型计算机的主要配置

1. 主机

微型计算机是大规模集成电路技术发展的产物,微处理器是它的核心部件。随着微处理器的不断更新,微型计算机的功能越来越强,应用也越来越广。微型计算机是由CPU、内存、I/O接口电路及系统总线(BUS)组成的计算机装置,简称“主机”。

CPU(图2-3)是微型计算机最为核心的硬件之一,微型计算机处理数据的能力和速度主要取决于CPU。按其用途可分为两类:用于个人计算机的,称为通用CPU;用于手机、个人数字助理等其他用途的,称为嵌入式CPU。目前市场上最流行的CPU分成Intel和AMD两大阵营。

CPU的主要参数是:

(1) 字长,反映CPU能同时处理的数据的位数。在用字长来区分计算机时,常把计算机说成“16位机”、“32位机”、“64位机”。PⅡ是32位机,PⅢ是64位机。

(2) 主频,反映运算速度的主要参数,如1GHz、1.4GHz等,值越高CPU的运算速度越快。

内存储器简称内存(图2-4),用于存放当前待处理的信息和常用信息的半导体芯片,关机或断电时数据便会丢失。内存条与主板的连接方式有30线、72线和168线之分。目前装机的内存容量一般有128MB、256MB、512MB等,内存越大的微机,能同时处理的信息量越大。

图2-3 CPU

图2-4 内存

为了缓和 CPU 速度快与内存速度慢的矛盾，微机使用了高速缓冲存储器(Cache)技术。

Cache 是位于 CPU 和主存之间的高速缓冲存储器，存取速度快但成本高。计算机运行时将内存的部分数据复制到 Cache 中，CPU 读写数据时先访问 Cache。由于 Cache 的速度与 CPU 相当，当 Cache 中存有 CPU 需要的数据时，CPU 就能在零等待状态下迅速地实现数据存取。只有当 Cache 没有所需的数据时 CPU 才去访问主存。借助于 Cache，可高效地完成内存和 CPU 之间的速度匹配。目前的微机在 CPU 内部和主板上都采用了 Cache。CPU 内部的 Cache 称为片内缓存或 L1 缓存。L2 缓存即二级缓存，通常做在主板上，目前有些 CPU 将二级缓存也做到了 CPU 芯片内。L2 高速缓存的容量比一级缓存的容量大。

I/O 电路，即通常所说的适配器或接口卡，它是微型计算机与外部设备交换信息的桥梁。一般的接口卡有显卡、声卡、网卡等。系统总线是 CPU 与其他部件之间传送数据、地址和控制信息的公共通道。通常，将 CPU、内存、总线扩展槽、I/O 接口电路等集成在一块电路板上，称做主板(图 2-5)。主板上安装有控制芯片组 BIOS 芯片和各种输入/输出接口、键盘和面板控制开关接口、指示灯插件、扩充插槽及直流电源供电接插件等元件。CPU、内存条插接在主板的相应插槽中，驱动器、电源等硬件连接到主板上。主板上的接口扩充插槽用于插接各种接口卡，如显示卡、声卡等。

2. 显示系统

显示器是必不可少的输出设备，它必须经显示卡连接到主机才能显示。若按颜色分，显示器可分为单色显示器和彩色显示器；若按器件分，显示器可分为阴极射线管(CRT)显示器、液晶(LCD)显示器和等离子(PDP)显示器(图 2-6)。显示器的有关参数如下：

图 2-5　主板

图 2-6　CRT 显示器和 LCD 显示器

(1) 屏幕尺寸。反映显示器屏幕大小，指的是对角线长度，有 15in、17in、19in、21in① 等。

(2) 点距。指荧光屏上两个相邻荧光点的距离，点距越小，显示图形越清晰。

(3) 分辨率。显示器屏幕上的字符和图形是由一个个像素组成的，分辨率是指屏幕上可容纳点(像素)的个数，常写成"水平点数×垂直点数"的形式。现在常用的 17 英寸显示器的分辨率一般设为 1 024×768，即水平方向显示 1 024 点，垂直方向显示 768 点。分辨率越高，图像越清晰。分辨率受到屏幕尺寸和点距的限制。

(4) 颜色深度。显示器所能显示的色彩数，由表示像素的二进制位数决定，如 8 位、16 位、24 位、32 位。位数越高，显示器所能表现的颜色就越多，显示的画面色彩就越逼真。如果每个像素的颜色用 8 位表示，则显示器所显示的色彩数目为 $2^8=256$(色)；如果当前的色彩为 16 位，则显示器所显示的色彩数目为 65 536 种色彩。

显示卡是插在微型机主机箱内扩展槽上的一块电路板，其作用是将主机的输出信息转换成字符、图形和颜色等信息，传送到显示器上显示。因此，显示器和显示卡的参数必须相当，才能得到最佳配合的图像。从总线类型分，显示卡有 ISA、VESA、PCI、AGP、PCI Express 五种。目前使用最普遍的是 AGP、PCI Express 显示卡。

3. 外存储器

外存储器是指那些容量比主存大、通常用来存放需要永久保存的各种程序和数据的存储器。目前，微机常用的外存储器是软磁盘存储器、硬磁盘存储器和只读光盘(CD-ROM)存储器。不管是软磁盘存储器还是硬磁盘存储器，其存储部件都是由涂有磁性材料的圆形基片组成的，由一圈圈封闭的同心圆组成记录信息的磁道(track)。磁道由外向内依次编号，最外一条磁道为 0 磁道。每个磁道上划分成若干个区域，每一个区域称为一个扇区。扇区是磁盘的基本存储单位，每个扇区为 512 字节，每个盘片有两个记录面。

存储容量通常是磁盘格式化后的容量。格式化即对磁盘按一定的磁道数和扇区进行划分。格式化后磁盘容量可用下式计算：

格式化容量＝每面磁道数×每道扇区数×每个扇区字节数×面数×磁盘片数

例如，一双面软盘，每面有 80 个磁道，每磁道有 18 个扇区，则其格式化容量为

$$80\times18\times512\times2=1\ 474\ 560(\text{B})=1.44\text{MB}$$

1) 软盘存储器

软盘驱动器也称软驱，主要由控制电路板、马达、磁头定位器和磁头组成。工作时马达带动软盘的盘片以每分钟 300 转匀速转动。软盘(图 2-7)由起保护作用的塑料封套和盘片组成。盘片以聚酯薄膜为基底，表面涂覆一层均匀的磁性材料。新盘在"格式化"之后，盘片的面将被划分出许多不同半径的磁道，信息就记录在这些磁道上。目前还在使用的是

① 1in=2.54cm。

3.5 英寸的软盘，其存储容量约为 1.44MB。软盘有一个写保护口，内有一可移动的滑块，若移动滑块使窗口透光，则磁盘处于写保护状态，此时只能读出，不能写入。当移动滑块使窗口封闭不透光时，就可对磁盘进行读、写操作。当软盘驱动器的灯亮时，表示驱动器正在读写软盘，此时不要从驱动器中取出软盘，否则有可能损坏驱动器的读/写磁头和软盘。

图 2-7　软盘、硬盘和光盘

2）硬盘存储器

硬盘存储器是一种涂有磁性物质的金属圆盘，通常由若干片硬盘片组成盘片组，它们同轴旋转。每片磁盘的表面都装有一个读写磁头，在控制器的统一控制下沿着磁盘表面径向同步移动。目前最常用的是温切斯特(Winchester)硬盘，工作时磁头不与盘片表面接触，靠空气浮力使磁头浮在表面上，磁头只在停机或刚启动时才与盘面接触。系统不工作时，磁头停在磁盘表面的特定区域，而不接触数据区，减少了数据破坏的可能。由于将盘片、磁头、电机驱动部件和读/写电路等做成一个不可随意拆卸的整体，并密封起来，所以硬盘防尘性能好、可靠性高。与软盘相比，硬盘旋转速度快，容量也大得多，目前微机硬盘容量多是 320GB、500GB 和 1 000GB。硬盘在使用过程中应注意防止剧烈震动和挤压，否则磁头容易损坏盘片，造成盘片上的信息读出错误。

3）光盘存储器

光盘存储器由光盘、光盘驱动器和接口电路组成，它利用激光技术存储信息。它利用金属盘片表面凹凸不平的特征，通过光的反射强度来记录和识别二进制的 0、1 信息。光盘可分为只读型光盘、一次性写入型光盘和可擦式光盘等几种。这种光盘读出数据时，由光盘驱动器中的弱激光源扫描光盘，解调后便可得到有关数据。

只读型光盘 CD-ROM(compact disk-read only memory)一般采用丙烯树脂做基片，表面涂有一层薄膜。由写入数据调制强激光束，在薄膜表面烧出千分之一毫米宽度的一系列凹坑，最后产生的凹凸不平表面就存储了这些数据信息。在盘片上用平坦表面表示“0”，而用凹坑端部(即凹坑的前沿和后沿)表示“1”。光盘表面的保护涂层使用户无法触摸到数据的凹坑，有助于盘片不被划伤、印上指纹和黏附其他杂物。只读式光盘使用最广泛，其容量一般为 650MB，具有制作成本低、不怕热和磁、保存携带方便的特点。

一次性写入型光盘 CD-R 允许用户写入，只能写一次，写入后可反复读取。写入方法一般是用强激光束对光介质进行烧孔或起泡，从而产生凹凸不平的表面。

可擦式光盘CD-RW功能与磁盘相似，使用中允许用户重复改写和读出。

在微型计算机中，软盘驱动器、硬盘驱动器、光盘驱动器在磁盘目录结构中都分配有标识符(盘符)，A盘和B盘是分配给软盘驱动器的，若只安装一个软盘驱动器，则命名为"A:"。硬盘驱动器总是从C盘开始。有时一个硬盘可以划分成几个部分(分区)，每一个分区都是独立的，可作为一个驱动器单独使用，系统也给这些分区分配不同的盘符。光驱的盘符是由计算机自动分配的，它的盘符是硬盘盘符最后一个字母的下一个字母。例如，一台微机有一个软驱、一个硬盘和一个光驱，硬盘被分成三个分区，盘符的分配为：软驱是"A:"，硬盘占用了"C:"、"D:"、"E:"，光驱用"F:"。

4. 电源

图2-8 计算机电源

计算机各部分电路都必须使用稳定的直流电源才能工作。计算机电源(图2-8)能将外部的交流电转成计算机主机内部所使用的直流电，功率多为250W和300W。电源有AT和ATX两种结构。AT结构的计算机，只要一按计算机电源的开关，计算机马上就关闭。ATX结构的计算机，必须按住开关至少5秒以上，计算机才会关闭。

5. 键盘和鼠标

键盘是最常用的输入设备之一，用于输入字符、数字和标点符号，一般由按键、导电塑胶、编码器以及接口电路等组成。它能实时监视按键，将用户按键的编码信息送入计算机。当用户按下某个按键时，它会通过导电塑胶将线路板上的这个按键排线接通产生信号，并通过键盘接口传送到CPU中。

在图形界面中大多数操作都可用鼠标来完成。鼠标有机械式和光电式两种。机械式鼠标下面有一个可以滚动的小球，当鼠标在桌面上移动时，小球与桌面摩擦，发生转动。屏幕上的光标随着鼠标的移动而移动，光标和鼠标的移动方向是一致的，而且与移动的距离成比例。光电式鼠标下面是两个平行放置的小灯泡，它只能在特定的反射板上移动。光源发出的光经反射后，再由鼠标接收，并转换为移动信号送入计算机，使屏幕光标随着移动。

2.1.3 微型计算机常用的外部设备

1. 打印机

打印机是微机的另一种主要输出设备，用于打印输出计算机的处理结果，使用时通过并行接口或USB接口与主机相连。目前，使用的打印机主要有针式打印机、喷墨打印机

和激光打印机(图 2-9)。打印机的参数主要是分辨率,分辨率是指每英寸能打印的点数,以 dpi 表示。分辨率越高,打印越清晰,打印质量也就越好。

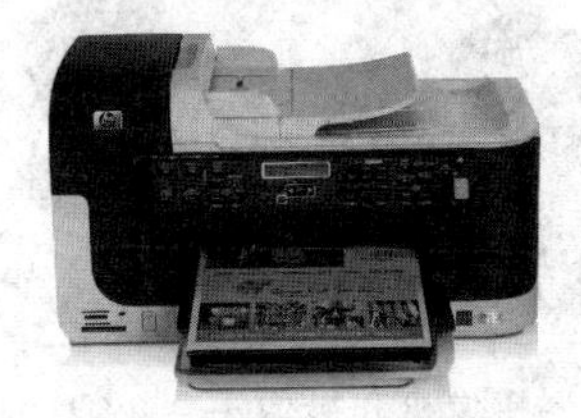

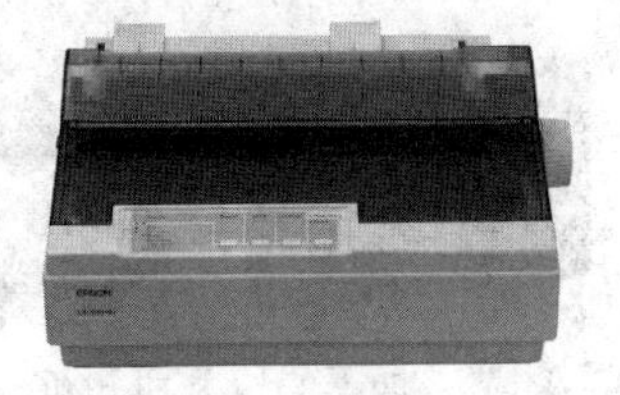

图 2-9　打印机

常用的打印机有爱普生(EPSON)、惠普(HP)、佳能(Canon)和联想(Lenovo)系列。

针式打印机中的打印头是由多支金属针组成,打印头在纸张和色带之上行走。打印机通过打印针撞击色带,色带上的印油印在纸上做成其中一个色点,配合多支撞针的排列样式,在打印纸上印出字符或图形。针式打印机属于击打式打印机,打印速度慢,噪声大,打印质量较差,其损耗的是色带,价格便宜。

喷墨打印机是靠墨水通过精制的喷头射到纸面上而形成输出的字符或图形,属于非击打式打印机,分辨率可达 2 400×2 400dpi。喷墨打印机价格便宜,打印质量高于针式打印机,可彩色打印,无噪声,但墨水消耗量大,墨水盒价格较高。这种打印机对纸张要求也高,要用质量高的打印纸才能获得好的打印效果。

激光打印机接收主机发出的信息,然后进行激光扫描,将要输出的信息在磁鼓上形成静电潜像,并转换成磁信号,使碳粉吸附到纸上,经加热定影后输出。激光打印机属于非击打式打印机,打印速度快,打印质量最好,无噪声,但设备价格高,耗材价格略低于喷墨打印机,其分辨率常为 1 200×1 200dpi。

图 2-10　绘图仪与扫描仪

2. 扫描仪与绘图仪

扫描仪(图 2-10)是一种输入设备,它利用光电元件将检测到的光信号转换成电信号,再将电信号通过模拟/数字转换器转化成数字信号传输到计算机中。我们可以将照片扫描后输入到计算机中,用来制作相册;也可以将印刷文字扫描到计算机,经文字识别后保存成文件,从而提高文字录入速度。

绘图仪是输出设备,常用来输出绘制工程中的各种图纸。

3. 数码相机和数码摄像机

数码相机(图 2-11)的出现改变了以往将图像输送到计算机的方法,拍摄的照片自动存储在相机内部的芯片或者存储卡中,然后就可以输入到计算机中。而数码相机不需要胶卷,使用十分方便。数码摄像机除了可以拍摄照片,还可以拍摄视频图像。摄像头可以直接捕捉影像，然后通过串口、并口或者 USB 接口传到计算机中。

图 2-11　数码相机、数码摄像机和摄像头

4. 移动存储设备

随着多媒体信息的应用，大量的数据需要整理和保存，大容量存储设备是必不可少的。移动硬盘和 U 盘的使用(图 2-12)，给我们带来了方便。移动硬盘可外置于机箱之外，由外接 DC 电源供电，通过 USB 或 IEEE1394 火线接口与计算机连接。作为便携的大容量存储系统，移动硬盘具有容量大、兼容性好、传输速度快，且安全可靠性高的特点。与其他移动存储器相比，U 盘具有体积小的优点。U 盘是采用 Flash 芯片存储，Flash 芯片是非易失性存储器，存储数据不需要电压维持，所消耗的能源主要用于读写数据。U 盘通过 USB 接口连接到计算机中，进行数据存取。

图 2-12　U 盘和移动硬盘

2.1.4　微型计算机的性能参数

1. 字长

字长是计算机性能的重要标志，表示 CPU 在单位时间内能同时处理的二进制信息的位数。字长的长度是不固定的，对于不同的 CPU，字长也不一样。通常称处理字长为 32 位数据的 CPU 为 32 位 CPU，64 位 CPU 就是在同一时间内处理字长为 64 位的二进制数据。字长越长，计算机运算速度越快，运算精度就越高，功能就越强。

2. 主频

主频是指微机 CPU 的时钟频率，用来表示 CPU 的运算速度，单位是 MHz(兆赫兹)。主频越高，微机的运算速度就越快。

3. 运算速度

运算速度是指微机每秒钟能执行多少条指令，单位是 MIPS(百万条指令/秒)。同一台计算机，执行不同的运算所需时间可能不同。现在常用各种指令的平均执行时间及相应指令的运行比例来综合计算运算速度，作为衡量微机运算速度的标准。

4. 存储容量

存储容量包括主存容量和辅存容量,主要指内存容量,它表示内存储器所能容纳信息的字节数。一般来说,内存容量越大,它所能存储的数据和运行的程序就越多,程序运行的速度就越高,微机的信息处理能力就越强。

值得注意的是,一台计算机的整机性能,不能仅由一两个部件的指标决定,而取决于各部件的综合性能指标。

2.2 计算机软件

人们通常把计算机软件分为“系统软件”和“应用软件”两大类。应用软件一般是指那些能直接帮助个人或单位完成具体工作的各种各样的软件,如文字处理软件、计算机辅助设计软件、企业事业单位的信息管理软件以及游戏软件等。应用软件一般不能独立地在计算机上运行而必须有系统软件的支持。支持应用软件运行的最为基础的一种系统软件就是操作系统。应用软件,特别是各种专用软件包经常是由专门的软件厂商提供的。

系统软件是指管理、控制和维护计算机及其外部设备,提供用户与计算机之间界面等方面的软件。相对于应用软件而言,系统软件离计算机系统的硬件比较近,而离用户关心的问题则远一些,它不专门针对具体的应用问题。

这两类软件之间没有严格的界限。有些软件夹在它们两者中间,不易分清其归属。例如,目前有一些专门用来支持软件开发的软件系统,即软件工具,包括各种程序设计语言(编程和调试系统)、各种软件开发工具等。它们不涉及用户具体应用的细节,但是能为应用开发提供支持,是一种“中间件”。这些中间件的特点是,它们一方面受操作系统的支持,另一方面又用于支持应用软件的开发和运行。当然,有时也把上述工具软件称做系统软件。

2.2.1 系统软件

具有代表性的系统软件有操作系统、数据库管理系统,以及各种程序设计语言的编译系统等。

1. 操作系统

操作系统是最基本的系统软件,是计算机系统本身能有效工作的必备软件。操作系统的任务是:管理计算机硬件资源并且管理其上的信息资源(程序和数据),支持计算机上各种硬件和软件之间的运行和相互通信。操作系统在计算机系统中具有特殊的地位:计算机系统的硬件是在操作系统控制下工作的;所有其他的软件,包括系统软件和大量的应用软件，都是建立在操作系统基础之上，并得到它的支持和取得它的服务。如果没有操作系统的支持，人就无法有效地操作计算机。操作系统本身又由许多程序组成。其中，有的管理 CPU、内存的工作，有的管理外存储器上信息的存取，有的管理输入/输出操作。用户要通过操作系统所提供的命令和其他方面的服务去操纵计算机。因此，操作系统是用户与计算机之间的接口。目前，在微机上常用的操作系统有 Windows 系列操作系统、UNIX 操作系统和 Linux 操作系统等。

2. 数据库管理系统

数据库是指为了满足一定范围内许多用户的需要，在计算机里建立的一组互相关联的数据集合。例如，一个学校的各个部门，如学籍管理部门、教务部门、各个系或学院、学生会等，都经常要在学生档案册里查询各种信息，因此可以将全校学生的档案数据建成一个学生档案数据库，以供学校各个部门共同使用。

数据库是由一种称之为数据库管理系统的软件来集中管理和维护的。数据库管理系统是用于创建和管理数据库的系统软件，是数据库系统的核心组成部分。其主要功能有：定义数据库的结构及其中数据的格式，规定数据在外存储器的存储安排方式，负责各种与数据有关的控制和管理任务。用户通过数据库管理系统的支持来访问数据库中的数据。

常见的数据库管理系统有 Oracle、DB2、Informix、Sybase、Access、SQL Server，以及 Visual FoxPro 系列产品等。

3. 语言处理系统

计算机在执行程序时，首先要将存储在存储器中构成程序的指令逐条取出，经过译码后向计算机的各部件发出控制信号，使其执行规定的操作。目前，一般的程序都是用计算机硬件不能直接识别的程序设计语言，如 Visual Basic、Delphi、C++ 等来编写的。这样程序必须经过翻译，变成机器指令后才能被计算机执行。而负责这种翻译的程序称为编译程序或解释程序。为了在计算机上执行由某种程序设计语言编写的程序，就必须配置相应的语言处理系统。

2.2.2 应用软件

应用软件包是为实现某种特殊功能而经过精心设计的、结构严密的独立系统，是一套满足同类应用的许多用户所需要的软件。例如，Microsoft 公司发布的 Office 应用软件包，包含 Word 字处理、Excel 电子表格、PowerPoint 幻灯片、Access 数据库管理等应用软件，是实现办公自动化的很好的应用软件包。此外，还有日常使用的杀毒软件(KV、瑞星、金山毒霸、360 等)，以及各种游戏软件等。

目前，计算机的应用几乎已渗透到各个领域，所以应用程序也是多种多样的。目前微机上常见的几种应用软件如下：

(1) 文字处理软件，用于输入、存储、修改、编辑、打印文字资料(文件、稿件等)。常用的文字处理软件有 Word、WPS 等。

(2) 信息管理软件，用于输入、存储、修改、检索各种信息，如工资管理软件、人事管理软件、仓库管理软件、计划管理软件等。这种软件发展到一定水平后，可以将各个单项软件连接起来，构成一个完整的、高效的管理信息系统 MIS。

(3) 计算机辅助设计软件，用于高效地绘制、修改工程图纸，进行常规的设计计算，帮助用户寻求较优的设计方案。常用的有 AutoCAD 等软件。

(4) 实时控制软件，如用于随时收集生产装置、飞行器等的运行状态信息，并以此为根据按预定的方案实施自动或半自动控制，从而安全、准确地完成任务或实现预定目标。

总体上来说，无论是系统软件还是应用软件，都朝着外延进一步"傻瓜化"、内涵进一步"智能化"的方向发展。即软件本身越来越复杂，功能越来越强，但用户的使用越来简单，操作越来越方便。软件的应用也不仅局限于计算机本身，家用电器、通信设备、汽车以及其他电子产品，都成为软件应用的对象。

2.2.3　程序设计语言

人用计算机解决问题时，必须用某种"语言"来与计算机进行交流。具体地说，就是利用某种计算机能够理解的语言所提供的命令来编制程序，并把程序存储在计算机的存储器中，然后在这个程序的控制下运行计算机，达到解决问题的目的。

1. 程序设计语言的种类

用于编写可在计算机上执行的程序的语言称为程序设计语言。程序语言分为机器语言、汇编语言和高级语言。能被计算机直接理解和执行的指令称为机器指令，它在形式上是由"0"和"1"构成的一串二进制代码，每种计算机都有自己的一套机器指令。机器指令的集合称为指令系统，指令系统及其使用规则称为机器语言。机器语言与人所习惯的语言，如自然语言、数学语言等的差别很大，难学，难记，难读，因此很难用来开发实用的计算机程序。

采用助记符来表示机器指令的计算机语言，称为汇编语言。用汇编语言编写的程序称为汇编语言源程序。这种程序必须经过翻译(称为汇编)成机器语言程序才能被计算机识别和执行。汇编语言在一定程度克服了机器语言难以辨认和记忆的缺点，但对大多数用户来说，它仍然是一个理解和使用都不方便的程序设计语言。

机器语言、汇编语言都是面向机器硬件的语言，不同计算机的指令系统不同，所以机器语言、汇编语言也不同，人们一般将机器语言和汇编语言称为低级语言。

为了克服低级语言的缺点，出现了"高级程序设计语言"。这是一种类似于"数学表达式"，接近自然语言(如英文)，又能为机器所接收的程序设计语言。高级语言具有学习容易、使用方便、通用性强、移植性好的特点，便于各类人员学习和应用。

2. 高级语言的种类

高级语言种类繁多，以下是几种曾经或正在产生重要影响的高级语言。

BASIC 语言是一种易学、易用又有实用价值的高级程序设计语言，可用于一般的科技计算、小型数据处理、计算机辅助教育、电子游戏等许多方面。目前流行的 Visual Basic 就是由 BASIC 语言发展而来的。它具有很强的可视化设计功能，是重要的多媒体编程工具语言。

FORTRAN 语言是最早产生的高级程序设计语言，适合于处理公式和进行各种数值计算。它的产生和发展曾经极大地推动了计算机的普及与应用。

C 语言是一种功能强、使用灵活方便的语言。用 C 语言编写的程序简洁、易读、易修改，而且运行效率较高。C 语言既具有高级语言的优点，又包含了汇编语言的许多特点，使用较为广泛。很多著名的软件，如 UNIX 等，都是用 C 语言编写的。C 语言本身也在不断改进，C++ 、Visual C++ 等可以认为是 C 语言的提高版。

Java 语言是近几年才发展起来的一种新的高级语言。它适应了当前高速发展的网络环境，非常适合用做交互式多媒体应用的编程。它简单、性能高、安全性好、可移植性强。Pascal 语言是系统地体现结构化程序设计思想的高级语言，在支持结构化程序设计和表达各种算法，尤其是非数值型算法上比其他语言都要规整和方便。它是书写算法、编写计算机软件教材、进行计算机教学的首选语言。目前十分流行的 Delphi 软件开发环境就是由 Pascal 语言发展而来的。

3. 语言处理系统

语言处理系统包括机器语言、汇编语言和高级语言。这些语言处理程序除个别常驻在 ROM 中可以独立运行外，都必须在操作系统的支持下运行。汇编语言程序和高级语言程序(称为源程序)必须经过相应的翻译程序翻译成计算机能够理解的形式，然后才能由计算机来执行。这种翻译通常有编译方式和解释方式两种方式。

将高级语言编写的程序翻译一句执行一句，直到程序执行完为止，这种方式称为解释方式。这种方法的特点是程序设计的灵活性大，但程序的运行效率较低。BASIC 语言本来属于解释型语言，但现在已发展成为也可以编译成高效的可执行程序，兼有两种方法的优点。Java 语言则先编译为 Java 字节码，在网络上传送到任何一种机器上之后，再用该机所配置的 Java 解释器对 Java 字节码进行解释执行。

高级语言比较接近日常用语，对机器依赖性低，其源程序送入计算机后，调用事先设计的专用于翻译的程序——编译程序将其整个地翻译成机器指令表示的目标程序，然后执行目标程序，得到计算结果。这种方式称为编译方式。这种方法的缺点是编译、链接较费时，但可执行程序运行速度很快。FORTRAN、C 语言等都采用这种编译方法。

4. 新型软件开发工具

今天计算机之所以能够应用于人类社会的各个方面，一个重要原因是因为有了大量

成功的软件。软件开发已经发展成为一个庞大的产业，各种软件开发工具也应运而生。今天，许多编程语言已经与传统意义上的语言有很大不同了。它们不但功能强大，而且适应范围、程序形成的方法、程序的形式等都有了极大的改进。例如，可视化编程技术可以使编程人员不用编写代码，只需依据屏幕提示回答一连串问题，或在屏幕上执行一连串的选择操作之后，就可以自动形成程序。另外，传统的高级语言和数据库管理系统有比较明确的界限，但近年来逐渐流行的编程语言大都有很强的数据库管理功能。目前，面向对象程序设计方法和方便实用的可视化编程语言，如 Visual Basic、Visual C++、Delphi、Power Builder、Java 等，已经取代了传统的 BASIC、Pascal、C 等高级语言，成为软件开发的主要工具。当今软件开发工具的功用已非程序设计语言一词所能概括。例如，由 BASIC 语言发展而来的 Visual Basic 就是由程序设计语言、组件库、各种支撑程序库，以及编辑、调试、运行程序的一系列支撑软件组合而成的集成开发环境。另外，当前流行的编程工具，如 Delphi、Visual Basic 等，都提供了对数据库强有力的支持。它们的数据库管理功能比一些传统的数据库管理系统产品毫不逊色，甚至更适合于进行数据库的高级智能开发。

2.2.4　软件版权保护

计算机软件是脑力劳动的创造性产物，正式软件是有版权的，它是受法律保护的一种重要的知识产权。知识产权是指对智力活动所创造的精神财富所享有的权利，包括工业产权、版权、发明权、发现权等。1967 年在瑞典斯德哥尔摩签订公约成立了世界知识产权组织，1974 年该组织成为联合国的一个专门机构。我国于 1980 年 3 月加入该组织。

1. 软件版权保护的意义

版权(copyright)亦称著作权、作者权，意即抄录、复制之权。一般认为，版权是一种民事权力，作为法律观念，是一种个人权利，又是一种所有权，主要表现为作者对其作品使用的支配权和享受报酬权。软件版权属于软件开发者。软件版权人依法享有软件使用的支配权和享受报酬权。对计算机用户来说，应该懂得：只能在法律规定的合理的范围内使用软件，如果未经软件版权人同意而非法使用其软件，例如，将软件大量复制赠给自己的同事、朋友，通过变卖该软件等手段获益等，都是侵权行为，侵权者是要承担相应的民事责任的。

软件作品从其创作完成之时起就享受版权，从其发表之时起就实际受到保护。超过版权保护期或仍处于版权保护期中但版权人明确表示放弃版权的软件，不再受版权保护而进入公用领域。由于国际上通行的软件保护期是 50 年，我国对国内软件现行规定为 25 年加 25 年，所以，实际上公用领域中现在还不存在因超过版权保护期而进入公用领域的软件，而只有版权人声明放弃版权而进入公用领域的软件。

事实上，在现代社会中，信息的大众传播、复制和复用已经使信息的利用非常廉价和方便了。但是从信息本身的价位来看，信息却可能是非常昂贵的。因为无论从创造

发明者的脑力劳动价值以及信息资源对受益者的实用价值来看，信息都不应该是免费的。对于软件开发者而言，他们的力量所在就是他们所发明创造的软件。一旦软件被盗窃，他们的创造力就会受到打击，严重时甚至可能使其夭折。这种情况如果广泛出现，就会极大地打击开发者的工作积极性和进一步发展的可能性，进而影响整个社会信息化的进程。

目前计算机软件已经形成一个庞大的产业，全世界每年产值在500亿美元以上。而每年由于非法盗用计算机软件的活动所造成的损失已超过100亿美元。因此，依法保护计算机软件版权人的利益，调整软件在开发、传播和使用中发生的利益关系，鼓励计算机软件的开发和流通，是促进计算机事业发展的必然趋势。

从1991年10月1日起，我国开始施行《计算机软件保护条例》，这就为在全社会形成一个尊重知识、尊重人才的良好环境，促进我国计算机产业的发展提供了基本的保证。随着计算机的广泛应用，学习条例、应用条例应当成为每个公民的自觉行动。

软件产权保护实际上是个非常复杂的问题，需要软件开发商、知识产权的执法者和广大用户共同努力才能做好。自然，软件开发商也要有一个正确的观念和准确的市场定位。商家要收回投资的行为无可厚非，为此将价格定得高一些也是合情、合理、合法的。应该说，它们有这个权利。但市场规则是商家生存的唯一依据，绝大多数用户的购买力也是需要考虑的。

2. 版权意义上的软件分类

软件可分为公用软件、商业软件、共享软件、免费软件和自由软件。除公用软件之外，商业软件、共享软件和免费软件都享有版权保护。用户从软件出版单位和计算机商家购买软件，取得的只是使用该软件的许可，而软件的版权人和出版单位则分别保留了软件的版权和专有出版权。软件许可合同的作用，就是指导如何使用软件和对软件的使用进行限制。

1）公用软件

公用软件主要有以下特征：

(1) 版权已被放弃，不受版权保护。

(2) 可以进行任何目的的复制，不论是为了存档还是为了销售，都不受限制。

(3) 允许进行修改。

(4) 允许对该软件进行逆向开发。

(5) 允许在该软件基础上开发衍生软件，并可复制、销售。

2）商业软件

在非公有领域的软件中，商业软件通常具有下列特征：

(1) 软件受版权保护。

(2) 为了预防原版软件意外损坏，可以进行存档复制。

(3) 只有当为了将软件应用于实际的计算机环境时，才能进行必要的修改，否则不允许进行修改。

(4) 未经版权人允许，不得对该软件进行逆向开发。

(5) 未经版权人允许，不得在该软件基础上开发衍生软件。

3) 共享软件

共享软件实质上是一种商业软件，因此也具有商业软件的上述特征。但它是在试用基础上提供的一种商业软件，所以也称为试用软件。共享软件的作者通常通过公告牌、在线服务、出售磁盘和个人之间的复制来发行其软件。一般只提供目标文本而不提供源文本。软件的共享版可以包含软件的全部功能，也可能只包含软件的部分功能。发行软件共享版的目的是为了让潜在的用户通过试用来决定是否购买。通常作者会要求，如果试用者希望在试用期过后继续使用该软件，就要支付少量费用并加以登记，以便作者进一步提供软件的更新版本、故障的排除方法和其他支持。

4) 免费软件

免费软件是免费提供给公众使用的软件，通常通过和共享软件相同的方式发行。

免费软件具有下列特征：

(1) 软件受版权保护。

(2) 可以进行存档复制，也可以为发行而复制，但发行不能以营利为目的。

(3) 允许修改软件并鼓励修改。

(4) 允许对软件进行逆向开发，不必经过明确许可。

(5) 允许开发衍生软件并鼓励开发，但这种衍生软件也必须是免费软件。

5) 自由软件

自由软件是一种由开发者提供全部源代码的软件，免费分发给一些用户，每个用户都可以使用、修改和继续分发给他人，但是所有的修改必须明确地标记而且任何情况下都不能删除或修改原作者的名字和版权声明。例如，Linux 操作系统就是一种可以在互联网上免费得到，且任何用户都可修改并继续分发的自由软件。

自由软件的出现，改变了传统的以公司为主体的封闭的软件开发模式，采用了开放和协作的开发模式，无偿提供源代码，容许任何人取得、修改和重新发布自由软件的源代码。这种开发模式激发了世界各地的软件开发人员的积极性和创造热情。大量软件开发人员投入到自由软件的开发中。软件开发人员的集体智慧得到充分发挥，大大减少了不必要的重复劳动，并使自由软件的脆弱点能够得到及时发现和克服。任何一家公司都不可能投入如此强大的人力去开发和检验商品化软件。这种开发模式使自由软件具有强大的生命力。当前推出的稳定的 Linux 内核的 2.x 版充分显示了 Linux 开发队伍的非凡创造力以及协作开发模式的价值。事实上，UNIX 开始发展时，就采用了这种开发模式。它的安全漏洞之所以比其他操作系统解决得更为彻底，应该归功于这种开发模式。

2.3 计算机中数据的表示

在计算机中能直接表示和使用的数据有数值数据和字符数据两大类。数值数据用于表示数量的多少,可带有表示数值正负的符号位。日常所使用的十进制数要转换成等值的二进制数才能在计算机中存储和操作。符号数据又称非数值数据,包括英文字母、汉字、数字、运算符号以及其他专用符号,它们在计算机中也要转换成二进制编码的形式。

2.3.1 计算机中进位计数制

数制是用一组固定数字和一套统一规则来表示数目的方法。进位计数制是指按指定进位方式计数的数制。表示数值大小的数码与它在数中所处的位置有关,简称进位制。在计算机中,使用较多的是十进制、二进制、八进制和十六进制。

1. 十进制

十进制(decimal notation)的特点如下:

有十个数码,即 0、1、2、3、4、5、6、7、8、9;运算规则为逢十进一、借一当十;进位基数是 10。

设任意一个具有 n 位整数、m 位小数的十进制数 D,可表示为

$$D = D_{n-1} \times 10^{n-1} + D_{n-2} \times 10^{n-2} + \cdots + D_1 \times 10^1 + D_0 \times 10^0 + D_{-1} \times 10^{-1} + \cdots + D_{-m} \times 10^{-m}$$

上式称为“按权展开式”。

【举例】 将十进制数$(123.45)_{10}$按权展开。

解 $(123.45)_{10} = 1\times10^2+2\times10^1+3\times10^0+4\times10^{-1}+5\times10^{-2} = 100+20+3+0.4+0.05$

2. 二进制

二进制(binary notation)的特点如下:

有两个数码,即 0、1;运算规则为逢二进一、借一当二;进位基数是 2。

设任意一个具有 n 位整数、m 位小数的二进制数 B,可表示为

$$B = B_{n-1} \times 2^{n-1} + B_{n-2} \times 2^{n-2} + \cdots + B_1 \times 2^1 + B_0 \times 2^0 + B_{-1} \times 2^{-1} + \cdots + B_{-m} \times 2^{-m}$$

权是以 2 为底的幂。

【举例】 将$(100000.10)_2$按权展开。

解 $(100000.10)_2 = 1\times2^6+0\times2^5+0\times2^4+0\times2^3+0\times2^2+0\times2^1+0\times2^0+1\times2^{-1}+0\times2^{-2}=(64.5)_{10}$

二进制不符合人们的使用习惯,因此在日常生活中,不经常被使用。计算机内部的数是用二进制表示的,其主要原因是:

(1) 电路简单。二进制数只有 0 和 1 两个数码,计算机是由逻辑电路组成的,因此可以很容易地用电气元件的导通和截止来表示这两个数码。

(2) 可靠性强。用电气元件的两种状态表示两个数码,数码在传输和运算中不易出错。

(3) 简化运算。二进制的运算法则很简单,例如,求和法则只有 3 个,求积法则也只有 3 个,而如果使用十进制要烦琐得多。

(4) 逻辑性强。计算机在数值运算的基础上还能进行逻辑运算,逻辑代数是逻辑运算的理论依据。二进制的两个数码,正好代表逻辑代数中的"真"(true)和"假"(false)。

3. 八进制

八进制(octal notation)的特点如下:

有八个数码,即 0、1、2、3、4、5、6、7;运算规则为逢八进一、借一当八;进位基数是 8。

设任意一个具有 n 位整数、m 位小数的八进制数 Q,可表示为

$$Q = Q_{n-1} \times 8^{n-1} + Q_{n-2} \times 8^{n-2} + \cdots + Q_1 \times 8^1 + Q_0 \times 8^0 + Q_{-1} \times 8^{-1} + \cdots + Q_{-m} \times 8^{-m}$$

【举例】 将$(654.23)_8$ 按权展开。

解 $(654.23)_8 = 6\times8^2+5\times8^1+4\times8^0+2\times8^{-1}+3\times8^{-2}=(428.296875)_{10}$

4. 十六进制

十六进制(hexadecimal notation)的特点如下:

有十六个数码,即 0、1、2、3、4、5、6、7、8、9、A、B、C、D、E、F;十六个数码中的 A、B、C、D、E、F 六个数码,分别代表十进制数中的 10、11、12、13、14、15;运算规则为逢十六进一、借一当十六。

设任意一个具有 n 位整数、m 位小数的十六进制数 H,可表示为

$$H = H_{n-1} \times 16^{n-1} + H_{n-2} \times 16^{n-2} + \cdots + H_1 \times 16^1 + H_0 \times 16^0 + H_{-1} \times 16^{-1} + \cdots + H_{-m} \times 16^{-m}$$

权是以 16 为底的幂。

【举例】 将$(3A6E.5)_{16}$按权展开。

解 $(3A6E.5)_{16} = 3\times16^3+10\times16^2+6\times16^1+14\times16^0+5\times16^{-1}=(14958.3125)_{10}$

十进制、二进制、八进制和十六进制数的转换关系,如表 2-1 所示。

在程序设计中,为了区分不同进制数,通常在数字后用一个英文字母为后缀,以示区别。

十进制数:数字后加 D 或不加,如 10D 或 10。

二进制:数字后加 B,如 10010B。

表 2-1　各种进制数码对照表

十进制	二进制	八进制	十六进制	十进制	二进制	八进制	十六进制
0	0	0	0	9	1001	11	9
1	1	1	1	10	1010	12	A
2	10	2	2	11	1011	13	B
3	11	3	3	12	1100	14	C
4	100	4	4	13	1101	15	D
5	101	5	5	14	1110	16	E
6	110	6	6	15	1111	17	F
7	111	7	7	16	10000	20	10
8	1000	10	8	17	10001	21	11

八进制：数字后加 Q，如 123Q。

十六进制：数字后加 H，如 2A5EH。

5. 二进制与十进制之间的转换

二进制转换成十进制只需按权展开后相加即可。

$$(10010.11)_2 = 1\times 2^4 + 0\times 2^3 + 0\times 2^2 + 1\times 2^1 + 0\times 2^0 + 1\times 2^{-1} + 1\times 2^{-2} = (18.75)_{10}$$

十进制转换成二进制时，整数部分的转换与小数部分的转换是不同的。

(1) 整数部分：除 2 取余，逆序排列。

将十进制数反复除以 2，直到商是 0 为止，并将每次相除之后所得的余数按次序记下来，第一次相除所得余数是 K_0，最后一次相除所得的余数是 K_{n-1}，则 $K_{n-1}, K_{n-2}, \cdots, K_2$，$K_1$ 即为转换所得的二进制数。

(2) 小数部分：乘 2 取整，顺序排列。

将十进制数的纯小数反复乘以 2，直到乘积的小数部分为 0 或小数点后的位数达到精度要求为止。第一次乘以 2 所得的结果是 K_{-1}，最后一次乘以 2 所得的结果是 K_{-m}，则所得二进制数为 $0, K_{-1}, K_{-2}, \cdots, K_{-m}$。

例如，将十进制数 $(123.125)_{10}$ 转换位二进制数。

对于这种既有整数又有小数的十进制数，可以将其整数部分和小数部分分别转换为二进制，然后再组合起来，就是所求的二进制数了。

$$(123)_{10} = (1111011)_2$$

$$(0.125)_{10} = (0.001)_2$$

$$(123.125)_{10} = (1111011.001)_2$$

6. 二进制与八进制、十六进制之间的互换

十进制数转换成二进制数的过程书写比较长，同样数值的二进制数比十进制数占用

更多的位数，书写长，且容易混淆。为了方便，人们就采用八进制和十六进制表示数。由于 $2^3=8$，$2^4=16$，八进制与二进制的关系是：一位八进制数对应三位二进制数。十六进制与二进制的关系是：一位十六进制数对应四位二进制数。将二进制转换成八进制时，以小数点位中心向左和向右两边分组，每三位一组进行分组，两头不足补零。

$$(001\ 101\ 101\ 110.110\ 101)_2=(1556.65)_8$$

将二进制转换成十六进制时，以小数点位中心向左和向右两边分组，每四位一组进行分组，两头不足补零。

$$(0011\ 0110\ 1110.1101\ 0100)_2=(36E.D4)_{16}$$

2.3.2　机器数

1. 机器数的范围

机器数的范围由硬件（CPU 中的寄存器）决定。当使用 8 位寄存器时，字长为 8 位，所以一个无符号整数的最大值是 $(11111111)_2=(255)_{10}$，机器数的范围为 0～255；当使用 16 位寄存器时，字长为 16 位，所以一个无符号整数的最大值是 $(FFFF)_{16}=(65535)_{10}$，机器数的范围为 0～65535。

2. 机器数的符号

在计算机内部，任何数据都只能用二进制的两个数码“0”和“1”来表示。除了用“0”和“1”的组合来表示数值的绝对值大小外，其正负号也必须数码化以 0 和 1 的形式表示。通常规定最高位为符号位，并用 0 表示正、用 1 表示负。这时在一个 8 位字长的计算机中，数据的格式如下所示：

最高位 D_7 为符号位，$D_6 \sim D_1$ 为数值位。把符号数字化，常用的有原码、反码、补码三种。

2.3.3　非数值信息的表示

计算机除了能处理数值信息外，还能处理大量的非数值信息。非数值信息是指字符、文字、图形等形式的数据，不表示数量大小，仅表示一种符号，所以又称符号数据。人们使用计算机，主要是通过键盘输入各种操作命令及原始数据，与计算机进行交互。

然而，计算机只能存储二进制，这就需要对符号信息进行编码。人机交互时输入的各种字符由机器自动转换，以二进制编码形式存入计算机。

字符编码就是规定用什么样的二进制码来表示字母、数字以及专门符号。

计算机系统中主要有两种字符编码：ASCII 码和 EBCEDIC(扩展的二进制～十进制交换码)。

ASCII 用于微型机与小型机，是最常用的字符编码。ASCII 码的意思是"美国标准信息交换代码"(Amerrican Standard Coad for Information Interchange)，此编码被国际标准化组织 ISO 采纳后，作为国际通用的信息交换标准代码。

ASCII 码有两个版本：7 位码版本和 8 位码版本。国际上通用的是 7 位码版本，即用 7 位二进制表示一个字符，由于 $2^7=128$，所以有 128 个字符，其中包括：0～9 共 10 个数码，26 个小写英文字母，26 个大写英文字母，各种标点符号和运算符号 33 个。在计算机中实际运用 8 位表示一个字符，最高位为"0"。

2.4 多媒体技术

2.4.1 多媒体技术的概念

从 20 世纪 80 年代中后期开始，集文字、声音、图形、图像、视频于一体的计算机多媒体信息技术迅速发展起来，它使计算机具有了综合处理声音、文字、图像和视频信息的能力，而且以丰富的声、文、图等媒体信息和友好的交互性，极大地改善了人们交流和获取信息的方式，给人们的工作、生活和娱乐带来了巨大的变化。

1. 多媒体的基本概念

所谓"媒体"(medium)是指信息表示和传播的载体。多媒体(multimedia)就是运用多种方法、以多种形态传输信息的介质或载体。在计算机领域中，媒体主要有以下几种形式：感觉媒体直接作用于人的感知器官让人产生感觉的媒体，如人类的语言、文字、音乐，自然界的各种声音、静止或运动的图像、图形和动画等。

(1) 表示媒体为了加工、处理和传输感觉媒体而人为构造出来的一类媒体，主要指各种编码，如语言编码、文本编码和图像编码等。

(2) 表现媒体感觉媒体与计算机之间的界面，如键盘、鼠标、麦克风、摄像机显示器、打印机等。

(3) 存储媒体用于存储表示媒体的介质。常用的存储媒体有硬盘、磁带和光盘等。

(4) 传输媒体将表示媒体从一处传送到另一处的物理载体，如电缆、光纤、电磁波等。

2. 多媒体技术的特点

多媒体技术是指能够同时抓取、处理、编辑、存储和展示文字、图形、图像、声音、视频、动画等多种信息媒体的技术。多媒体技术具有以下特点：

(1) 多样性。是指计算机所能处理的信息从最初的数值、文字、图形扩展到音频和视频信息等多种表示媒体元素，扩展了计算机处理信息的空间范围。

(2) 集成性。多媒体技术是多种媒体集成的技术，需要将多种不同的媒体信息，如文字、声音、图形、图像等有机地组织在一起，共同表达一个完整的多媒体信息，综合地表达事物。

(3) 交互性。是指提供人们多种交互控制能力，以便对系统的多媒体处理功能进行控制。交互性是多媒体技术的关键特征。

(4) 数字化。多媒体技术是一种"全数字"技术。其中的每一种媒体信息，无论是文字、声音、图形、图像或视频，都以数字技术为基础进行生成、存储、处理和传送。

3. 多媒体系统的应用和发展

多媒体技术实现于 20 世纪 80 年代中期。1984 年美国 Apple 公司研制的 Macintosh 机，创造性地使用了位映射、窗口、图标等技术，创建了图形用户界面。1985 年，美国 Commodore 公司推出世界上第一台多媒体计算机 Amiga 系统。

1986 年荷兰 Philips 公司和日本 Sony 公司联合研制并推出交互式紧凑光盘系统 CD-I(compact disc interactive)，同时公布了该系统所采用的 CD-ROM 光盘的数据格式。这项技术对大容量存储设备光盘的发展产生了巨大影响，并经过国际标准化组织的认可成为国际标准。大容量光盘的出现为存储和表示声音、文字、图形、音频等高质量的数字化媒体提供了有效手段。

1987 年，美国 RCA 公司研制出了交互式数字视频系统 DVI(digital video interactive)。它以计算机技术为基础，用标准光盘来存储和检索静态图像、活动图像、声音等数据。这是多媒体技术的雏形。

多媒体技术是一种综合性技术，它的实用化涉及计算机、电子、通信、影视等多个行业技术协作，因此标准化问题是多媒体技术实用化的关键。1990 年 10 月，在微软公司会同多家厂商召开的多媒体开发工作者会议上提出了多媒体个人计算机的基本标准 MPC1.0。1993 年由 IBM、Intel 等数十家软硬件公司组成的多媒体个人计算机市场协会发布了 MPC2.0 标准。

1995 年 6 月，又发布了 MPC3.0 标准。

1988 年，国际标准化组织下属的运动图像专家小组 MPEG(Moving Picture Experts Group)的建立对多媒体技术的发展起到了推波助澜的作用。该小组制定了视频/运动图像的三个主要标准：MPEG-1 标准、MPEG-2 标准、MPEG-4 标准。

多媒体技术发展已经有多年的历史，到目前为止声音、视频、图像压缩方面的基础技术已逐步成熟，并形成了产品进入市场，现在热门的技术如模式识别、MPEG 压缩技术、虚拟现实技术正在逐步走向成熟。

随着计算机网络技术和多媒体技术的发展，多媒体技术的应用已渗透到人类社会的各个领域，主要体现在以下几个方面：

(1) 教育与培训。多媒体计算机辅助教学(CAI)就是充分运用多媒体技术，把文字、

图表、声音、动画、录像等组合在一起，具有图、文、声、像并茂的特点，以提高学生的学习兴趣，方便地进行交互式学习。在远程教育中，人们还可以通过交互式视像教学，自选时间，远程学习。

(2) 信息服务。利用光盘大容量的存储空间与多媒体声像功能结合，可以提供大量的信息产品，如百科全书、旅游指南系统、地图系统等电子工具和电子出版物。多媒体电子邮件、计算机购物等都是多媒体技术在信息领域中的应用。

(3) 办公自动化。视频会议系统为人们提供更全面的信息服务，使得地理上处于不同地点的一个群体成员协同完成一项共同任务成为可能。

(4) 家庭娱乐。数字化的音乐和影像进入了家庭，计算机既能听音乐又能看影视节目，使家庭文化生活进入一个多姿多彩的境界。

2.4.2 多媒体信息处理

多媒体信息具有数据量大、数据类型多的特点。多媒体技术涉及面也相当广泛，主要包括图形图像、音频、视频等技术。

1. 图形与静态图像

图形是指从点、线、面到三维空间的黑白或彩色几何图，一般指矢量图。矢量图形利用点和线等矢量化的数据来描述图中线条的形状、位置、颜色等信息，图形的质量不受设备分辨率的影响，放大和缩小矢量图不会影响图形清晰度。它常用来制作插图、工程技术绘图、标志图等。矢量图形的缺点主要是处理比较复杂，处理的速度与数据存储结构密切相关。

图形分为二维图形和三维图形。二维图形是只有 x、y 两个坐标的平面图形，三维图形是具有 x、y、z 三个坐标的立体图形。矢量图形的存储格式有 swf、svg、eps 等。

图像是由输入设备捕捉的实际场景画面或以数字化形式存储的图片，一般指位图图像。图像包括内容非常广泛，可以是照片、插图、绘画等。位图图像由像素组成，每个像素都被分配一个特定位置和颜色值。常用点阵来表示，矩阵中一个元素对应图像的一个点，称之为像素，相应的值表示该点的灰度或颜色等级。位图图像与分辨率有关，如果在屏幕上以较大的倍数放大显示图像，常常出现图像边缘锯齿和“马赛克”现象。位图图像能够制作出色彩和色调变化丰富的图像，但是它的主要缺点就是占的存储空间要比矢量图大得多。在图像数字化处理中，常涉及图像分辨率、图像灰度等概念。图像分辨率指的是每英寸图像含有多少个点或像素。在数字化的图像中，分辨率的大小直接影响到图像的质量。分辨率高的图像就越清晰，文件也就越大。

图像灰度是指黑白图像中点的颜色深度，灰度模式最多使用 256 级灰度来表现图像，范围一般从 0 到 255，图像中的每个像素有一个 0(黑色)到 255(白色)之间的亮度值。图像的存储格式有 bmp、gif、jpg、tif、psd 等。

2. 音频

声音是多媒体信息的重要组成部分，它能与文字、图像等一起传递信息。声音信号是一种模拟的连续波形，一般用振幅和频率两个参数来描述。振幅的大小表示声音的强弱，频率的大小反映了音调的高低。声音是模拟量，因此必须通过采样将模拟信号数字化后才能使用计算机对其进行处理。

在声音的数字化处理中，采样频率、采样精度和声道数是非常重要的三个指标。采样频率是指对声音每秒钟采样的次数。频率越高，声音的质量就越好，存储数据量也就越大。目前常用的采样频率为 11kHz、22kHz 和 44kHz 几种。采样精度是指每个声音样本需要用多少位二进制数来表示，它反映出度量声音波形幅度值的精确程度。样本位数的大小影响到声音的质量，位数越多，音质就越好。目前常用的有 8 位、12 位和 16 位三种。声道数指声音通道的个数，用来表明声音产生的波形数，常分为单声道和多声道。

声音的模拟波形被数字化后，其音频文件的存储量（单位：字节）计算公式为

$$存储量=采样频率\times采样精度/8\times声道数\times时间$$

例如，采用 44.1kHz 采样频率，采样精度为 16 位，在左右两个声道的情况下，录制 1 秒声音，所需存储量为

$$44\,100\times16/8\times2\times1=176\,400(字节)$$

1 秒钟的声音约占 176KB，可见声音的数据存储量比较大。因此，在应用中必须考虑对音频文件进行压缩，目前语音压缩算法可将声音压缩 6 倍。

常用的音频文件格式有 WAV、MIDI、MP3、RM、CD-DA。

3. 动画与视频

人眼有一种视觉暂留的生物现象，即人观察的物体消失后，物体映象在人眼的视网膜上会保留一个非常短暂的时间，约 0.1s。利用这一现象，将一系列画面中物体移动或形状改变很小的图像，以足够快的速度连续播放，就会产生连续活动的场景。这就是动画和视频产生的原理。动画通常指人工创作出来的连续图形所组合成的动态影像。在系列画面中每幅图像是通过实时摄取自然景象或活动对象时，称为视频。

视频技术包括视频数字化和视频编码技术两个方面。

视频数字化是将模拟视频信号经模数转换和彩色空间变换转为计算机可处理的数字信号，使得计算机可以显示和处理视频信号。录像机中的视频信号属于模拟视频信号，要把模拟视频转换成一连串的计算机图像必须经过视频采集。利用视频采集卡，可以把录像机或摄像机的模拟视频信号变成数字信号并存储到计算机的磁盘上。在回放过程中，图像在屏幕上以一定速度连续显示，从而在人眼中产生动作。

视频数字化后，数据量是相当大的，需要很大的存储空间。解决的办法就是采用视频压缩编码技术，压缩数字视频中的冗余信息，减少视频数据量。由于视频中每幅图像之间

往往变化不大，因此在对每幅图像进行JPEG压缩后，再采用移动补偿算法去掉时间方向上的冗余信息，这就是MPEG动态图像压缩技术。

常用的视频文件格式有AVI、MOV、MPG、ASF。

4. 数据压缩技术

由于图像文件数据量大，图像的存储、读取和传输都会造成困难，因此需要对图像进行压缩处理。图像压缩技术分为静态图像压缩技术和运动图像压缩技术。

静态图像压缩用于存放单张画面，如照片、图片等。静态图像压缩编码的国际标准是JPEG，适用于连续色调彩色或灰度图像。它包括两部分：一是基于空间线性预测技术的无损压缩编码；二是基于离散余弦变换的有损压缩算法。前者图像压缩无失真，但是压缩比小，一般只能压缩到原来的1/2～1/4；后者图像有损失但压缩比很大，可达10∶1甚至100∶1，是目前图像压缩的主要应用算法。

运动图像压缩编码的标准是MPEG，即按照25帧/秒使用JPEG算法压缩视频信号，完成运动图像的压缩。MPEG-1标准用于传输1.5Mbps数据传输率的数字存储媒体运动图像及其伴音的编码，广泛应用于VCD光盘。MPEG-2标准是针对标准数字电视和高清晰度电视在各种应用下的压缩方案和系统层的详细规定，特别适用于广播级的数字电视的编码和传送。MPEG-4标准是一个有交互性的动态图像标准，它可以将较大的媒体文件在保证视音频质量下压缩得非常小，利于在网络中传播。MPEG-7支持多媒体信息基于内容的检索，支持用户对多媒体资料的快速有效查询。MPEG-21将对全球数字媒体资源进行透明和增强管理。

2.4.3 多媒体计算机

20世纪90年代后，人们开始将声音、活动的视频图像和三维彩色图像输入计算机进行处理。在这段时期，计算机的硬件和软件在处理多媒体的技术上有了突出的进展。多媒体计算机系统技术逐渐形成。多媒体计算机(multimedia PC，MPC)是指能够综合处理文字、图形、图像、声音、视频、动画等多种媒体信息，使多种媒体建立联系并具有交互能力的计算机系统。多媒体计算机必须具备图形图像、声音等信息的输入、处理、播放和存储能力。与普通的计算机系统一样，多媒体计算机系统由硬件系统和软件系统组成。

1. 多媒体计算机的硬件系统

在组成多媒体计算机系统的硬件方面，除传统的硬件设备之外，通常还需要增加光盘存储器(CD/DVD-ROM)、音频输入/输出和处理设备、视频输入/输出和处理设备。

光盘存储器由CD-ROM/DVD-ROM驱动器和光盘片组成。光盘片是一种大容量的存储设备，可存储任何多媒体信息。CD/DVD-ROM驱动器用来读取光盘上的信息。

麦克风、电子乐器属于音频输入设备，音频输出设备有音箱、音响设备等，而声卡则是

用来处理和播放多媒体声音的关键部件。它可以把麦克风、录音机、电子乐器等输入的声音信息进行模数转换、压缩等处理，也可以把经过计算机处理的数字化的声音信号通过还原、数模转换后通过音箱播放出来。它通过插入主板扩展槽中与主机相连，并通过卡上的输入/输出接口与相应的输入/输出设备相连。摄像机、数码相机属于视频输入设备，显示器是最常用的视频输出设备。视频卡采集来自输入设备的视频信号，完成由模拟量到数字量的转换、压缩，并将视频信号以数字形式存入计算机。

2. 多媒体计算机的软件系统

多媒体计算机的软件系统除了必需的多媒体操作系统外，还包括支持多媒体系统运行、开发的各类软件、开发工具及多媒体应用软件。

Windows XP 操作系统中的录音机能实现录音并把录制结果存放在 WAV 的文件中，我们可以在任何时候进行声音文件的播放、录制和编辑。Microsoft 的 Windows Media Player 则是一个通用的多媒体播放机软件，可用于接收以当前最流行格式制作的音频、视频和混合型多媒体文件。我们也可以用它来收听电台或收看电视节目。

图形的绘制需要专门的编辑软件，AutoCAD 是常用的图形设计软件。

在图像编辑中，Adobe Photoshop 已成为各种图像特效制作产品的典范。它可以与扫描仪相连，将高品质的图像输入到计算机中，再通过丰富的图像编辑功能，得到各种图像特效。动画是多媒体产品中最具有吸引力的素材，能生动、直观地表现信息，容易吸引人们的注意。

较流行的动画制作软件有 FlashMX、AnimatorStudio 等。

此外，我们还可以用 PowerPoint 制作具有动感的幻灯片，用 FrontPage 制作丰富多彩的网页，用 Authorware 制作课件。

2.5　计算机信息安全

2.5.1　计算机病毒

1. 计算机病毒的定义

《中华人民共和国计算机信息系统安全保护条例》明确指出，“计算机病毒是指编制或者在计算机程序中插入的破坏计算机功能或数据，影响计算机使用并能够自我复制的一组计算机指令或者程序代码”。可见，计算机病毒是一种特殊的程序。某些对计算机技术精通的人凭借对软硬件的深入了解，编制这些特殊的程序。这些程序通过载体传播出去后，通过自我复制传染正在运行的其他程序，并在一定条件下被触发。计算机感染上病毒后，轻则占用计算机存储空间，重则破坏计算机系统资源，造成死机，重要数据遭到破坏和丢失，甚至整个计算机系统瘫痪。1987 年 10 月，世界上第一例计算机病毒 Brain 诞生。

在我国，最初引起人们注意的病毒是20世纪80年代末出现的“黑色星期五”、“米氏病毒”、“小球病毒”等。后来出现的CIH病毒、美丽杀病毒、蠕虫病毒、冲击波病毒等都在全世界范围内造成了巨大的经济损失和社会损失。例如，2001年，一种名为“尼姆达”的蠕虫病毒席卷世界，计算机感染上这一病毒后，会不断自动拨号上网，并利用文件中的地址信息或者网络共享进行传播，最终破坏用户的大部分重要数据。据统计，“尼姆达”病毒在全球各地侵袭了830万台计算机，造成约5.9亿美元的损失。

计算机病毒是人为特制的程序，编制病毒程序的行为是一种犯罪行为。当今世界的许多国家都对信息安全进行了立法，将制造和传播计算机病毒行为列入犯罪的行列。

2. 计算机病毒的特征

计算机病毒除了与正常程序一样可以存储和执行外，还具有一些与众不同的特征。

1）传染性

计算机病毒可通过内存、磁盘和网络将自身的代码强行传染到一切符合其传染条件的未受传染的程序上。病毒程序一旦加到运行的程序上，就开始搜索能进行感染的其他程序，从而使病毒很快扩散到磁盘存储器和整个计算机系统。是否具有传染性是判别一个程序是否为计算机病毒的最重要条件。

2）隐蔽性

病毒一般是具有很高编程技巧、短小精悍的程序，通常附在正常程序中不易被发现，而且它在传播时，用户无法觉察。当病毒发作时，实际病毒已经扩散，系统已遭到不同程度的破坏。

3）潜伏性

计算机病毒侵入系统后，一般不立即发作，而具有一定的潜伏期，只有在满足其特定条件时才突然暴发。

4）破坏性

病毒的破坏情况表现不一，有的病毒显示某些画面或播放音乐，干扰计算机的正常工作，占用系统资源；有的病毒则破坏数据、删除文件或加密磁盘、格式化磁盘，严重的甚至造成整个系统瘫痪。

5）激发性

计算机病毒的发作一般都有一个激发条件，只有满足了这个条件时，病毒程序才会“发作”，去感染其他的文件，或去破坏计算机系统。这个条件可以是输入特定字符、使用特定文件、某个特定日期或特定时刻，或者是病毒内置的计数器达到一定次数等。

3. 计算机病毒的种类

目前对计算机病毒的分类方法多种多样，常用的有下面几种。

1）按计算机病毒的危害和破坏情况分

（1）良性病毒。这类病毒干扰用户工作，但不破坏系统数据。清除病毒后，便可恢复正常。常见的情况是大量占用CPU时间和内存、外存等资源，从而降低运行速度。

（2）恶性病毒。这类病毒破坏数据，造成系统瘫痪。清除病毒后，也无法修复丢失的数据。常见的情况是破坏、删除系统文件，甚至格式化硬盘，造成整个计算机网络瘫痪等。

2）按计算机病毒入侵的方式分

（1）源代码嵌入攻击型。这类病毒在高级语言源程序编译之前就插入病毒代码，最后随源程序一起被编译成带毒的可执行文件。由于这些病毒制造者不能轻易得到软件开发公司编译前的源程序，这种入侵的方式难度较大，所以这类病毒是极少数的。

（2）代码取代攻击型。这类病毒主要是用它自身的病毒代码取代某个入侵程序的整个或部分模块，这类病毒也少见，它主要是攻击特定的程序，针对性较强，但是不易被发现，清除起来也较困难。

（3）系统修改型。这类病毒主要是用自身程序覆盖或修改系统中的某些文件来达到调用或替代操作系统中的部分功能。由于是直接感染系统，危害较大，该病毒也是最为多见的一种病毒类型。

（4）外壳附加型。这类病毒通常是将其病毒附加在正常程序的头部或尾部，相当于给程序添加了一个外壳，在被感染的程序执行时，病毒代码先被执行，然后才将正常程序调入内存。目前大多数文件型的病毒属于这一类。

3）按计算机病毒的寄生方式分

（1）引导型病毒。这类病毒在系统启动时，用自身代码或数据代替原磁盘的引导记录，使得系统首先运行病毒程序，然后才执行原来的引导记录，使得这个带病毒的系统看似正常运转，而病毒已隐藏在系统中伺机传染、发作。

（2）文件型病毒。这类病毒可传染.com、.exe等类型文件。已感染病毒的文件执行速度会减慢，甚至完全无法执行。每执行一次染毒文件，病毒便主动传染另一个未染毒的可执行文件。这类病毒数量最大。

（3）复合型病毒。这类病毒既传染磁盘引导区，又传染可执行文件，一般可通过测试可执行文件的长度来判断它是否存在。此外，若按照计算机病毒激活的时间分类，可分为定时病毒和随机病毒。定时病毒只在某一特定时间才发作，而随机病毒一般不是由时钟来激活的病毒。按照病毒的传播媒介分类，可分为单机病毒和网络病毒。单机病毒的载体是磁盘，网络病毒的传播媒介是网络通道，这种病毒的传染能力更强，破坏力更大，如“蠕虫病毒”和“木马病毒”。

4. 计算机病毒的传播

在系统运行时，计算机病毒通过系统的外存储器进入系统的内存储器，常驻内存。该

病毒在系统内存中监视系统的运行，当它发现有攻击的目标存在并满足条件时，便从内存中将自身链接入被攻击的目标，从而将病毒进行传播。

计算机病毒的传播途径主要如下。

1）通过存储设备传播

存储设备包括软盘、硬盘、光盘及 Zip 盘、U 盘等。硬盘向软盘、U 盘上复制带毒文件，向光盘上刻录带毒文件，磁盘之间的数据复制，以及将带毒文件发送至其他地方等，都会造成病毒的扩散。盗版光盘上的软件和游戏及非法复制也是目前传播计算机病毒主要途径。

2）通过网络传播

传统的文件型计算机病毒以文件下载、电子邮件的附件等形式传播，新兴的电子邮件计算机病毒则是完全依靠网络来传播的。随着互联网的高速发展，网络已成为计算机病毒的第一传播途径。

3）通过点对点通信系统和无线通信系统传播

点对点的即时通信软件，如我们正在使用的 QQ，正成为病毒的传播途径。目前，通过 QQ 来进行传播的病毒已达上百种。随着手机功能性的开放，无线设备传播病毒也成为可能。当我们在手机中下载程序时，很有可能也将病毒带到了手机。

对于一个已被计算机病毒侵入的系统来说，越早发现越好，可以减少病毒造成的损害。一旦侵入系统，计算机病毒都会使系统表现出一些异常症状，用户可根据这些现象及早发现病毒。计算机病毒造成的系统异常症状主要有：

(1) 屏幕上出现莫名其妙的提示信息、特殊字符、闪亮的光斑、异常的画面。

(2) 喇叭无故发出声音。

(3) 系统在运行时莫名其妙地出现死机或重新启动现象。

(4) 系统启动时的速度变慢，或系统运行时速度变慢。

(5) 原来能正常执行的程序在执行时出现异常或死机。

(6) 内存容量异常地突然变小。

(7) 文件的长度变大或文件无法正确读取、复制或打开。

(8) 一些程序或数据莫名其妙地被删除或修改。

(9) 系统不识别硬盘。

当然，并不是计算机出现了上述现象就一定是感染了病毒，也有可能是其他原因造成的，如软硬件故障、用户的误操作等，应仔细加以识别与排除。

5. 计算机病毒的防范

随着微型计算机的普及和深入，计算机病毒的危害越来越大。尤其是计算机网络的发展与普遍应用，使防范计算机网络病毒，保证网络正常运行成为一个非常重要而紧迫的任务。我们要积极地预防计算机病毒的侵入，应做到：

(1) 不要使用来历不明的磁盘或光盘。

(2) 不要使用非法复制或解密的软件。

(3) 保证硬盘无病毒的情况下,尽量用硬盘引导系统。

(4) 对外来的机器和软件要进行病毒检测,确认无毒才可使用。

(5) 对于重要的系统盘,数据盘以及硬盘上的重要信息要经常备份,以使系统或数据在遭到破坏后能及时得到恢复。

(6) 网络计算机用户更要遵守网络软件的使用规定,不能在网络上随意使用外来软件。

(7) 不要打开来历不明的电子邮件。

(8) 安装计算机防病毒卡或防病毒软件,时刻监视系统的各种异常并及时报警,以防病毒的侵入。

(9) 对于网络环境,可设置"病毒防火墙",保护计算机系统不受本地或远程病毒的侵害,也可防止本地的病毒向网络或其他介质扩散。

(10) 定期使用杀毒软件进行杀毒,并定时升级病毒库。

6. 计算机反病毒技术

随着病毒技术的不断发展,反病毒技术也在不断地完善自我,二者之间的斗争自从病毒出现以后,就一直没有停止过。计算机反病毒技术可分为硬件技术与软件技术。

1) 硬件技术

我国早期的计算机反病毒技术是从防病毒卡开始的。防病毒卡是将病毒检测软件固化在硬件卡中,通过驻留内存来监视计算机的运行情况,根据总结出来的病毒行为规则和经验来判断是否有病毒活动,并可使内存中的病毒瘫痪,使其失去传染别的文件和破坏信息资料的能力。防病毒卡的不足是与部分软件有不兼容的现象,误报、漏报病毒现象时有发生,升级困难等。

2) 软件技术

反病毒软件是目前对付计算机病毒最方便、最有效的方法,它们都具有实时监控和扫描磁盘的功能,能对病毒进行检测,并对查找出的病毒进行清除或隔离。利用反病毒软件清除病毒时,一般不会破坏系统中的正常数据。

目前计算机反病毒市场上流行的反病毒产品很多,著名的杀毒软件有 KV、瑞星、金山毒霸、360 杀毒、KILL、VRV、卡巴斯基、Norton、McAfee、Pc-Cillin 等。

当发现计算机感染了病毒,应立即清除。清除病毒的方法通常有两种,即人工处理和使用反病毒软件。人工处理方法就是使用工具软件,如 Debug、Norton 等,在掌握病毒原理的基础上找出系统内的病毒,并将其清除。但这种处理方法有一定的难度,要求操作人员有一定的软件分析能力,并对操作系统有较深入的了解,适合于病毒侵入范围较小的情况。使用反病毒软件操作简单,适合于普通计算机用户。由于病毒不断产生变种,新的计算机病毒也会不断出现，用户需及时更新反病毒软件版本和病毒库，这样才可能有效地预防和消除新的计算机病毒。

如果遇到无法清除文件的病毒时，应删除被感染的文件或用备份文件覆盖被感染的文件。平时也应养成对重要数据及文件及时进行备份的习惯，防止造成不必要的损失。

2.5.2 计算机信息安全

在信息化社会里，信息网络技术的应用日益普及，信息技术正在改变人们的生产、经营和生活方式，人类的一切活动均离不开信息，信息已成为社会发展的重要战略资源，信息的安全问题显得越来越重要。

1. 计算机信息安全的基本特征

(1) 可用性。是指可被授权实体访问并按需求使用的特性。

(2) 完整性。是指信息未经授权不能进行改变的特性，即信息在存储或传输过程中保持不被偶然或蓄意删除、修改、伪造、乱序、重放、插入等破坏和丢失的特性。

(3) 保密性。是指确保信息不泄露给未授权用户、实体或进程，不被非法利用。

(4) 可靠性。是指可以控制授权范围内的信息流向及行为方式，对信息的传播及内容具有控制能力的特性。

(5) 不可抵赖性。又称为不可否认性或真实性，是指信息的行为人要对自己的信息行为负责，不能抵赖自己曾经有过的行为，也不能否认曾经接到对方的信息。通常将数字签名和公证机制一同使用来保证不可否认性。

2. 计算机信息安全的内容

计算机信息安全涉及实体安全、运行安全和信息安全三个方面。

1) 实体安全

实体安全是指计算机设备、相关设施以及其他媒体受到物理保护，使之免遭地震、水灾、雷击、有害气体和其他环境事故(如电磁污染等)破坏或丢失，其中还包括为保证机房的温度、湿度、清洁度、电磁屏蔽要求而采取的各种方法和措施。实体安全包括环境安全、设备安全和媒体安全三个方面。

环境安全是指对计算机信息系统所在环境的安全保护。

设备安全是指对计算机信息系统设备的安全保护，包括设备的防火、防盗、防毁，抗电磁干扰和电源保护等。

媒体安全是指对媒体的安全保管，保护存储在媒体上的信息，如存储盘片的防霉。

2) 运行安全

运行安全是指为保障系统功能的安全实现，提供一套安全措施来保护信息处理过程的安全。它侧重于保证系统正常运行，避免因为系统的崩溃和损坏而对系统存储、处理和

传输的信息造成破坏和损失。

3）信息安全

信息安全是防止信息被故意地或偶然地非授权泄露、更改、破坏或使信息被非法的系统辨识，控制，避免攻击者利用系统的安全漏洞进行窃听、冒充、诈骗等有损于合法用户的行为。信息安全包括操作系统安全、数据库安全、网络安全、病毒防护、访问控制、加密和鉴别七个方面。

3. 计算机信息安全面临的威胁与攻击

目前计算机信息安全面临的威胁与攻击主要有两种：一是对实体的威胁与攻击；二是对信息的威胁与攻击。

实体是最基础、最重要的设备。对实体的威胁因素主要有自然灾害、人为破坏、设备故障、电磁干扰以及各种媒体的被盗和丢失等。对实体的威胁与攻击，不仅会造成国家财产的重大损失，而且会使系统的机密信息严重破坏和泄露。

攻击者对于信息的威胁与攻击，采用的方式层出不穷，下面是几种主要的威胁表现形式。

1）假冒

假冒通常是通过出示非法窃取的凭证来冒充合法用户，进入系统盗窃信息或进行破坏。其表现形式主要有盗窃密钥、访问明码形式的口令或者记录授权序列并在以后重放。假冒具有很大的危害性。

2）数据截取

数据截取是指未经核准的人通过非正当途径截取文件和数据，造成信息泄露。

3）拒绝服务

拒绝服务是指服务的中断，系统的可用性遭到破坏，中断原因可能是对象被破坏或暂时性不可用。当一个实体不能执行它的正当功能，或它的动作妨碍了别的实体执行它们的正当功能时便发生服务拒绝。

4）否认

否认是指某人不承认自己曾经做过的事，如某人在向某目标发出一条消息后却否认。

5）篡改

篡改是指非授权者用各种手段对信息系统中的信息进行增加、删改、插入等非授权操作，破坏数据的完整性，以达到其恶意目的。

6）中断

中断是指系统因某资源被破坏而造成信息传输的中断，这威胁到系统的可用性。

7）业务流量、流向分析

业务流量、流向分析是指非授权者在信息网络中通过业务流量或业务流向分析来掌握信息网络或整体部署的敏感信息。虽然这种攻击没有窃取信息内容，但仍可获取许多

有价值的情报。

4. 计算机信息安全技术

计算机系统安全技术涉及的内容较多，大体包括以下几个方面。

1）实体硬件安全

首先，在设备的使用中应满足设备正常运行环境的要求（如供电、机房温度和湿度、清洁度、电磁屏蔽要求）。其次，为保证系统安全可靠，可使用附加设备或新技术。例如，突然掉电会导致系统中数据的丢失，可采取对关键设备使用不间断电源（UPS）供电的方法，甚至采用双电源供电；为防止因磁盘故障而造成数据丢失，可采用磁盘阵列技术。

2）软件系统安全

软件系统安全主要是针对所有计算机程序和文档资料，保证它们免遭破坏、非法复制和非法使用而采取的技术与方法，包括各种口令的控制与鉴别技术、软件加密技术、软件防复制和防跟踪技术等。

3）数据信息安全

数据信息安全主要是指为保证计算机系统的数据库、数据文件和所有数据信息免遭破坏、修改、泄露和窃取而采取的技术和措施，包括用户的身份识别技术、口令或指纹验证技术、存取控制技术、数据加密技术和系统恢复技术。此外，对重要数据应建立备份，并采取异地存放。

4）网络站点安全

为保证计算机系统中的网络通信和所有站点的安全，应采取各种技术措施，主要包括防火墙技术、报文鉴别技术、数字签名技术、访问控制技术、加密技术，密钥管理技术等；保证线路安全、传输安全而采取的安全传输介质技术，网络跟踪、监测技术，路由控制隔离技术，流量控制分析技术等。

5）运行服务安全

计算机系统运行服务安全主要是指安全运行的管理技术，包括系统的使用与维护技术、随机故障维护技术、软件可靠性和可维护性保证技术、操作系统故障分析处理技术、机房环境检测维护技术、系统设备运行状态实测和分析记录等技术。其实施目的是及时发现运行中的异常情况，及时提示用户采取措施或进行随机故障维修和软件故障的测试与维修，或进行安全控制和审计。

6）病毒防治技术

计算机病毒对计算机系统的危害已到了不容忽视的程度。要保证计算机系统的安全运行，要专门设置计算机病毒检测、诊断、杀除设施，安装防毒软件，充分利用反病毒软件产品的在线实时防毒功能，让它们在后台运行监测系统操作，消除蠕虫病毒、木马程序等各种病毒造成的泄密和破坏，并定期升级防病毒程序和病毒库代码。

7）防火墙技术

防火墙是介于内部网络或 Web 站点与 Internet 之间的路由器或计算机，能对流经它的网络通信进行监控，仅让安全、核准了的信息进入，同时又抵制对系统构成威胁的数据，以免其在目标计算机上被执行。它可以禁止来自特殊站点的访问，从而防止来自不明入侵者的所有通信。

2.5.3　网络安全

随着 Internet 的迅速发展，开放的信息系统必然存在众多潜在的安全隐患，计算机网络的安全问题日益复杂和突出，黑客和反黑客、破坏和反破坏的斗争仍将继续。计算机网络安全就是要保证在网络环境里，信息数据的保密性、完整性及可使用性受到保护，确保信息在网络传输过程中不会被改变、丢失或被非法读取。

1. 黑客及防御

在计算机犯罪主体中，很大一部分是计算机黑客。

黑客（hacker），源于英文 hack，意为“劈、砍”，引申为“干了一件非常漂亮的工作”。原指热心于计算机技术、水平高超的计算机专家，尤其是程序设计人员。“黑客”一词原来并没有贬义成分。后来，少数人怀着不良企图，利用非法手段获得系统访问权去闯入远程机器系统，破坏重要数据，他们真正的名字叫“骇客”（crack）。现在，“黑客”一词在信息安全范畴内的普遍含义是特指对计算机系统的非法侵入者，也就是利用计算机技术、网络技术，非法侵入、干扰、破坏他人（国家机关、社会组织和个人）的计算机系统，或擅自操作、使用、窃取他人的计算机信息资源，对电子信息交流和网络实体安全具有程度不同的威胁性和危害性的人。他们大都是程序员，具有操作系统和编程语言方面的高级知识，知道系统中的漏洞及其原因所在。

从其动机及对社会的危害程度分，黑客可分为技术挑战性黑客、戏谑性黑客和破坏性黑客。

技术挑战性黑客往往知识丰富、技术高超，为了证实自己的能力，不断挑战计算机技术的极限，试图从中发现系统中的漏洞及其原因，并公开他们的发现与其他人分享。虽然他们入侵计算机系统后并不实施破坏性行为，但其危险性是不可低估的。

戏谑性黑客通常对计算机系统中的数据不感兴趣，但会凭借自己掌握的高技术手段，以在网上搞恶作剧或骚扰他人为乐。这种行为处于违法与犯罪之间，也具有一定的危险性。

破坏性黑客非法闯入某些敏感的信息禁区或重要网站后，窃取重要的信息资源和商业机密，篡改或删除系统信息，传播计算机病毒等破坏性程序。这种行为危害极大，属计算机犯罪。

要抵御黑客的入侵，防止自己的重要信息不被窃取，可采取以下措施：

(1) 熟练掌握 TCP/IP 协议簇的各种常用协议和它们的安全缺陷；

(2) 精通各种流行的黑客攻击手段和实施有效的防范措施；

(3) 掌握常见的防火墙、入侵检测、病毒防护系统的配置和使用；

(4) 经常升级系统版本和安装补丁程序；

(5) 及时备份重要数据。

2. 防火墙技术

防火墙(firewall)的本义原是指古代人们房屋之间修建的那道墙，这道墙可以防止火灾发生时蔓延到别的房屋。在计算机系统中，防火墙是指用在一个可信网络(如内部网)与一个不可信网络(如外部网)间起保护作用的一整套装置，在内部网和外部网之间的界面上构造一个保护层，并强制所有的访问或连接都必须经过这一保护层，在此进行检查和连接。只有被授权的通信才能通过此保护层，从而保护内部网资源免遭非法入侵。

防火墙可以监控进出网络的通信，仅让安全、核准了的信息进入，同时又抵制对内部网络构成威胁的数据。防火墙还可以控制对系统的访问权限，如某些企业允许从外部访问企业内部的某些系统，而禁止访问另外的系统。通过防火墙对这些允许共享的系统进行设置，还可以设定内部系统只访问外部特定的邮件服务和 Web 服务，保护企业内部信息的安全。防火墙总体上分为数据包过滤型、应用网关型和代理服务型三种类型。

1) 数据包过滤型防火墙

在互联网上，所有信息都被分割为许多一定长度的信息包，其中包括 IP 源地址、IP 目标地址、包的进出端口等。传统的数据包过滤防火墙基于路由器，在路由器的访问控制表中定义各种规则，指出希望通过的数据包以及禁止的数据包。防火墙一般是通过检查每个 IP 包头的相关信息(地址、协议、端口等)，按照事先设定好的过滤规则进行过滤，允许合乎逻辑的数据包通过防火墙进入到内部网络，而将不合乎逻辑的数据包加以删除。网络管理员可以灵活配置这些选项，组合成复杂的逻辑表达式，满足不同的过滤保护要求。

2) 应用网关型防火墙

应用网关型防火墙是在网络应用层上建立协议过滤和转发功能。它针对特定的网络应用服务协议使用指定的数据过滤逻辑，在过滤的同时对数据包进行必要的分析、登记和统计，形成报告。

数据包过滤和应用网关防火墙有一个共同的特点，就是依靠特定的逻辑判定是否允许数据包通过。一旦满足逻辑，则防火墙内外的计算机系统建立直接联系，防火墙外部的用户便有可能直接了解防火墙内部的网络结构和运行状态，这不利于抗击非法访问和攻击。

3) 代理服务型防火墙

代理服务型防火墙将所有跨越防火墙的网络通信链路分为两段。防火墙内外计算机

系统间应用层的“链接”，由两个终止代理服务器上的“链接”来实现，外部计算机的网络链路只能到达代理服务器，将被保护的网络内部结构屏蔽起来，从而起到隔离防火墙内外计算机系统的作用，增强网络的安全性。此外，代理服务也对过往的数据包进行分析、注册登记，形成报告，同时当发现被攻击迹象时会向网络管理员发出警报，并保留攻击痕迹。

著名的防火墙工具有 LockDown2000、Norton Internet Security、天网防火墙等。其中，天网防火墙是中国自己设计的安全防护系统，它可以针对来自不同网络的信息，来设置不同的安全方案，能够抵挡网络入侵和攻击，防止信息泄露，非常适合个人用户上网使用。

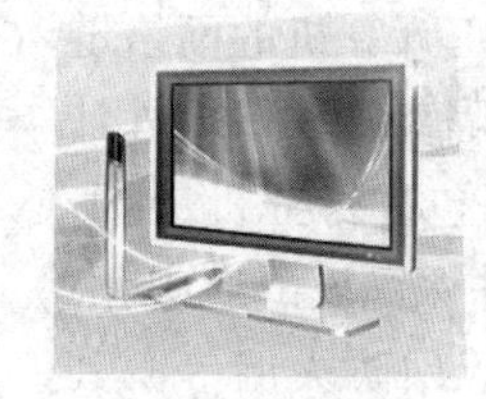

第3章 用户界面与操作系统

本章关键词

操作系统(operating system)　计算机管理(computer management)

本章要点

本章将主要介绍计算机操作系统的工作原理，以及 Windows 7 操作系统的使用方法。

重点掌握：操作系统的原理与应用。

3.1 Windows 的基础知识

Windows 是基于图形用户界面的操作系统。因其生动、形象的用户界面，简单的操作方法，吸引了成千上万的用户，成为目前装机普及率最高的一种操作系统。

很大程度上说，操作系统就是一套具有特殊功能的软件，它在用户和计算机之间搭起了一座沟通的桥梁。操作系统一方面管理计算机，命令计算机做各种工作；另一方面提供给用户一个友好的界面并接收用户的各种指令。

Windows 7 是 Microsoft 公司推出的新一代操作系统，它继承了以往 Windows XP 和 Windows Vista 系列操作系统以及 Windows 2003 Server 系列操作系统的优点，既保持了良好的交互性和应用程序的兼容性，又大大提高了操作系统的稳定性和安全性。

相比以往的操作系统，Windows 7 增强了对多媒体的支持功能，例如，内置电影编辑与制作工具、可擦写光盘刻录程序、DVD 播放功能等；同时 Windows 7 优化了 Windows 的界面，保留了 Windows 的“开始”菜单，使 Internet 的连接、电子邮件和控制面板的设置更加直观，这些势必会进一步缩短初学者熟练使用 Windows 7 的周期。

3.1.1 操作系统的主要作用

操作系统是计算机系统中的一个系统软件，它由一些程序模块组成，管理和控制计算机系统中的硬件及软件资源，合理地组织计算机工作流程，以便有效地利用这些资源，为

用户提供一个功能强大、使用方便的工作环境，从而在计算机与用户之间起到接口作用。

3.1.2 Windows 7 的主要版本

目前 Windows 7 主要有四种不同的版本。

(1) 家庭普通版：面向普通家庭用户，提供便捷的计算机使用体验。

(2) 家庭高级版：面向高级家庭用户，可以轻松地创建家庭网络和共享家庭用户收藏的所有照片、视频及音乐，以实现通过 Windows 7 家庭高级版实现最佳娱乐体验为目标。

(3) 专业版：除包括家庭高级版中的娱乐功能外，用户还可以在 Windows 7 模式下运行许多 Windows 7 工作效率程序，并且可以使用自动备份将数据轻松还原到用户的家庭网络或企业网络中。通过域加入，还可以轻松连接到公司网络，而且可以得到更加安全的连接保证。

(4) 旗舰版：各版本中最为灵活、最为强大的一个版本。除包括专业版中的娱乐功能外，用户还可以使用 BitLocker 和 BitLocker To Go 进行数据加密。

Windows 7 专业版本是使用用户最多的操作系统，本书以下提到的 Windows 如无特殊说明，均指 Windows 7 专业版。

3.1.3 Windows 7 的主要特点

Windows 7 的设计主要围绕五个重点：针对笔记本电脑的特有设计；基于应用服务的设计；用户的个性化；视听娱乐的优化；用户易用性的新引擎。具体来说，Windows 7 有以下特点。

1. 使用更简单，启动更迅速

Windows 7 作了许多方便用户的设计，如快速最大化、窗口半屏显示、跳跃列表、系统故障快速修复等，这些新功能使 Windows 7 成为最易用的 Windows。

Windows 7 大幅度缩减了 Windows 的启动时间。据实测，在 2008 年的中低端配置下运行，系统加载时间一般不超过 20s，这与 Windows Vista 的加载时间 40 余秒相比，是一个很大的进步。

Windows 7 将会让搜索和使用信息更加简单，包括本地、网络和互联网搜索功能，直观的用户体验将更加高级，还会整合自动化应用程序提交和交叉程序数据透明性。

2. 安全机制更完善

Windows 7 包括改进了的安全和功能合法性，还会把数据保护和管理扩展到外围设备。Windows 7 改进了基于角色的计算方案和用户账户管理，在数据保护和坚固协作的固有冲突之间搭建沟通桥梁，同时也会开启企业级的数据保护和权限许可。

3. 更好的连接

Windows 7 进一步增强了移动工作能力，无论何时、何地、任何设备都能访问数据和应用程序，开启坚固的特别协作体验，无线连接、管理和安全功能会进一步扩展。令性能和当前功能以及新兴移动硬件得到优化，拓展了多设备同步、管理和数据保护功能。最后，Windows 7 会带来灵活的计算基础设施，包括胖、瘦、网络中心模型。

4. 能在系统中运行免费合法的 XP 系统

微软新一代的虚拟技术——Windows virtual PC，程序中自带一份 Windows XP 的合法授权，只要处理器支持硬件虚拟化，就可以在虚拟机中自由运行只适合于 XP 的应用程序，并且即使虚拟系统崩溃，处理起来也很方便。

5. 更人性化的用户账户控制

Vista 的 UAC 可谓令 Vista 用户饱受煎熬，但在 Windows 7 中，UAC 控制级增到了四个，通过这样来控制 UAC 的严格程度，令 UAC 既安全又不烦琐。

6. 支持触摸

Windows 7 原生包括了触摸功能，但这取决于硬件生产商是否推出触摸产品。系统支持 10 点触控，Windows 不再是只能通过键盘和鼠标才能接触的操作系统了。

7. 界面华丽而且节能

多功能任务栏 Windows 7 的 Aero 效果更华丽，有碰撞效果，水滴效果，还有丰富的桌面小工具，这些都比 Vista 增色不少。但是，Windows 7 的资源消耗却是最低的。不仅执行效率快人一筹，笔记本电脑的电池续航能力也大幅增加。Windows 7 及其桌面窗口管理器(DWM. exe)能充分利用 GPU 的资源进行加速，而且支持 Direct 3D 11 API。

8. 硬件驱动更新更智能

Windows Vista 第一次安装时仍需安装显卡和声卡驱动，这显然是件很麻烦的事情，对于年代较久的计算机来说更是如此。但 Windows 7 却不用考虑这个问题，利用 Windows Update 在互联网上搜索，就可以找到适合自己的驱动。

3.2 Windows 7 的基本操作

Windows 7 是一个图形化的操作系统，它的基本操作主要包括以下几个方面。

3.2.1 桌面及其基本操作

Windows 7 启动时，首先出现欢迎界面，用户选择用户账户并输入口令。Windows 7 启动后呈现在用户面前的是桌面。所谓桌面是指 Windows 7 所占据的屏幕空间，即整个

屏幕背景。桌面的底部是一个任务栏，最左端是“开始”按钮，最右端是任务栏的通知区域，如图 3-1 所示，以后用户可以根据自己的喜好设置桌面，把经常使用的程序、文档和文件夹放在桌面上或在桌面上为它们建立快捷方式。

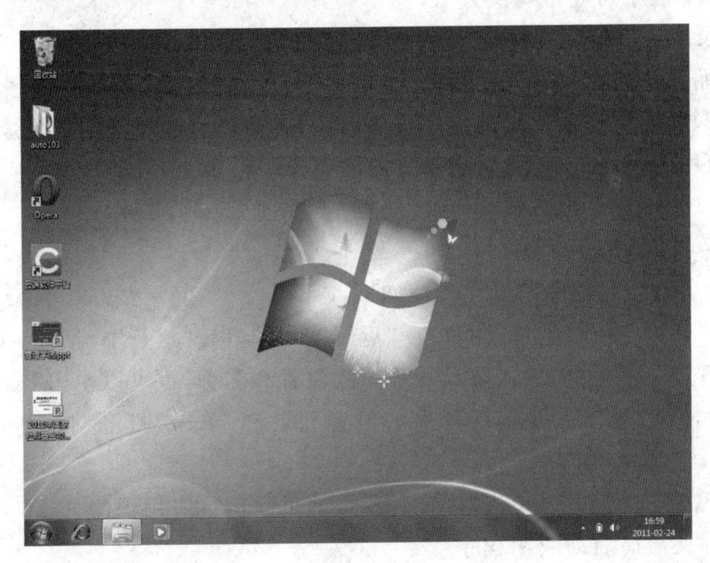

图 3-1 桌面

1.“开始”按钮

“开始”按钮是运行 Windows 7 应用程序的入口，这是执行程序最常用的方式。用鼠标单击“开始”按钮，弹出如图 3-2 所示的菜单，列出了计算机当前安装的程序。

图 3-2 “开始”菜单

2. 任务栏

当用户打开程序、文档或界面后，在“任务栏”上就会出现一格相应的按钮。如果要切换界面，只需单击代表该界面的按钮。在关闭一个界面后，其按钮也将从“任务栏”上消失。

3.2.2 程序及其基本操作

Windows 7 为各种各样的应用程序提供一个基础工作环境，负责完成程序和硬件之间的通信、内存管理等基本功能。

1. 启动程序

在 Windows 7 中，有多种启动应用程序的方法。当有多个程序同时运行时，用户可以方便地在各个程序间进行切换。

1）在登录时启动应用程序

执行“开始”→“所有程序”→“启动”菜单命令，放在“启动”内部的程序在计算机启动时会自动运行，我们把经常使用的应用程序放在“启动”里，这样就不必频繁地手动打开那些经常需要使用的程序了。不过，启动里的应用程序越多，在启动时加载应用程序的时间就越长。

2）从命令行启动应用程序

从命令行启动应用程序的操作步骤如下：

(1) 单击“开始”按钮，选择“附件”→“运行”命令，打开“运行”对话框。

(2) 在“打开”文本框内输入要运行程序的位置和名称，也可以单击“浏览”按钮，打开“浏览”对话框，然后选择需要运行程序的位置和名称，单击“打开”按钮，返回“运行”对话框。

(3) 在“运行”对话框中，单击“确定”按钮，就可以运行应用程序。

3）从文件夹窗口启动应用程序

如果要启动的应用程序没有在“开始”菜单中显示，可以打开文件夹窗口，双击应用程序的图标打开应用程序。一般情况下，可以用以下方法打开文件夹窗口：

(1) 打开“我的电脑”，双击应用程序以启动应用程序。

(2) 打开资源管理器，双击应用程序以启动应用程序。

(3) 当无法确定应用程序位置时，可以打开“开始”菜单中的“搜索”对话框，查找出要运行的程序，然后双击该程序即可。

4）使用快捷方式启动应用程序

如果经常使用某一个程序，可以为该程序创建一个快捷方式置于桌面上，运行时只需双击该快捷方式。创建应用程序的快捷方式的操作步骤如下：在“资源管理器”或“我的电脑”窗口中右击应用程序，在弹出的快捷菜单中选择“创建快捷方式”菜单命令，然后把快捷方式拖到桌面上就可以了。也可以根据需要改变快捷方式的名字，右击快捷方式，在快捷菜单中选择“重命名”菜单命令，然后输入新的名称。

2. 关闭应用程序

关闭应用程序有以下几种方法：

(1) 双击应用程序左上角的关闭标志。

(2) 单击应用程序右上角的“关闭”按钮。

(3) 单击“文件”菜单中的“退出”菜单命令。

(4) 按 Ctrl＋F4 组合键。

(5) 在任务栏上右击要关闭应用程序的按钮，在弹出的快捷菜单中选择"关闭"菜单命令。

如果程序正在运行，可以执行以下操作关闭应用程序：

(1) 按 Ctrl＋Alt＋Delete 组合键，打开"Windows 任务管理器"窗口，如图 3-3 所示。

(2) 在该对话框中，选择"应用程序"选项卡，在"任务"列表中选择需要关闭的应用程序。

(3) 单击"结束任务"按钮，关闭选定的应用程序。

图 3-3　Windows 任务管理器

3. 在多个应用程序间切换

Windows 7 有很多方法可以实现在程序间切换，主要有以下方法：

(1) Alt＋Tab 组合键。按 Alt＋Tab 组合键，屏幕上将出现一个包括当前所有打开窗口图标的框图，每按一次 Tab 键，蓝色方框就在应用程序图标上移动一下。当方框移动到想切换的窗口时，释放 Alt 键就可以切换到选定的窗口。

(2) Tab＋Windows 组合键。按 Tab＋Windows 组合键，可以在打开的所有窗口间进行切换。如果应用程序窗口在屏幕上部分可见，只需用鼠标在该窗口内单击一下，就可以将该窗口切换到前台。

3.2.3　窗口及其基本操作

Windows 的用户界面除桌面之外还有窗口和对话框两大部分。窗口是桌面上用于查看应用程序或文档等信息的一块矩形区域。

1. 窗口的组成

在 Windows 7 中，窗口的组成将因具体程序的不同而不同。不过，一般的窗口都包括以下几个项目：标题栏、工具栏、菜单、控制菜单框、工作区、滚动条、最大化、最小化和关闭按钮等。

下面我们以 Windows 中非常典型的窗口 Microsoft Word 窗口为例，介绍 Windows 7 的主要部分。

(1) 标题栏。标题栏位于窗口的最上部，显示打开窗口的名称，双击可以最大化窗口，如果窗口已经最大化，双击可以使窗口变小，用鼠标拖动标题栏可以移动窗口的位置。

（2）工具栏。工具栏可以方便我们的操作，不用频繁地打开菜单来执行命令。工具栏上有很多按钮，每一个按钮对应某个功能，单击按钮就可以执行该功能。

（3）控制按钮。控制按钮位于窗口的左上角，也叫系统菜单，单击控制按钮，就可以打开一个隐藏的菜单，如图 3-4 所示。

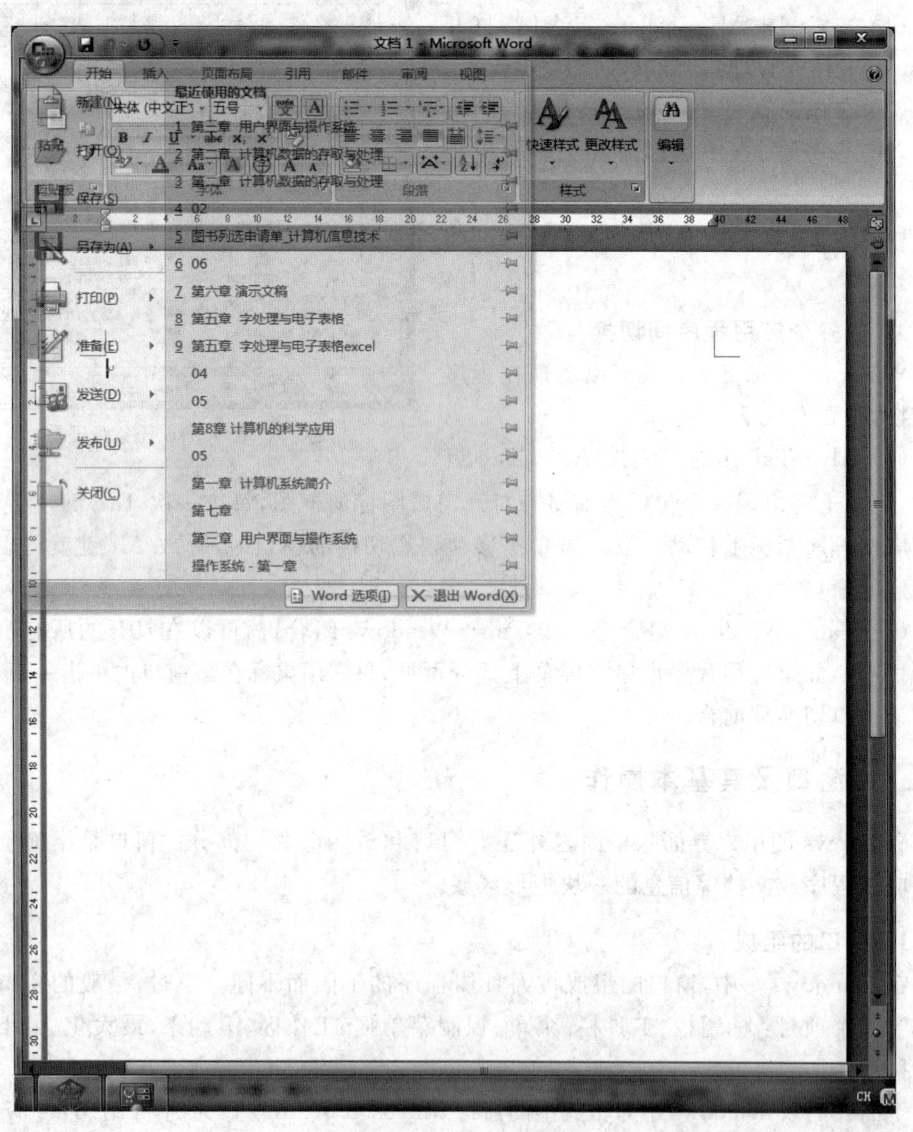

图 3-4　控制菜单框

可以看到在控制菜单框中,有打印、保存、打开、发送、发布和关闭等选项。使用控制菜单可以执行相应的功能。

2. 窗口的操作

Windows 7 是一个多任务操作系统,允许同时打开多个窗口,每打开一个窗口,在任务栏上就有一个任务按钮与打开的窗口对应。如果打开的窗口很多,就要对窗口进行适当的管理。

窗口操作主要包含以下两个方面内容:窗口大小的改变与窗口位置的改变。首先说明一点,有的窗口是不允许改变窗口大小的,如在 Windows 7 附件中的计算器就不允许改变大小。改变窗口大小的操作步骤如下:

(1) 激活要改变大小的窗口。

(2) 移动鼠标指针到窗口的一边或一角。当移动到垂直边框时,鼠标指针变成左右箭头;当移动到水平边框时,鼠标指针变成上下箭头;当移动到窗口角时,鼠标指针变成斜箭头。

(3) 拖动边框或者角到某一个位置。除了这种用鼠标拖动的方法改变窗口的大小之外,最大化、最小化和恢复按钮也能改变窗口的大小。如果要改变窗口的位置,把鼠标指针移动到标题栏,按住鼠标左键拖动窗口就可以改变窗口的位置。

3.2.4 对话框及其基本操作

当 Windows 系统为了完成某项任务而需要从用户那里得到更多的信息时,它就会显示一个对话框。对话框也是一种窗口,是应用程序与用户沟通的桥梁。

对话框中除包含用户需要输入的信息外,还包含"确认"和"取消"等按钮。对话框可以移动,但不能改变大小。

图 3-5 显示了描述浏览器属性的对话框。对话框的主要控件有列表框、下拉列表框、文本框、命令按钮、单选按钮、复选框等。

1. 列表框

列表框可以同时列出多个备选项。在 Windows 7 中,主要有三种列表框:普通列表框、组合式列表框和下拉列表框。

普通列表框可以显示多个备选项,当选项比较多时,会出现滚动条。一般列表框只允许选择一项,当允许选择多项时,按住 Ctrl 键并用鼠标选择即可。

选择 Word 窗口"插入"菜单中的"对象"菜单命令,打开如图 3-6 所示的对话框。该对话框中的"对象类型"列表框就是普通列表框。

组合框是文本框和列表框的集成。选择"格式"菜单中的"字体"菜单命令,打开如图 3-7 所示的对话框。该对话框中的"字形"和"字号"都是组合框,它允许用户在列表框中选择一项,也可以在文本框内输入。

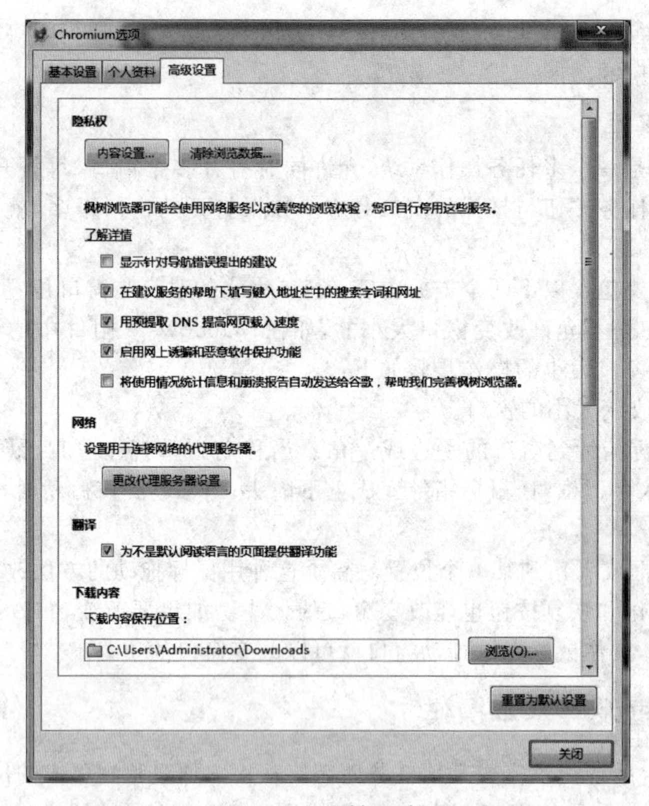

图 3-5　对话框示例

图 3-6　普通列表框

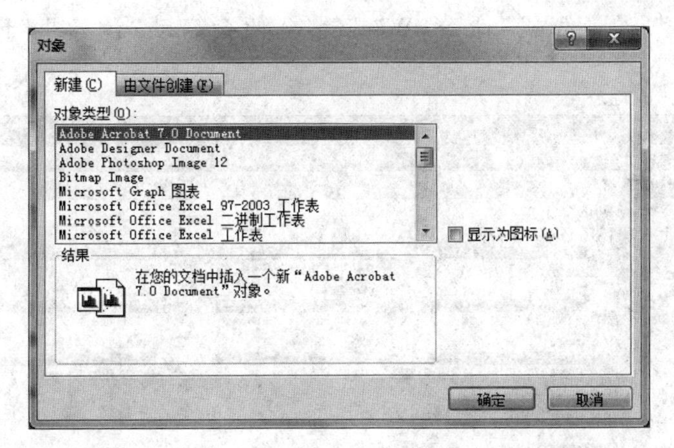

图 3-7　组合框

下拉列表框和文本框很相似，只是右边多一▼按钮，单击该按钮，就会显示一个列表框。如果列表中选项较多，便会出现滚动条。

2. 文本框

文本框是用来输入文本信息的。如果文本框是高亮状态，直接输入新内容，则替换掉以前的文本，按 Backspace 键和 Delete 键删除原来的文本，按方向键定位并编辑原来的文本。如果光标不在文本框内，用鼠标单击文本框或按 Tab 键，光标移动到文本框时，输入文本内容。

3. 命令按钮

命令按钮是对话框中最常见的按钮，最基本的两个命令按钮是“确定”和“取消”按钮。

4. 单选按钮

在一组单选按钮中，用户只能选择其中的一个，这也是单选名称的由来。只要用鼠标单击或按 Tab 键就可以选择单选按钮，当单选按钮被选中时，选定的按钮前面有一个黑点。

5. 复选框

与单选按钮不同，复选框允许用户同时选择多个。只要用鼠标单击或按 Tab 键就可以选择复选框，当复选框被选中时，选定的复选框前面有一个确认符号“√”。

3.2.5　计算机管理

计算机管理是 Windows 7 中用户管理文件和文件夹的主要工具之一，它以可视化的图标展示了软盘驱动器、硬盘驱动器、控制面板等常用对象，利用它可以方便、快捷地进行文件、软盘的操作。

单击“开始”→“计算机”命令，Windows 7 便会启动“计算机”窗口，如图 3-8 所示。

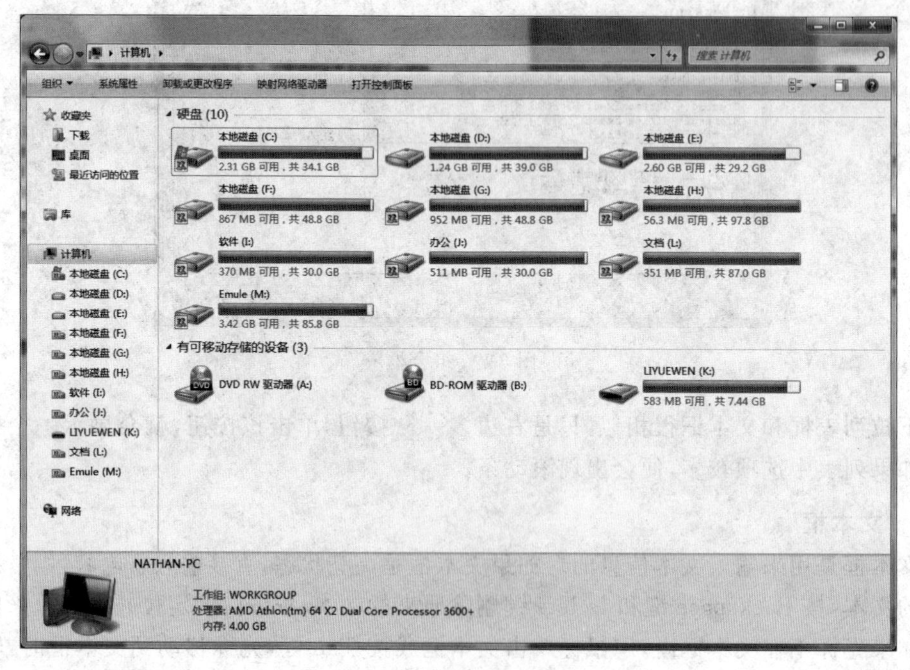

图 3-8 “计算机”窗口

3.2.6 附件程序

附件是 Windows 7 附带的实用程序。利用这些实用程序，用户可以快速方便地完成一些日常工作。

1. 计算器

计算器包括一个标准的计算器和一个科学计算器。使用标准计算器可以进行简单的算术计算，并且将结果保存在内存中，粘贴到其他应用程序或文档中。科学计算器可以进行更复杂的函数运算和统计计算。

首次启动时默认的计算器是标准计算器，在 Windows 的桌面上执行“开始”→“所有程序”→“附件”→“计算器”菜单命令即可打开“计算器”窗口，打开“查看”菜单，可以选择所需要的类型。如图 3-9 所示的是标准计算器的视图。

使用计算器的操作步骤如下：

(1) 输入第一个数。

（2）输入运算符。

（3）输入第二个数。

（4）输入其他数据。

（5）单击“=”，就可以得到结果。计算器中可以使用十六进制、八进制、十进制及二进制进行计算，对角度也可以采用弧度、角度和梯度三种表示方法。一般使用标准计算器就可以了，这种计算器能够提供日常事务所需的常用数学计算。如果需要使用高级的计算，可以使用科学计算器。单击“查看”菜单，选择“科学型”菜单命令，可打开科学计算器，如图3-10所示。它的使用方法与标准计算器类似。使用科学计算器可以进行更多的计算，如统计及三角计算等。

图3-9　计算器

图3-10　科学计算器

2. 画图

在Windows的桌面上执行“开始”→“所有程序”→“附件”→“画图”菜单命令，即可打开画图窗口，如图3-11所示。它由六个部分组成：绘图区、工具箱、工具形状栏、调色板、光标状态栏和滚动条。

执行“新建”或“打开”菜单命令即可新建或打开图像文件。画图程序支持bmp、jpg和img等图形格式文件。

3. 记事本

记事本是非常有用的文字编辑工具，在Windows的桌面上执行“开始”→“所有程序”→“附件”→“记事本”菜单命令后，打开如图3-12所示的窗口。

记事本的界面非常简单，包含五个菜单和一个编辑区，文本只能由文字和数字组成。记事本几乎没有格式处理能力。它不具备如字间距、行间距和段落对齐等格式设置的功能，而只具备设置字体格式的功能。

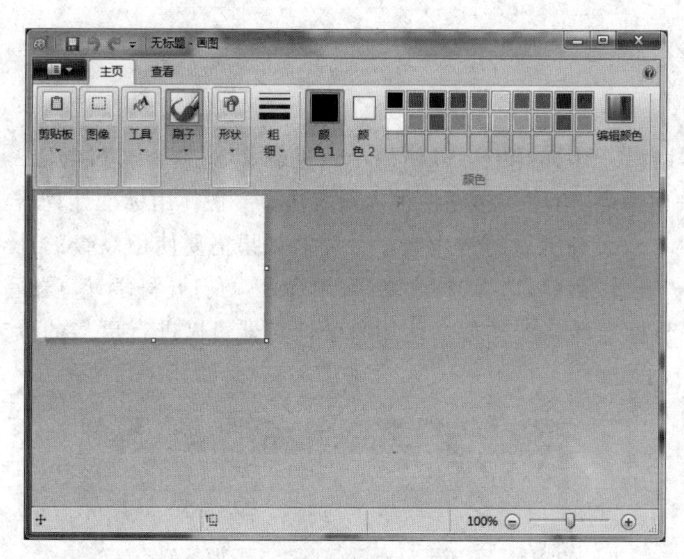

图 3-11　画图

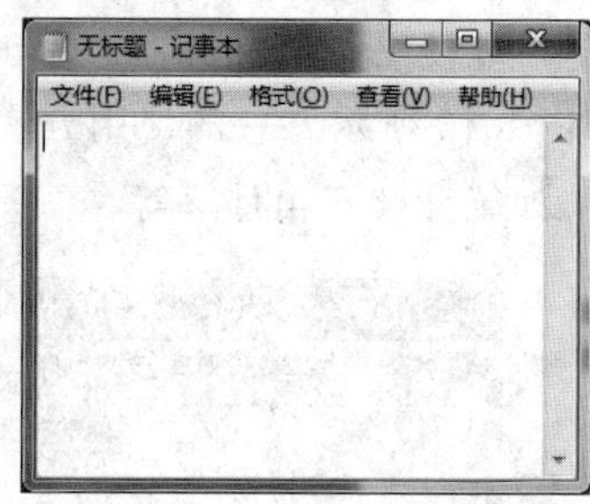

图 3-12　记事本

4. 写字板

在 Windows 的桌面上执行"开始"→"所有程序"→"附件"→"写字板"菜单命令，打开如图 3-13 所示的窗口。写字板是另一个文本编辑器，适于编辑具有特定格式的短小文档。

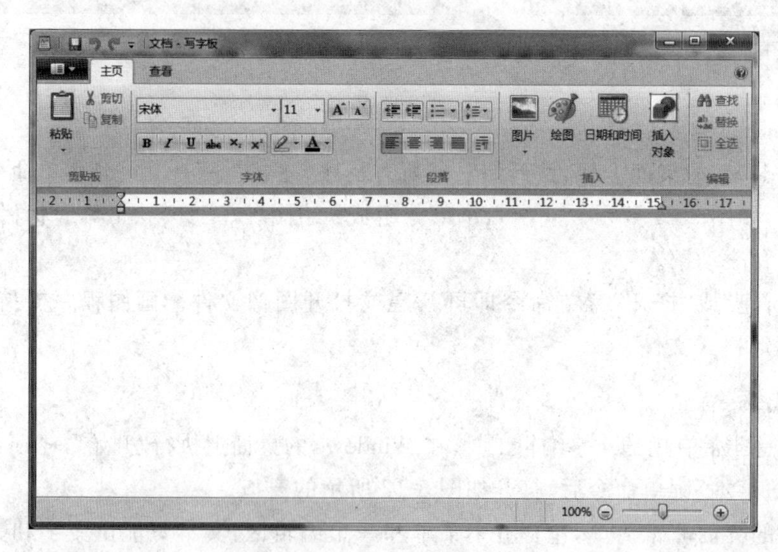

图 3-13　写字板

在写字板中，可以设置不同的字体和段落格式，还可以插入图形，支持图文混排，能编辑较复杂的文档。写字板能创建和打开的文档格式有 Word 文档、RTF 文档、文本文件等。

3.3　系统资源管理

在 Windows 7 中的资源管理主要包括文件管理、磁盘管理、用户管理等几个方面，下面将分别进行介绍。

3.3.1　Windows 7 文件系统

在 Windows 7 中，有两种文件系统。

1. FAT32

FAT32(增强文件分配表)是文件分配表(FAT)文件系统的一个派生文件系统。FAT32 与 FAT 相比能够支持更小的簇和更大的卷，这就使得 FAT32 卷的空间分配更有效率。

2. NTFS

NTFS 是在性能、安全、可靠性等方面都大大超过 FAT 版本功能的高级文件系统。例如，NTFS 通过使用标准的事务处理记录和还原技术来保证卷的一致性。如果系统出现故障，NTFS 将使用日志文件和检查点信息来恢复文件系统的一致性。Windows 7 中，NTFS 还可以提供诸如文件和文件夹权限、加密、磁盘配额和压缩等这样一些高级功能。

3.3.2　文件与文件夹管理

在任何操作系统里，文件和文件夹的操作都是非常重要的。文件的操作主要包括文件的复制、删除、移动、重新命名等。

1. 选择文件或文件夹

在对文件或文件夹操作之前，必须先选择它们。为此可以单击鼠标左键选择一个文件或文件夹。如果要选择多个对象，可以采取下面的方法之一。

1) 使用鼠标选择多个文件

(1) 在选择对象时，先按住 Ctrl 键，然后逐一选择文件或文件夹。

(2) 如果所要选择的对象是相邻的，先选中第一个对象，然后按住 Shift 键，再单击最后一个选择对象。

(3) 如果要选择某一个文件夹下面的所有文件，先使该文件夹成为当前文件夹，然后执行“编辑”→“全部选定”菜单命令。

2）使用键盘选择多个文件

(1) 如果选择的文件不相邻，先选择一个文件，然后按住 Ctrl 键，移动方向键到需要选定的对象上，再按 Space 键选择。

(2) 如果选择的文件是相邻的，先选定第一个文件，按住 Shift 键，然后移动方向键选定最后一个文件。

(3) 如果要选择某一个文件夹下面的所有文件，先使该文件夹成为当前文件夹，然后按 Ctrl＋A 组合键。

2. 创建新文件夹

使用文件夹的主要目的是为了有效地组织文件。如果要在一个文件夹下面创建一个文件夹，在资源管理器的所有列表中选择该文件夹，或者在"我的电脑"中选择该文件夹。创建一个文件夹非常简单，不过文件夹只能建立在逻辑磁盘中，在希望常见文件夹的窗口的工具栏上，单击"新建文件夹"按钮就可以创建一个新文件夹。

3. 更改驱动器和文件夹

如果要浏览其他文件夹，单击所有列表中的文件夹进行切换。也可以在"我的电脑"相应磁盘的下拉列表中选择要打开的文件夹，如图 3-14 所示。

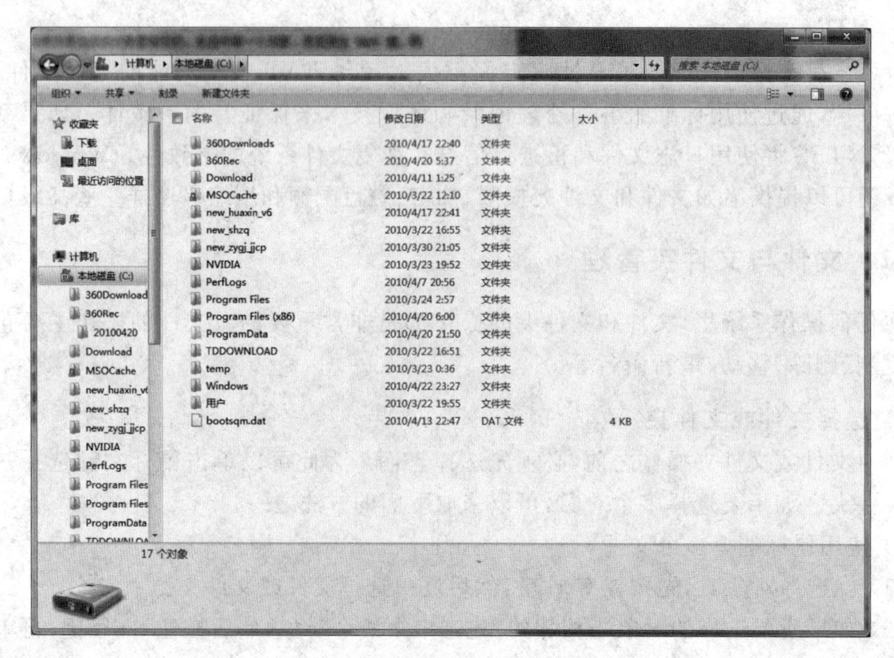

图 3-14 "地址"下拉列表框

4. 搜索文件与文件夹

在 Windows 7 资源窗口中，在右上角的搜索栏里输入要搜索的内容，就可以进行搜索，结果会以列表的形式显示在资源窗口中。

5. 复制文件

复制文件的方法有拖放鼠标、使用菜单命令等。

1）拖放鼠标复制文件

将鼠标指针移动到要复制的文件上，按住 Ctrl 键同时将文件拖动到目的文件夹即可。

2）使用菜单命令复制文件

使用菜单命令复制文件的操作步骤如下：

(1) 选定要复制的文件。

(2) 执行“组织”→“复制”菜单命令，或者在要复制文件上右击，在弹出的快捷菜单中选择“复制”菜单命令。

(3) 选定文件要复制到的目的目录或驱动器。

(4) 执行“组织”→“粘贴”菜单命令，或者在目的文件夹上右击，在弹出的快捷菜单中选择“粘贴”菜单命令。

执行以上操作后，就完成了文件的复制。

6. 移动文件

可以使用菜单命令或者拖动的方法移动文件。

1）使用菜单命令移动文件

使用菜单命令移动文件的操作步骤如下：

(1) 选定要移动的文件。

(2) 执行“组织”→“剪切”菜单命令，或者在要移动的文件上右击，在弹出的快捷菜单中选择“剪切”菜单命令。

(3) 选定文件要移动到的目录。

(4) 执行“组织”→“粘贴”菜单命令，或者在目的文件夹上右击，在弹出的快捷键中选择“粘贴”菜单命令。

执行以上操作后，就完成了文件的移动。

2）用拖动的方法移动文件

用拖动的方法移动文件与复制文件的方法大致相同。在拖动鼠标时，按住 Shift 键即可。

移动文件夹的方法和移动文件的方法完全相同。

7. 重新命名文件

重新命名文件的操作步骤如下：

(1) 选择要重新命名的文件。

(2) 执行"组织"→"重命名"菜单命令，或者在文件上右击，然后选择"重命名"菜单命令。

(3) 输入新的文件名，按Enter键确认。改变文件夹名字的方法与改变文件的名字的方法完全相同。

8. 删除文件

删除文件的操作步骤如下：

(1) 选定需要删除的文件。

(2) 执行"组织"→"删除"菜单命令，或者按下Delete键，此时，出现"确认文件删除"对话框。如果单击"是"按钮，则删除文件；如果单击"否"按钮，则不删除文件。

删除文件夹的方法与删除文件的方法相同。

3.3.3 磁盘管理

磁盘管理是一项使用计算机的常规任务，Windows 7为磁盘管理提供了强大的功能。Windows 7和Windows Vista类似，磁盘管理任务也是以一组磁盘管理实用程序的形式提供的，称为磁盘管理器。磁盘管理器是Windows 7中的一个强大的图形界面的磁盘管理工具，包括查错程序、磁盘碎片整理程序、磁盘整理程序等。使用这些应用程序，用户可以更加快捷、方便、有效地处理好计算机硬盘。本节将介绍Windows 7中有关磁盘管理方面的知识。

Windows 7提供的磁盘管理器是适用于管理所包含的硬磁盘和卷，或者分区的系统实用程序。利用磁盘管理器，可以初始化磁盘、创建卷、使用FAT32或NTFS文件系统格式化卷以及创建具有容错能力的磁盘系统。磁盘管理器可以执行多数与磁盘有关的任务，而不需要关闭系统或中断用户，大多数配置更改将立即生效。

Windows 7的磁盘管理器替代了Windows NT 4.0中使用的"磁盘管理器"实用程序，它可以创建和删除磁盘分区，创建和删除扩展分区中的逻辑驱动器，读取磁盘状态信息，读取Windows 7卷中的状态信息，如驱动器名的指定、卷标、文件类型、大小及可用空间，指定或更改磁盘驱动器及CD-ROM设备的驱动器名和路径，创建和删除卷和卷集，建立或拆除磁盘镜像集，保存或还原磁盘配置。

Windows 7磁盘管理器可以实现动态存储，利用动态存储，用户无须重新启动系统，就可以创建、扩充卷。此外，Windows 7提供的磁盘管理程序界面非常简单，使得用户对磁盘管理的操作更加方便。

Windows 7 不但支持基本磁盘，还支持动态磁盘。基本磁盘就是指包括主分区、扩展分区或逻辑驱动器的物理磁盘；动态磁盘是指含有使用磁盘管理创建动态卷的物理磁盘。动态磁盘不能含有分区和逻辑驱动器，也不能使用 MS-DOS 访问。Windows 7 在一个磁盘系统中提供了基本存储和动态存储，但是包含多个磁盘的卷必须使用同样类型的存储。

3.3.4　用户管理

用户管理是计算机系统管理的一项重要内容。用户管理包括创建新用户，设置用户账户和密码以及设置用户权限的内容等。用户管理对系统和网络运行的安全性至关重要。

Windows 7 有一个显著的特点就是支持多用户切换，从而在不关闭当前用户的情况下允许其他用户登录。在“开始”菜单中选择“控制面板”打开“用户账户和家庭安全”选项，如图 3-15 所示，在“用户”选项卡中可以控制及监视当前系统中存在的用户。

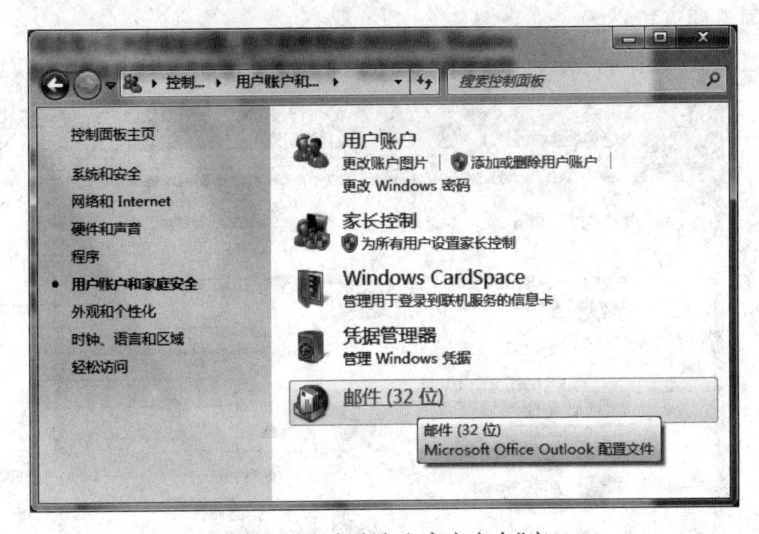

图 3-15　“用户账户和家庭安全”窗口

Windows 7 包括三种类型的账户：管理员账户、来宾账户和标准账户。管理员账户是第一次安装系统时所用的账户，管理员账户不能被删除、禁用或从本地组中删除，以确保用户不能通过删除或禁用所有的管理员账户而将自己锁定在计算机之外。来宾账户由在这台计算机上没有实际账户的人使用。账户被禁用的用户也可以使用来宾账户。来宾账户不需要密码。来宾账户默认是禁用的，但也可以启用。可以像任何标准账户一样设置来宾账户的权利和权限。默认情况下，来宾账户是来宾组的成员，该组允许用户登录工作站或成员服务器。其他权利及任何权限都必须由管理员组的成员授予来宾组。

当多个用户共享某台计算机时，使用注销与登录计算机来切换用户非常麻烦。快速

切换用户是 Windows 7 的一个新功能，使用快速切换可以在不注销的情况下在用户之间进行切换，并且不必关闭程序。

如果要切换到另一个用户，执行“开始”→“关机”→“用户切换”菜单命令，然后单击要切换到的用户账户即可。

3.4 系统环境设置

在 Windows 7 中用户可以根据自己的爱好和需要，设置自己的工作环境，主要包括控制面板、定制自己的桌面，以及日期、时间、语言与区域设置。

3.4.1 控制面板

控制面板提供了丰富的专门用于更改 Windows 外观和行为方式的工具，这些工具可以帮助用户调整计算机设置。

要打开控制面板，执行“开始”→“控制面板”菜单命令，如图 3-16 所示。

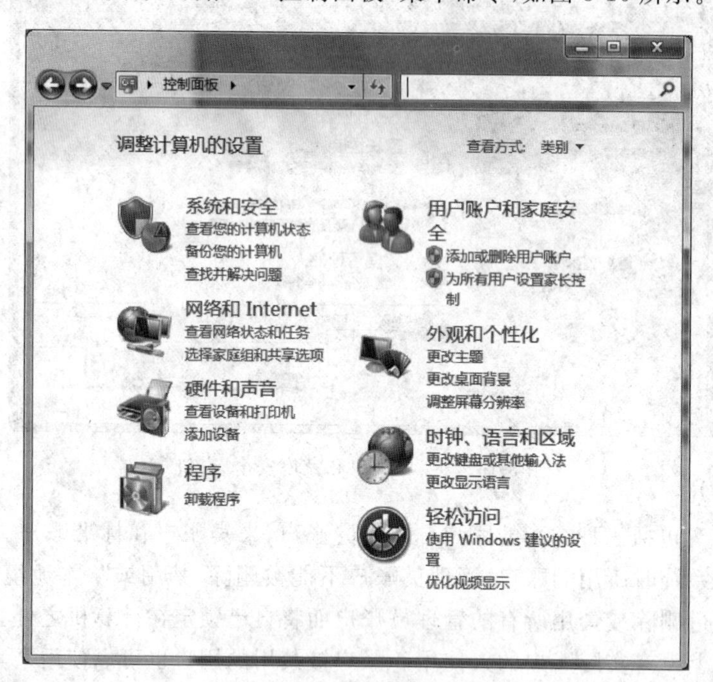

图 3-16 “控制面板”窗口

首次打开控制面板时，将看到控制面板中最常用的项目，这些项目按照分类进行组织。要在分类视图下查看控制面板中某一项目的详细信息，可以将鼠标指针移动到该图

标或类别名称上，然后阅读显示的文本。要打开某个项目，单击该项目图标或者类别名。某些项目会打开可执行的任务列表和选择的单个控制面板项目。

3.4.2 定制桌面

在桌面上右击，在弹出的快捷菜单中选择"个性化"菜单命令，打开如图3-17所示的"显示属性"对话框。

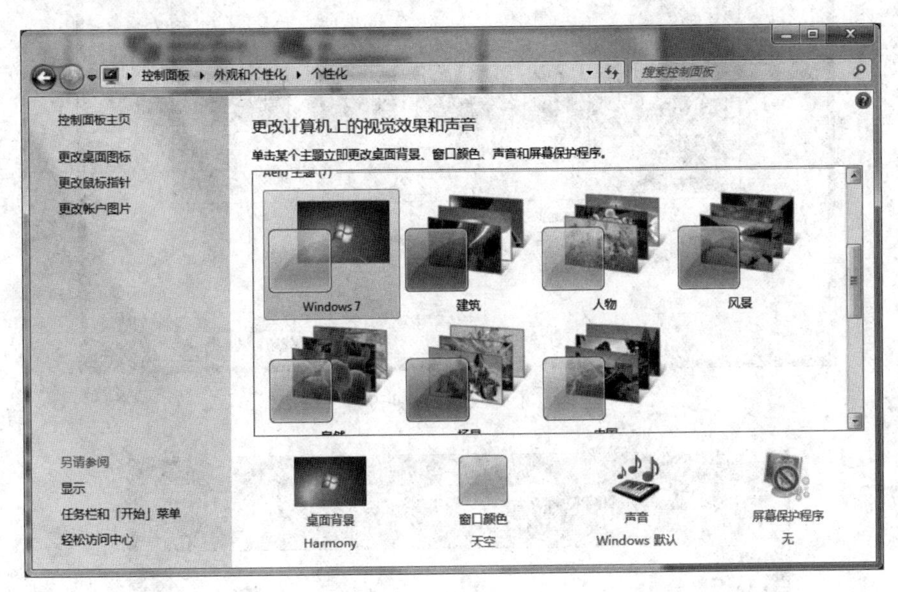

图3-17 "个性化"窗口

该属性对话框包含桌面背景、窗口颜色、声音、屏幕保护程序四个选项，分别用来设置桌面背景、外观、系统提示声音和屏幕保护程序。

1. 设置墙纸和桌面图案

在"个性化"窗口中选择"桌面背景"，如图3-18所示。在该选项卡中可以选择背景图片作为墙纸，在列表框中选择需要的墙纸，也可以单击"浏览"按钮，打开如图3-19所示的"浏览"对话框。选择需要的图片文件，单击"打开"按钮返回到"显示属性"对话框。

墙纸的显示方式有填充、适应、平铺、居中和拉伸五种。可在"图片位置"下拉列表框中选择需要的显示方式。

2. 设置窗体外观

在Windows 7中可以非常方便地改变窗体的外观(包括对象颜色和字体的大小等)。在"个性化"窗口中，选择"窗口颜色和外观"选项卡，如图3-20所示。在这个对话框中，可以设置窗体的外观。

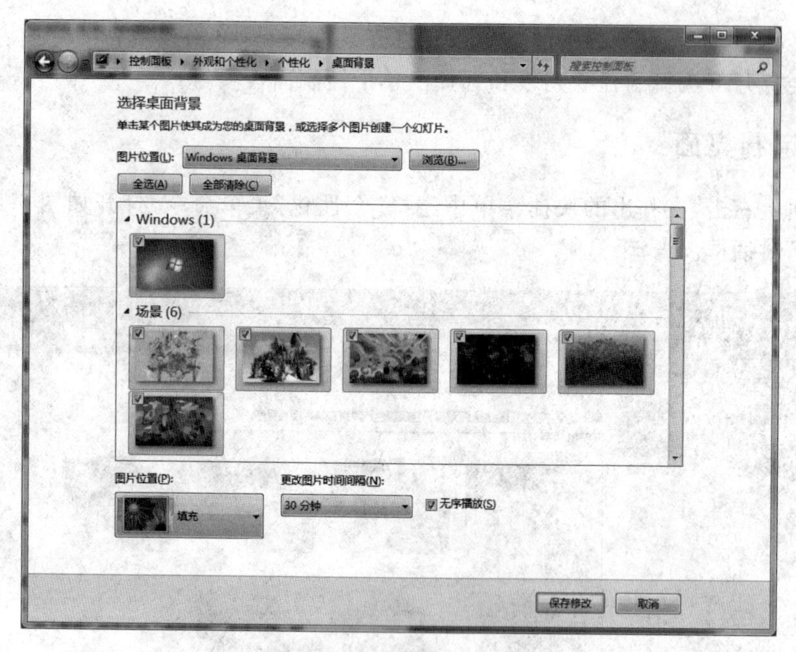

图 3-18　桌面背景设置

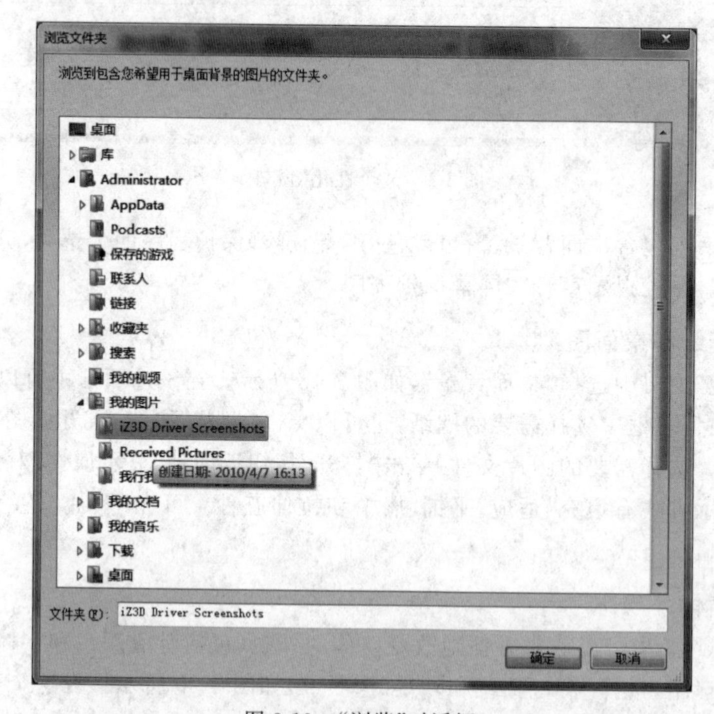

图 3-19　“浏览”对话框

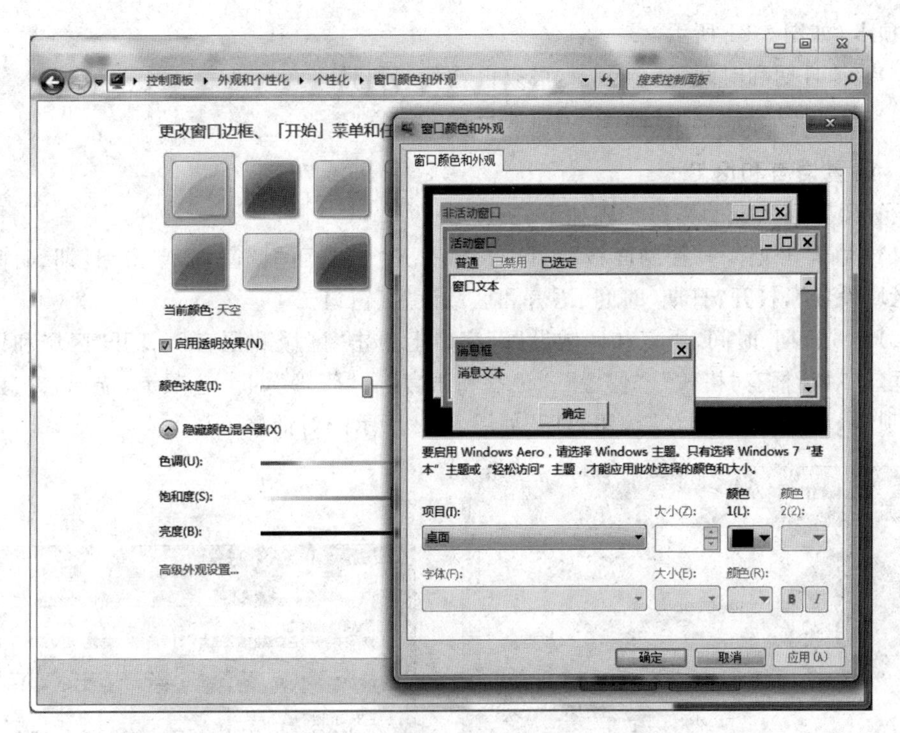

图3-20　“窗口颜色外观”选项卡

在“窗口颜色和外观”下拉列表框中选择一种样式，有Windows 7样式和Windows经典样式，默认为Windows 7样式。

在“色彩方案”下拉列表框中选择一种色彩方案。Windows 7默认是蓝色，还有橄榄绿和银色可供选择。

在“字体大小”下拉列表框中选择字体大小。设置完成后，单击“确定”按钮。

3.4.3　日期、时间、语言与区域设置

Windows 7同样提供了方便、快捷的日期、时间、语言与区域设置，用户可以根据自己的习惯和爱好设置各种属性。

1. 设置日期和时间

设置日期和时间的操作步骤如下：

(1) 执行“开始”→“控制面板”菜单命令，打开“控制面板”窗口，单击“时钟、语言和区域”，打开设置窗口。

(2) 在“时钟、语言和区域”窗口上单击“设置时间和日期”，打开“日期和时间”对话框，该对话框有“日期和时间”、“附加时钟”和“Internet时间”三个选项卡，选择“日期和时

间”选项卡，如图 3-21 所示。

（3）在“日期和时间”选项卡中，可以设置日期和时间。

（4）设置完成后，单击“确定”按钮使设置生效。

2. 设置语言和区域

设置语言和区域的操作步骤如下：

（1）执行“开始”→“控制面板”菜单命令，打开“控制面板”窗口，单击“日期、时间、语言和区域设置”，打开“日期、时间、语言和区域设置”窗口。

（2）在“日期、时间、语言和区域设置”窗口上单击“区域和语言”，打开“区域和语言”对话框，该对话框有“格式”、“位置”、“键盘和语言”和“管理”四个选项卡，选择“键盘和语言”选项卡，单击“更改键盘”按钮，打开如图 3-22 所示的对话框。

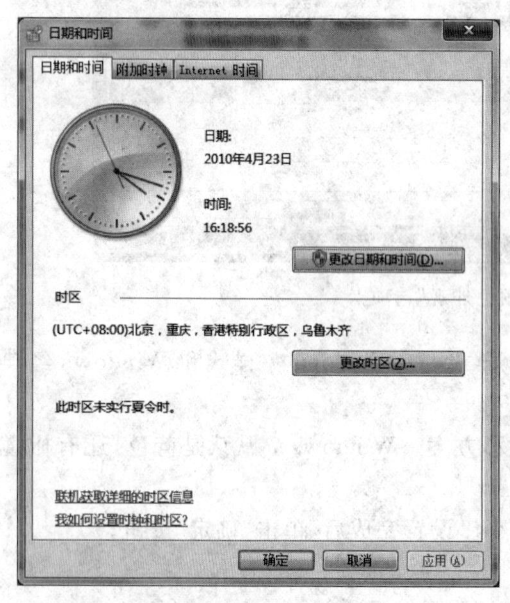

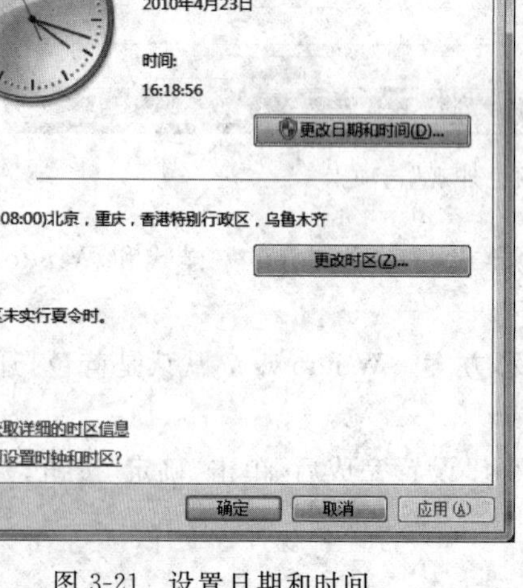

图 3-21 设置日期和时间

图 3-22 设置语言

（3）在“文字服务和输入语言”对话框中，可以选择需要的语言和自己喜爱的输入法。

（4）设置完成后，单击“确定”按钮使设置生效。

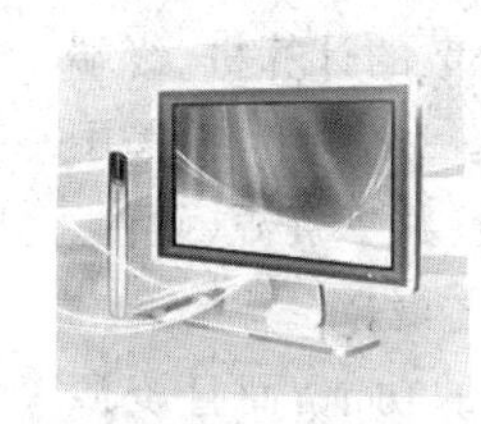

第4章 网络与数据通信

本章关键词

计算机网络(computer network)　网络技术(network technology)　局域网(local area network)　互联网(Internet)

本章要点

本章主要介绍了计算机网络局域网和互联网的工作原理与网络技术。

重点掌握：网络的拓扑结构、网络协议。

随着人类社会的不断进步、经济的快速发展和计算机的广泛应用，特别是家用计算机的日益普及，人们对信息的需求也越来越强烈。而孤立的、单个的使用计算机功能有限，越来越不适应社会发展的需要，因此要求大型计算机的硬件和软件资源以及它们所管理的信息资源能够被众多的微型计算机共享，以便充分利用这些资源。正是这些原因，促使计算机向网络化发展，将分散的计算机连接成网，组成了计算机网络。

从20世纪90年代开始，随着Internet的兴起和快速发展，计算机网络已经成为人们生活中不可缺少的一部分。

4.1 计算机网络概述

4.1.1 计算机网络的定义

20世纪末，人类正进入信息化时代，社会的进步和生产力的发展，在很大程度上要依赖人类对信息的获得和处理能力，依赖信息技术的进步。信息技术包含的内容很广，既有对信息的收集、处理、存储、传送和分配，又有表达信息的手段。计算机网络是计算机技术与通信技术结合的产物，是信息技术进步的象征。近年来，Internet这个全球化计算机网络的发展，已经证明了计算机网络对信息时代的绝对重要性。那么，到底什么是计算机网络呢？它的结构如何呢？

不同的人群对计算机网络的含义和理解不尽相同。早期，人们将分散的计算机、终端及其附设，利用通信媒体连接起来，能够实现相互的通信称做网络系统。1970年，在美国信息处理协会召开的春季计算机联合会议上，计算机网络定义为“以能够共享资源(硬件、软件和数据等)的方式连接起来，并且各自具备独立功能的计算机系统之集合”。

上述两种描述的主要区别是：后者各结点的计算机必须具备独立的功能，而且资源(文件、数据和打印机等)必须实现共享。

随着分布处理技术的发展和从用户使用角度考虑，对计算机网络的概念也发生了变化，计算机网络被定义为“必须具有能为用户自动管理各类资源的操作系统，由它调度完成网络用户的请求，使整个网络资源对用户透明”。

综上所述，我们将计算机网络作如下描述：计算机网络是利用通信线路将地理位置分散的、具有独立功能的许多计算机系统连接起来，按照某种协议进行数据通信，以实现资源共享的信息系统。

我们可以从下面几个方面更好地理解计算机网络：

(1) 网络中的计算机具有独立的功能，它们在断开网络连接时，仍可单机使用。

(2) 网络的目的是实现计算机硬件资源、软件资源及数据资源的共享，以克服单机的局限性。

(3) 计算机网络靠通信设备和线路，把处于不同地理位置的计算机连接起来，以实现网络用户间的数据传输。

(4) 在计算机网络中，网络软件和网络协议是必不可少的。

4.1.2 计算机网络的主要功能

计算机网络是计算机技术和通信技术紧密结合的产物，它不仅使计算机的作用范围超越了地理位置的限制，而且大大加强了计算机本身的信息处理能力。它的功能如下。

1. 信息交换和通信

这是计算机网络最基本的功能，计算机网络中的计算机之间或计算机与终端之间，可以快速可靠地相互传递数据、程序或文件。例如，用户可以在网上传送电子邮件、交换数据，可以实现在商业部门或公司之间进行订单、发票等商业文件安全准确地交换。

2. 资源共享

资源共享包括计算机硬件资源、软件资源和数据资源的共享。硬件资源的共享提高了计算机硬件资源的利用率，由于受经济和其他因素的制约，这些硬件资源不可能所有用户都有，所以使用计算机网络不仅可以使用自身的硬件资源，也可共享网络上的资源。软件资源和数据资源的共享可以充分利用已有的信息资源，减少软件开发过程中的劳动，避免大型数据库的重复建设。

3. 提高系统的可靠性

在单机使用的情况下，任何一个系统都可能发生故障，这样就会为用户带来不便。而当计算机联网后，各计算机可以通过网络互为后备，一旦某台计算机发生故障，则可由别处的计算机代为处理，还可以在网络的一些结点上设置一定的备用设备。这样计算机网络就能起到提高系统可靠性的作用了。更重要的是，由于数据和信息资源存放于不同的地点，因此可防止因故障而无法访问或由于灾害造成数据破坏。

4. 均衡负荷，分布处理

对于大型的任务或课题，如果都集中在一台计算机上，负荷太重，这时可以将任务分散到不同的计算机分别完成，或由网络中比较空闲的计算机分担负荷，各个计算机连成网络有利于共同协作进行重大科研课题的开发和研究。利用网络技术还可以将许多小型机或微型机连成具有高性能的分布式计算机系统，使它具有解决复杂问题的能力，从而大大降低费用。

5. 综合信息服务

计算机网络可以向全社会提供各处经济信息、科研情报、商业信息和咨询服务，如 Internet 中的 WWW 就是如此。

4.1.3　计算机网络的分类

计算机网络的分类方法很多，从不同的角度对计算机网络的分类也不同，通常的分类方法有按网络覆盖的地理范围分类、按网络的拓扑结构分类、按网络应用领域分类、按网络传输的介质分类等。

1. 按网络覆盖的地理范围分类

按网络覆盖的地理范围的大小，可将网络分为局域网(LAN)、城域网(MAN)和广域网(WAN)，Internet 可以看做是世界范围内最大的广域网。

1) 局域网(LAN)

局域网是指其规模相对小一些、通信距离在几十千米以内，将计算机、外部设备和网络互联设备连接在一起的网络系统。局域网通常装在一个建筑物内或一群建筑物内(如一个工厂、一个企业内)，例如，在一个办公楼内，将分布在不同教室或办公室里的计算机连接在一起组成局域网。

2) 城域网(MAN)

城域网与局域网相比要大一些，可以说是一种大型的局域网，技术与 LAN 相似，它覆盖的范围介于局域网和广域网之间，通常覆盖一个地区或城市，范围可从几十千米到上百千米，它借助一些专用网络互连设备连接到一起，即使没有连入某局域网的计算机也可以直接接入城域网，从而访问网络中的资源。

3）广域网（WAN）

广域网又称为远程网，是非常大的一个网络，能跨越大陆、海洋，甚至形成全球性的网络。国际互联网（因特网）就是广域网中的一种，它利用行政辖区的专用通信线路将多个城域网互连在一起构成。广域网的组成已非个人或团体的行为，而是一种跨地区、跨部门、跨行业、跨国的社会行为。

2. 按网络的拓扑结构分类

网络中每一台计算机都可以看做是一个结点，通信线路可以看做是一根连线，网络的拓扑结构就是网络中各个结点相互连接的形式。常见的拓扑结构有星形结构、总线型结构、环形结构和树形结构。

3. 按网络应用领域分类

计算机网络按照应用领域的不同可以分为公用网和专用网。

1）公用网

公用网一般由国家机关或行政部门组建，它的应用领域是对全社会公众开放。如邮电部门的163网、商业广告、列车时刻表查询等各处公开信息都是通过这类网络发布的。

2）专用网

专用网一般由某个单位或公司组建，专门为自己服务的网络。这类网络可以只是一个局域网的规模，也可以是一个城域网乃至广域网的规模。它通常不对社会公众开放，即使开放也有很大的限制，如校园网、银行网等。

4. 按网络传输的介质分类

计算机网络的传输介质常见的有双绞线、同轴电缆、光纤和卫星等，因此按网络传输的介质不同可将计算机网络分为双绞线网、同轴电缆网、光纤网和卫星网等。

4.2 计算机网络的组成与结构

4.2.1 计算机网络系统的组成

大型计算机网络是一个复杂的系统。例如，现在所使用的Internet网络，它是一个集计算机软件系统、通信设备、计算机硬件设备以及数据处理能力于一体的，能够实现资源共享的现代化综合服务系统。一般网络系统的组成可分为三部分：硬件系统、软件系统和网络信息。

1. 硬件系统

硬件系统是计算机网络的基础，硬件系统由计算机、通信设备、连接设备及辅助设备组成，通过这些设备的组成形成了计算机网络的类型。下面学习几种常用的设备。

1）服务器

在计算机网络中，核心的组成部分是服务器(server)。服务器是计算机网络中向其他计算机或网络设备提供服务的计算机，并按提供服务的不同被冠以不同的名称，如数据库服务器、邮件服务器等。

常用的服务器有文件服务器、打印服务器、通信服务器、数据库服务器、邮件服务器、信息浏览服务器和文件下载服务器等。

文件服务器是存放网络中的各种文件，运行的是网络操作系统，并且配有大容量磁盘存储器。文件服务器的基本任务是协调处理各工作站提出的网络服务请求。一般影响服务器性能的主要因素包括处理器的类型和速度、内存容量的大小和内存通道的访问速度、缓冲能力、磁盘存储容量等，在同等条件下，网络操作系统的性能起决定作用。

打印服务器是接收来自用户的打印任务，并将用户的打印内容存放到打印队列中，当队列中轮到该任务时，送打印机打印。

通信服务器是负责网络中各用户对主计算机的通信联系，以及网与网之间的通信。

2）客户机

客户机(client)是与服务器相对的一个概念。在计算机网络中享受其他计算机提供服务的计算机就称为客户机。

3）网卡

网卡是安装在计算机主机板上的电路板插卡，又称网络适配器或者网络接口卡(network interface board)。网卡的作用是将计算机与通信设备相连接，负责传输或者接收数字信息。

4）调制解调器

调制解调器(俗称 modem)是一种信号转换装置，它可以将计算机中传输的数字信号转换成通信线路中传输的模拟信号，或者将通信线路中传输的模拟信号转换成数字信号。一般将数字信号转换成模拟信号，称为“调制”过程；将模拟信号转换成数字信号，称为“解调”过程。

调制解调器的作用是将计算机与公用电话线相连，使得现有网络系统以外的计算机用户能够通过拨号的方式利用公用事业电话网访问远程计算机网络系统。

5）集线器

集线器是局域网中常用的连接设备，它有多个端口，可以连接多台本地计算机。

6）网桥

网桥(bridge)也是局域网常用的连接设备。网桥又称桥接器，是一种在链路层实现局域网互连的存储转发设备。

7）路由器

路由器是互联网中常用的连接设备，它可以将两个网络连接在一起，组成更大的网

络。路由器可以将局域网与 Internet 互连。

8）中继器

中继器工作可用来扩展网络长度。中继器的作用是在信号传输较长距离后，进行整形和放大，但不对信号进行校验处理等。

2. 软件系统

网络系统软件包括网络操作系统和网络协议等。网络操作系统是指能够控制和管理网络资源的软件，由多个系统软件组成，在基本系统上有多种配置和选项可供选择，使得用户可根据不同的需要和设备构成最佳组合的互联网络操作系统。网络协议保证网络中两台设备之间正确传送数据。

3. 网络信息

计算机网络上存储、传输的信息称为网络信息。网络信息是计算机网络中最重要的资源，它存储于服务器上，由网络系统软件对其进行管理和维护。

4.2.2 计算机网络的网络拓扑

计算机网络是将分布在不同位置的计算机通过通信线路连在一起，那么网络连线及工作站点的分布形式就是网络的拓扑结构。网络的拓扑可以进一步分为物理拓扑和逻辑拓扑两种。物理拓扑指介质的连接形状，逻辑拓扑指信号传递路径的形状。计算机的网络拓扑结构一般分为总线型拓扑结构、星形拓扑结构、环形拓扑结构和树形拓扑结构四种。

1. 总线型拓扑结构

总线型拓扑结构是采用一根传输总线作为传输介质，各个结点都通过网络连接器连接在总线上。总线的长度可使用中继器来延长。这种结构的优点是：工作站连入网络十分方便；两工作站之间的通信通过总线进行，与其他工作站无关；系统中某工作站一旦出现故障，不会影响其他工作站之间的通信。因此，这种结构的系统可靠性高。总线型拓扑结构如图 4-1 所示。

2. 星形拓扑结构

星形拓扑结构是最早的通用网络拓扑结构形式，如图 4-2 所示。它由一个中心结点和分别与它单独连接的其他结点组成，各个结点之间的通信必须通过中央结点来完成，它是一种集中控制方式，这种结构通常使用 HUB 作为中心设备。这种结构的优点是：采用集中式控制，容易重组网络，每个结点与中心结点都有单独的连线，因此某一结点出现故障，不影响其他结点的工作；其缺点是：对中心结点的要求较高，因为一个中心结点出现故障，系统将全部瘫痪。

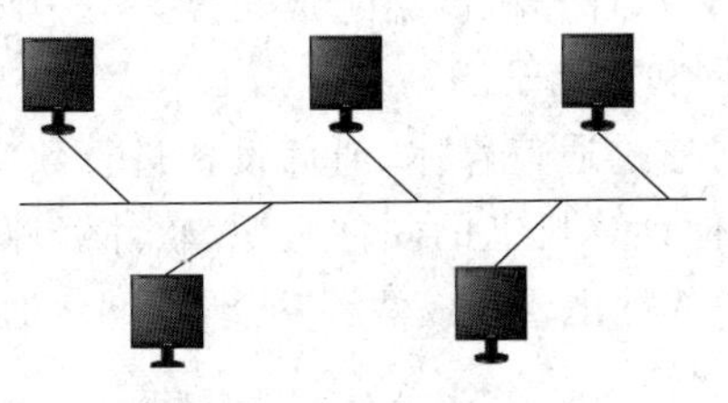

图 4-1 总线型拓扑结构

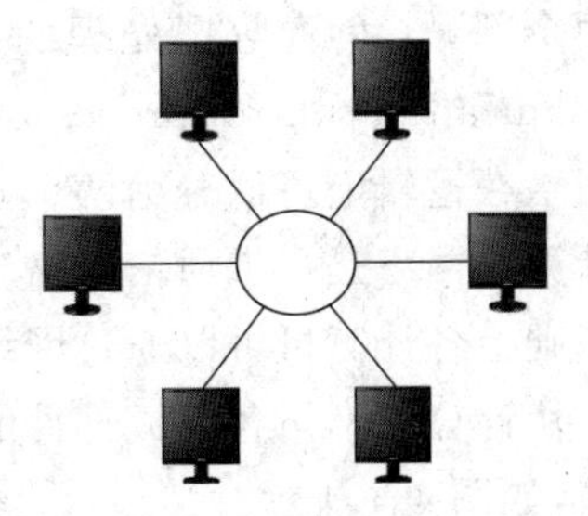

图 4-2 星形拓扑结构

3. 环形拓扑结构

环形拓扑结构是将所有的工作站串联在一个封闭的环路中，在这种拓扑结构中，数据总是按一个方向逐结点地沿环传递，信号依次通过所有的工作站，最后回到发送信号的主机，在环形拓扑结构中，每一台主机都具有类似中继器的作用，如图 4-3 所示。这种结构的优点是网络管理简单，通信设备和线路较为节省，而且还可以把多个环经过若干交接点互连，扩大连接范围；其缺点是：由于本身结构的特点，当一个结点出现故障时，整个网络就不能工作；对故障的诊断困难，网络重新配置也比较困难。

4. 树形拓扑结构

该结构中的任何两个用户都不能形成回路，每条通信线路必须支持双向传输。这种网络结构中只有一个根结点，对根结点的计算机功能要求高，可以是中型机或大型机，如图 4-4 所示。这种结构的优点是：控制线路简单，管理也易于实现，它是一种集中分层的管理形式；其缺点是：数据要经过多级传输，系统的响应时间较长，各工作站之间很少有信息流通，共享资源的能力较差。

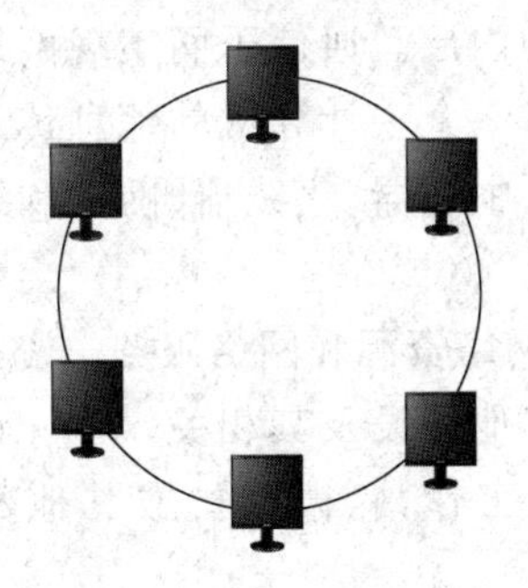

图 4-3 环形拓扑结构

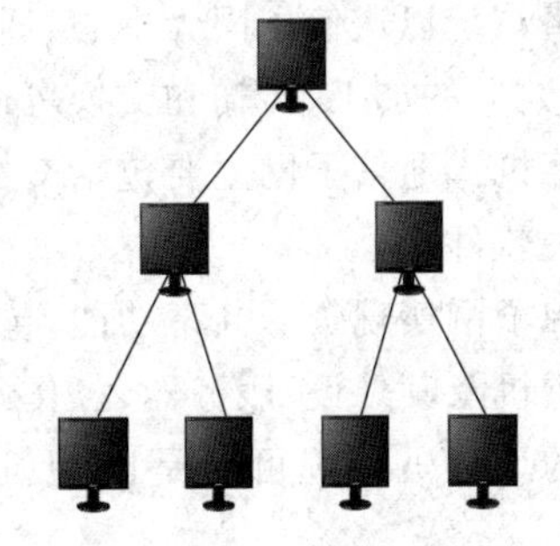

图 4-4 树形拓扑结构

4.2.3 资源子网和通信子网

计算机网络要完成数据处理与数据通信两大基本功能，那么从它的结构上必然可以

分成两个部分：负责数据处理的计算机和终端；负责数据通信的通信控制处理机 CCP (communication control processor)和通信线路。从计算机网络组成角度来分，典型的计算机网络在逻辑上可以分为两个子网：资源子网和通信子网。

计算机网络是一个通信网络，各计算机之间通过通信媒体、通信设备进行数字通信，在此基础上各计算机可以通过网络软件共享其他计算机上的硬件资源、软件资源和数据资源。从计算机网络各组成部件的功能来看，各部件主要完成两种功能，即网络通信和资源共享，如图 4-5 所示。

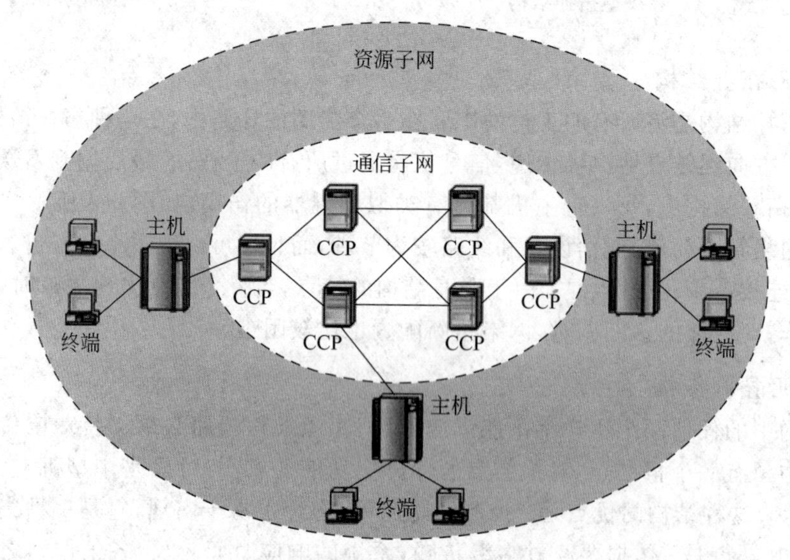

图 4-5　资源子网和通信子网

网络系统以通信子网为中心，通信子网处于网络的内层。通信子网实现网络通信功能，包括数据的加工、传输和交换等通信处理工作，即将一个主计算机的信息传送给另一个主计算机。通信子网主要包括交换机、路由器、网桥、中继器、集线器、网卡和线缆等设备及相关软件。

资源子网实现资源共享功能，包括数据处理、提供网络资源和网络服务。资源子网主要包括主机及其外设、服务器、工作站、网络打印机和其他外设及其相关软件。计算机网络连接的计算机系统可以是巨型机、大型机、小型机、工作站、微型机或其他数据终端设备。

通信子网是由网络结点、通信设备、通信线路等组成独立的数据通信系统，承担全网的数据传输、交换、加工和变换等通信处理工作。

网络结点也就是网络单元，是网络系统中各种数据处理设备、数据通信控制设备(CCP)和数据终端设备的统称。网络结点分转接结点和访问结点两类。转接结点是支持

网络连接性能的结点，它通过通信线路来转接和传递信息，如集中器、终端控制器等。访问结点是信息交换的源结点和目标结点，起信源和信宿的作用，如终端、主计算机等。

通信设备指各种网络连接设备，包括中继器、网桥、交换机、路由器等。

通信线路指的是传输介质及其介质连接部件，包括双绞线、同轴电缆、光纤等。通信子网一般由网卡、线缆、集线器、中继器、网桥、路由器、交换机等设备和相关软件组成。资源子网由联网的服务器、工作站、共享的打印机和其他设备及相关软件组成。

在广域网中，通信子网由一些专用的通信处理机(即结点交换机)及其运行的软件、集中器等设备和连接这些结点的通信链路组成。资源子网由通信子网的所有主机及其外部设备组成。

4.3 局域网

局域网(local area network，LAN)，是一种在较小的地理范围内将大量计算机及各种设备互连在一起实现高速数据传输和资源共享的计算机网络。社会对信息资源的广泛需求及计算机技术的广泛普及，促进了局域网技术的迅猛发展。在当今的计算机网络技术中，局域网是目前应用最广泛的一类网络。它常被用于同一办公室、同一建筑物、同一公司和同一学校等，一般是方圆几千米以内，以便共享资源和交换信息。局域网可以实现文件管理、应用软件共享、打印机共享、扫描仪共享、工作组内的日程安排、电子邮件和传真通信服务等功能。

4.3.1 局域网的特点

区别于一般的广域网(WAN)，局域网(LAN)具有以下特点：

(1) 地理分布范围较小，一般不超过10km。可覆盖一幢大楼、一所校园或一个企业。

(2) 数据传输速率高，一般为10～100Mbps，但目前已出现速率高达1 000Mbps的局域网。它可交换各类数字和非数字(如语音、图像、视频等)信息。

(3) 误码率低，一般为10^{-11}～10^{-8}。这是因为局域网通常采用有线介质传输，两个站点之间具有专用的通信线路使数据传输有专一的通道，可以使用高质量的传输媒体，从而提高了数据传输质量。

(4) 以工作站和计算机为主体，包括终端及各种外设，网中一般不设中央主机系统。

(5) 一般包含OSI参考模型中的低三层功能，即涉及通信子网的内容。

(6) 协议简单、结构灵活、建网成本低、周期短、便于管理和扩充。

4.3.2 局域网的分类

局域网的分类要看从哪个角度来分。由于存在着多种分类方法，因此一个局域网可

能属于多种类型。对局域网进行分类经常采用以下方法：按拓扑结构分类、按传输介质分类、按访问介质分类和按网络操作系统分类。

1. 按拓扑结构分类

局域网经常采用总线型拓扑结构、环形拓扑结构、星形拓扑结构、树形拓扑结构和混合型拓扑结构，因此可以把局域网分为总线型局域网、环形局域网、星形局域网和树形局域网等类型。这种分类方法是最常用的分类方法。

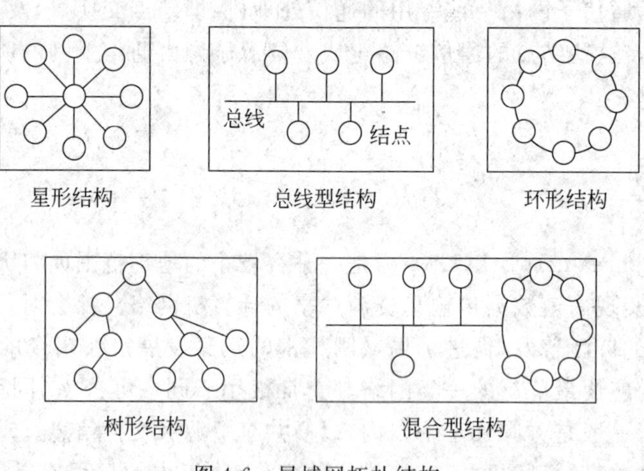

图 4-6　局域网拓扑结构

不管是局域网还是广域网，其拓扑结构的选择往往与传输媒体的选择及媒体访问控制方法的确定紧密相关。在选择网络拓扑结构时，应该考虑的主要因素有下列几点：

(1) 网络既要易于安装，又要易于扩展。

(2) 可靠性。尽可能地提高可靠性，以保证所有数据流能被准确接收；还要考虑系统的可维护性，以使故障检测和故障隔离较为方便。

(3) 费用。建网时需考虑适合特定应用的信道费用和安装费用。

(4) 灵活性。需要考虑系统在今后扩展或改动时，能容易地重新配置网络拓扑结构，能方便地处理原有站点的删除和新站点的加入。

(5) 响应时间和吞吐量。要为用户提供尽可能短的响应时间和最大的吞吐量。

2. 按传输介质分类

局域网上常用的传输介质有同轴电缆、双绞线、光缆等，因此可以把局域网分为同轴电缆局域网、双绞线局域网和光纤局域网。

3. 按访问传输介质的方法分类

目前，在局域网中常用的传输介质访问方法有以太(Ethernet)方法、令牌(Token Ring)、FDDE 方法、异步传输模式(ATM)方法等，因此可以把局域网分为以太网

(Ethernet)、令牌网(Token Ring)、FDDE 网、ATM 网等。

4. 按数据的传输速度分类

可分为 10Mbps 局域网、100Mbps 局域网、155Mbps 局域网等。

5. 按信息的交换方式分类

可分为交换式局域网和共享式局域网等。

4.3.3 局域网的工作模式

局域网的工作模式是指在局域网中各个结点之间的关系。按照工作模式的不同，可将其分为专用服务器结构模式、客户机/服务器模式和对等模式三种。

1. 专用服务器结构模式

专用服务器结构又称为“工作站/文件服务器”结构，由若干台微机工作站与一台或多台文件服务器通过通信线路连接起来组成工作站存取服务器文件，共享存储设备。

文件服务器自然以共享磁盘文件为主要目的。对于一般的数据传递来说已经够用了，但是当数据库系统和其他复杂而又被不断增加的用户使用的应用系统到来的时候，服务器已经不能承担这样的任务了。因为随着用户的增多，为每个用户服务的程序也会相应增多，每个程序都是独立运行的大文件，给用户的感觉是极慢的，因此产生了第二种模式——客户机/服务器模式。

2. 客户机/服务器模式

客户机/服务器(Client/Server，C/S)模式，如图 4-7 所示。其中一台或几台较大的计算机集中进行共享数据库的管理和存取，称为服务器，而将其他的应用处理工作分散到网络中其他微机上去做，构成分布式的处理系统，服务器控制管理数据的能力已由文件管理

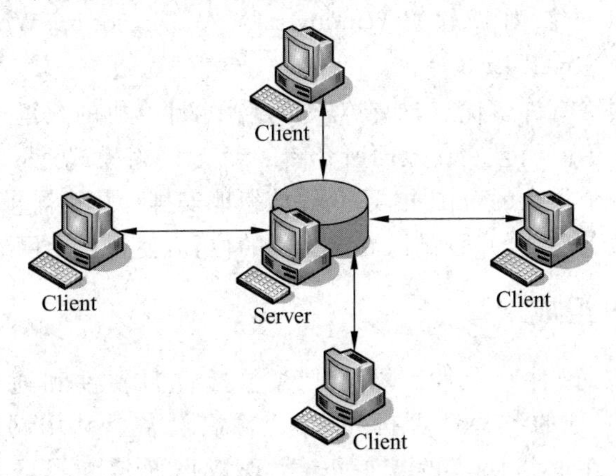

图 4-7　客户机/服务器连接示意图

方式上升为数据库管理方式。因此,C/S 结构的服务器也称为数据库服务器,注重于数据定义、存取安全备份及还原,并发控制及事务管理,执行诸如选择检索和索引排序等数据库管理功能,它有足够的能力做到把通过其处理后用户所需的那一部分数据而不是整个文件通过网络传送到客户机去,减轻了网络的传输负荷。C/S 结构是数据库技术的发展和普遍应用与局域网技术发展相结合的结果。

浏览器/服务器(Browser/Server,B/S)模式是一种特殊形式的 C/S 模式,在这种模式中客户端为一种特殊的专用软件——浏览器。这种模式下由于对客户端的要求很少,不需要另外安装附加软件,在通用性和易维护性上具有突出的优点。这也是目前各种网络应用提供基于 Web 管理方式的原因。

这种模式与下面所讲的点对点模式主要有以下两个方面的不同:

(1) 后端数据库负责完成大量的任务处理,如果 C/S 型数据库查找一个特定的信息片段,在搜寻整个数据库期间并不返回每条记录的结果,而只是在搜寻结束时返回最后的结果。

(2) 如果数据库应用程序的客户机在处理数据库事务时失败,服务器为了维护数据库的完整性,将自动重新执行这个事件。

3. 对等式网络

对等网也常常被称做工作组。在拓扑结构上与专用 Server 的 C/S 不同,一般常采用星形网络拓扑结构,在对等式网络结构中,没有专用服务器。最简单的对等式网络就是使用双绞线直接相连的两台计算机,如图 4-8 所示。

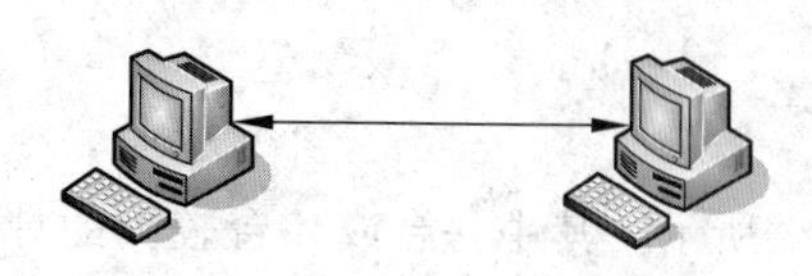

图 4-8 对等网模式示意图

在这种网络模式中,每一个工作站既可以起客户机的作用,也可以起服务器的作用。有许多网络操作系统可应用于点对点网络,如微软的 Windows for Workgroups、WorkStation、Windows NT、Windows 9X 和 Novell Lite 等。

点对点对等式网络有许多优点,如在对等网络中,计算机的数量通常不会超过 10 台,网络结构相对比较简单。而且它比上面所介绍的 C/S 网络模式造价低,它们允许数据库和处理机能分布在一个很大的范围里,还允许动态地安排计算机需求。当然它也有缺点,那就是提供较少的服务功能,并且难以确定文件的位置,使得整个网络难以管理。

4.3.4 局域网的组成

LAN 的组成包括硬件和软件。网络硬件包括资源硬件和通信硬件。资源硬件包括构成网络主要成分的各种计算机和输入/输出设备。利用网络通信硬件将资源硬件设备连接起来,在网络协议的支持下,实现数据通信和资源共享。软件资源包括系统软件和应用软件。系统软件主要是网络操作系统。一个典型的交换式局域网

如图 4-9 示。这个典型的交换式局域网主要由服务器、工作站、线路集线器、交换机以及通信线路等组成。

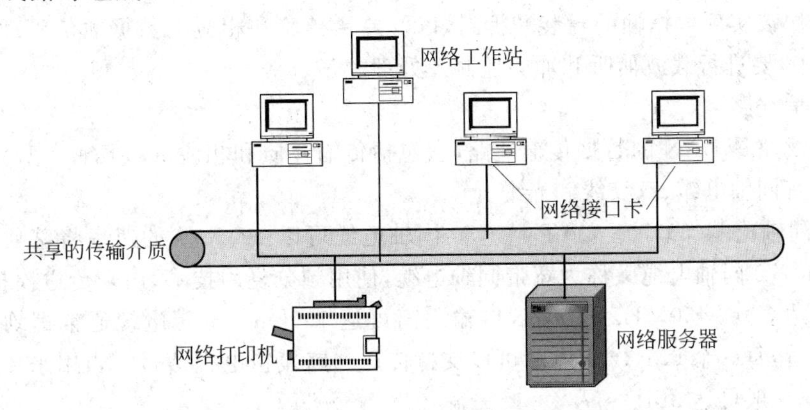

图 4-9　局域网的组成

1. LAN 的资源硬件

1)服务器

LAN 中至少有一台服务器,允许有多台服务器。对服务器的要求是速度快、硬盘和内存容量大、处理能力强。服务器是 LAN 的核心,网络中共享的资源大多都集中在服务器上。由于服务器中安装有网络操作系统的核心软件,它便具有了网络管理、共享资源、管理网络通信和为用户提供网络服务的功能。服务器中的文件系统具有容量大和支持多用户访问等特点。在基于微机的 LAN 中,根据服务器在网络中所起作用的不同,可将其分为文件服务器、打印服务器、通信服务器和数据库服务器等。

2)工作站

联网的微机中,除服务器以外统称为网络工作站(Workstation),简称为工作站。一方面工作站可以当做一台普通微机使用,处理用户的本地事务;另一方面工作站能够通过网络进行彼此间的通信,以及使用服务器管理各种共享资源。工作站一般不管理网络资源。如果某台工作站通过异步通信接口连接一台调制解调器,并接入电话网,与远距离的其他工作站接通,那么这台工作站便负责管理远程工作站与 LAN 的通信,称为通信服务器。

2. LAN 的通信硬件

LAN 的通信硬件主要是实现物理层和介质访问控制层的功能,在网络结点(工作站和服务器都是网络结点)间提供数据帧的传输。

1) 网卡

网卡又叫网络适配器(network adapter),或叫网络接口板,是微机接入网络的接口电

路板。网卡是LAN的通信接口,实现LAN通信中物理层和介质访问控制层的功能。一方面,网卡要完成计算机与电缆系统的物理连接;另一方面,它要根据所采用MAC介质访问控制协议实现数据帧的封装和拆封,以及差错校验和相应的数据通信管理。如在总线LAN中,要进行载波侦听和冲突监测及处理。

2)通信线路

通信线路是LAN的数据传输通路,它包括传输介质和相应的接插件。LAN常用的传输介质有同轴电缆、双绞线和光缆。

(1) 同轴电缆(50、70—CATV)。50同轴电缆可以10Mb/s的速率将基代数字信号传送1km。70同轴电缆又称为宽带同轴电缆,使用频分复用技术,用来传送模拟信号,其频率可高达300~450MHz或更高,传输距离可达100km。宽带电缆通常都划分为若干个独立信道,每一个6MHz的电缆可以支持传送一路模拟电视信号。当用来传送数字信号时,速率一般可达3Mb/s。

(2) 双绞线。在100m的距离内可支持10Mbps的以太网、100Mbps的快速以太网、155Mbps的ATM等,在实验室环境下可支持622~1 000Mbps的传输速率。

(3) 光缆。多模光纤和单模光纤,有以下几个特点:①传输损耗小,中继距离长,远距离传输特别经济。②抗雷电和电磁干扰性好。③无串音干扰,保密性好;体积小,重量轻。④通信容量大,每波段都具有25 000~30 000GHz的带宽。一个光传输系统由三部分组成:传输介质、光源和检测器。传输介质是极细的玻璃纤维或石英玻璃纤维;光源是发光二极管或半导体激光器;检测器是一种光电二极管。

3) 通信设备

LAN的通信设备主要用于延长传输距离和便于网络布线,主要有如下几种:

(1) 中继器。其对数字信号进行再生放大,以扩展总线LAN的传输距离。

(2) 集线器(HUB)。也叫线路集线器,可提供多个微机接口,用于工作站集中的地方。

(3) 网络互连设备。网络互连设备包括中继器、网桥、路由器、交换机、网关等。

综上所述,LAN的网络硬件的主要部件是服务器、工作站、网卡和电缆系统。

4.3.5 资源共享

正确安装配置好网卡,完成局域网或对等网的建设后,在Windows 9X/2003/XP/2007(本书以Windows XP为例)系统桌面应会出现“网上邻居”快捷方式图标,那么双击“网上邻居”图标打开“网上邻居”窗口,用户就能看到本工作组的所有计算机。如果双击“网上邻居”窗口的“整个网络”图标,用户还能看到网络上的其他工作组。此时再双击“网上邻居”窗口中其他用户的计算机图标,打开它你可能会发现里面是空的,那是因为你还没有配置好需要共享的资源。如果想让此局域网范围内机器上的资源实现共享,就需要

我们来设置共享。

1. 磁盘和文件共享

磁盘和文件共享是局域网使用最基本的功能。通过磁盘和文件共享，可以让所有连入局域网的用户共同来使用同一个磁盘和文件。下面以文件共享为例，介绍一下磁盘和文件的共享方法。

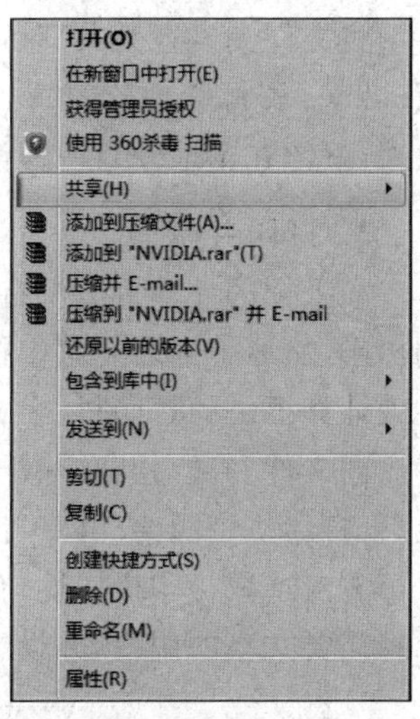

图 4-10　右击文件弹出的快捷

文件共享，首先要把某一台机器上的文件共享，要在这台机器上打开 Windows 资源管理器，右击要共享的文件夹，弹出快捷菜单如图 4-10 所示。在快捷菜单中选中“共享和完全”，在弹出的“属性”对话框中选“共享”选项，这时会弹出“磁盘属性”对话框，在“共享”选项卡下，选中“共享此文件夹”，并键入共享名，如图 4-11 所示。共享用户数量的设置在“用户数限制”处设置，要设置共享的权限，单击“权限”按钮，打开权限对话框，如图 4-12 所示。

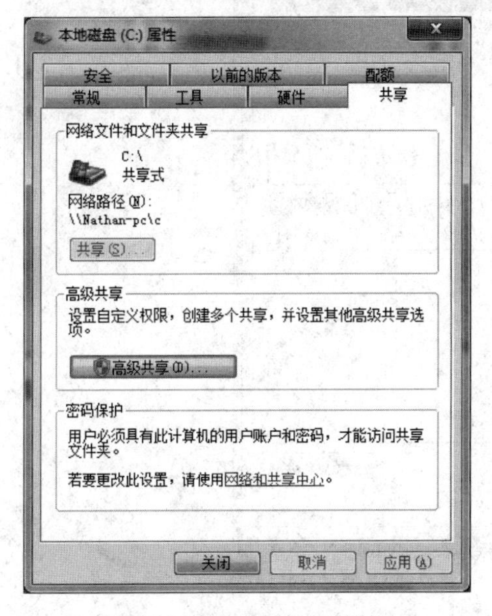

图 4-11　“磁盘属性”对话框

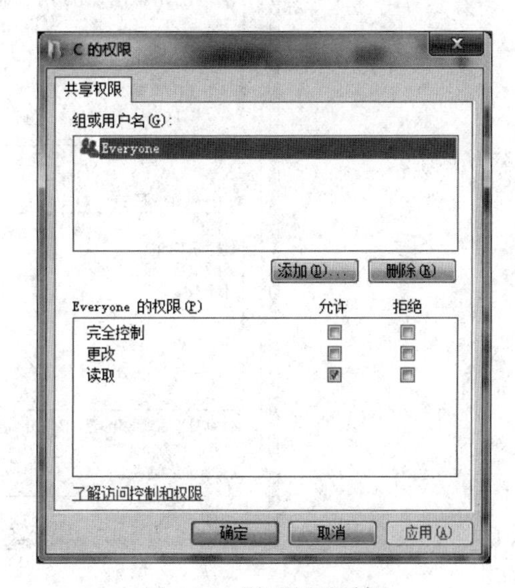

图 4-12　“权限”对话框

这里有三种权限：“完全控制”、“更改”和“读取”，如果你只希望其他的计算机读取该文件夹中的文件，而没有修改或删除的权限，应当选“读取”选项。如果你只允许别人修改你共享的文件，就应当选择“更改”；如果你允许在其他计算机上也能够像在自己的硬盘上那样随意修改和删除文件，就应当选择“完全控制”选项。

将文件夹设置为共享后，使用起来十分方便。在其他计算机桌面上的“网上邻居”或Windows资源管理器的“网上邻居”中，即可浏览到共享后的文件夹。然后，根据授予的权限，就像在本地硬盘一样读取、修改、删除或写入文件。

2. 打印共享

如果你的计算机上没有连打印机，要在从前，想要打印文件时总是得用软盘把文件复制出来，然后带到装有打印机的计算机上才能打印，这样既麻烦又不可靠。而联网以后，别人计算机上的打印机，在自己的计算机上就可以直接对它进行操作。

同文件和磁盘共享一样，共享打印机的第一步就是先到连接着打印机的那台计算机上，把打印机资源给“共享”出来。方法是：选择“开始”→“控制面板”→“设备和打印机”，鼠标右击选取打印机属性，弹出“打印机属性”对话框，在此对话框内选择“安全”选项卡，选择需要共享的用户，并设置相应的权限，如图4-13所示。

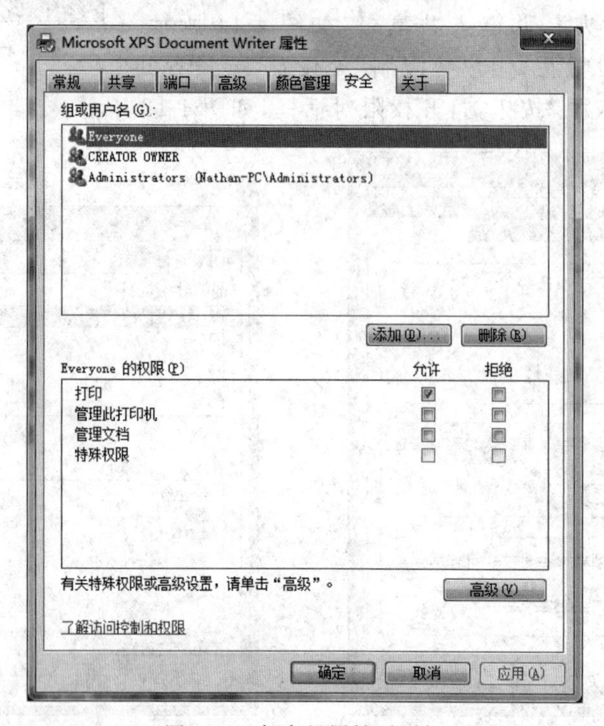

图4-13　打印机属性对话框

打印机设置为“共享”后，通过“网上”就能找到它。在网络中使用打印机的每一台计算机同样也需要安装打印驱动程序。具体的步骤与安装本地打印机大同小异，只是当出现对话框时选择“网络打印机”。网络打印机的使用没有什么特别值得注意的地方，因为它与使用本地打印机是完全一样的。

4.4　因特网

因特网(Internet)又称互联网,是一个全球性的信息系统,以 TCP/IP 协议(传输控制协议/网际协议)进行数据通信,把世界各地的计算机网络连接在一起,进行信息交换和资源共享。简而言之,Internet 是一种以 TCP/IP 为基础的、国际性的计算机互连网络,是世界上规模最大的计算机网络系统。我们一般称之为因特网或国际互联网。

4.4.1　Internet 发展概况

1. 因特网的发展历史

在 1950 年,通信研究者认识到需要允许在不同计算机用户和通信网络之间进行常规的通信。这促使了分散网络、排队论和封包交换的研究。1960 年美国国防部国防前沿研究项目署(ARPA)出于冷战考虑建立的 ARPA 网引发了技术进步并使其成为互联网发展的中心。1973 年 ARPA 网扩展成为互联网,第一批接入的有英国和挪威的计算机。

1974 年 ARPA 的鲍勃·凯恩和斯坦福的温登·泽夫提出 TCP/IP 协议,定义了在计算机网络之间传送报文的方法。1983 年 1 月 1 日,ARPA 网将其网络核心协议由 NCP 改变为 TCP/IP 协议。

1986 年,美国国家科学基金会(National Science Foundation,NSF)建立了大学之间互连的骨干网络 NSFnet,这是互联网历史上重要的一步。在 1994 年,NSFnet 转为商业运营。互联网中成功接入的比较重要的其他网络包括 Usenet、Bitnet 和多种商用 X.25 网络。

20 世纪 90 年代,整个网络向公众开放。1991 年 8 月,在蒂姆·伯纳斯-李(Tim Berners-Lee)在瑞士创立 HTML、HTTP 和欧洲粒子物理研究所(CERN)的最初几个网页之后的两年,他开始宣扬其万维网(World Wide Web)项目。1993 年,Mosaic 网页浏览器版本 1.0 被放出。1996 年,“Internet”(互联网)一词被广泛地流通,不过是指几乎整个的万维网。

其间,经过一个 10 年,互联网成功地容纳了原有的计算机网络中的大多数(尽管像 FidoNet 的一些网络仍然保持独立)。这一快速发展要归功于互联网没有中央控制,以及互联网协议非私有的特质,前者导致了互联网有机的生长,而后者则鼓励了厂家之间的兼容,并防止了某一个公司在互联网上称霸。

互联网的成功,可从“Internet”这个术语的混淆中窥知一二。最初,互联网代表那些使用 IP 协定架设而成的网络,而今天,它则被用来泛指各种类型的网络,不再局限于 IP 网络。一个互联网(internet,开头的“i”是小写字母)可以是任何分离的实体网络之集合,这些网络以一组通用的协定相连,形成逻辑上的单一网络。而另一个互联网(Internet,开头的“I”是大写字母)专指美国的前身为 ARPA 网、使用 IP 协定将各种实体网络联结成此单一逻辑网络。

2. 因特网在中国的发展

在大力发展自身数字通信网络的同时,我国也积极加入了全球互联的 Internet 的国际互联。虽然中国的 Internet 起步较晚,但自从 1994 年接入 Internet 后我国的网上市场也得到快速增长,并且形成了一定的网上市场规模,促进了我国经济的发展。Internet 也为国内企业提供了让世界了解自己产品、增加国际贸易的商机。截至目前,我国与 Internet 互连的四个主干网络如下:中国科学技术计算机网(CSTNET)、中国教育和科研计算机网(CERNET)、中国公用计算机互联网(CHINANET)、中国公用经济信息网通信网(GBNET),它们在中国的 Internet 中分别扮演不同领域的主要角色,为我国经济、文化、教育和科学的发展走向世界起着重要作用。

4.4.2 互联网技术

1. 接入技术

网络连接技术(Internet 接入技术)是用户与互联网间连接方式和结构的总称。任何需要使用互联网的计算机必须通过某种方式与互联网进行连接。互联网接入技术的发展非常迅速:带宽由最初的 14.4kbps 发展到目前的 10Mbps 甚至 100Mbps 带宽;接入方式也由过去单一的电话拨号方式,发展成现在多样的有线接入方式和无线接入方式;接入终端也开始朝移动设备发展,并且更新、更快的接入方式仍在继续地被研究和开发。

根据接入后数据传输速度的不同,Internet 的接入方式可分宽带接入和窄频接入。

常见的民用宽带接入有:

(1) ADSL(非对称数字专线)接入,接入带宽上行速率(最高 640kbps)和下行速率(最高 8Mbps)。

(2) 有线电视上网(通过有线电视网络)接入,接入带宽为 3~34Mbps。

(3) 光纤接入,接入带宽为 10~1 000Mbps。

(4) 无线(使用 IEEE 802.11 协议或使用 3G 技术)宽带接入,接入带宽为 1.5~540Mbps。

(5) 卫星宽带接入。

常见的民用窄频接入有:

(1) 电话拨号接入,接入带宽为 9 600~92kbps。

(2) 窄频 ISDN 接入,接入带宽为 64/128kbps。

(3) GPRS 手机上网,接入带宽最大为 53kbps。

(4) UMTS 手机上网,接入带宽为 384kbps。

(5) CDMA 手机上网,接入带宽为(2G)CDMAOne,150kbps。

2. 网络应用技术

网络应用技术在此指所有与网络应用相关的技术。随着互联网的不断发展、网络应用的多样化,以及硬件设施的飞速发展,网络应用技术也朝着更多样、更复杂的方向发展。

3. Web 技术

Web 技术是最常用的网络应用技术,它是用户向服务器提交请求并获得网页页面的技术总称。这一技术可以分为两个发展阶段,即俗称的 Web1.0 和 Web2.0。第一阶段多是属于一些静态应用,例如,获取 HTML 页面,或者与服务进行简单的交互,如用户登录、查询数据库、提交数据等(这些应用也被称为 Web1.5)。第二阶段更强调用户与网络服务器之间的互动性,甚至于网络应用程序。事实上,Web2.0 并不是一个技术标准,它可能使用已有的成熟技术,也可能使用最新的技术,但必须彰显互动概念。

4.4.3 互联网相关协议

有关互联网的协议可以分为以下三层。

1. 最底层的是 IP 协议

IP 协议是用于报文交换网络的一种面向数据的协议,这一协议定义了数据包在网际传送时的格式。目前使用最多的是 IPv4 版本,这一版本中用 32 位定义 IP 地址,尽管地址总数达到 43 亿,但是仍然不能满足现今全球网络飞速发展的需求,因此 IPv6 版本应运而生。在 IPv6 版本中,IP 地址共有 128 位,“几乎可以为地球上每一粒沙子分配一个 IPv6 地址”。IPv6 目前并没有普及,许多互联网服务提供商并不支持 IPv6 协议的连接。但是,可以预见,将来在 IPv6 的帮助下,任何家用电器都有可能连入互联网。

一般的 IP 地址由 4 组数字组成,每组数字介于 0~255,如某一台计算机的 IP 地址可为 202.206.65.115,但不能为 202.206.259.3。

(1) 域名地址。尽管 IP 地址能够唯一地标识网络上的计算机,但 IP 地址是数字型的,用户记忆这类数字十分不方便,于是人们又发明了另一套字符型的地址方案,即所谓的域名地址。IP 地址和域名是一一对应的,我们来看一个 IP 地址对应域名地址的例子,譬如,河北科技大学的 IP 地址是 202.206.64.33,对应域名地址为 http://www.hebust.edu.cn。这份域名地址的信息存放在一个叫域名服务器(domain name server,DNS)的主机内,使用者只需了解易记的域名地址,其对应转换工作就留给了域名服务器 DNS。DNS 就是提供 IP 地址和域名之间转换服务的服务器。

(2) 域名地址的意义。域名地址是从右至左来表述其意义的,最右边的部分为顶层域,最左边的则是这台主机的机器名称。一般域名地址可表示为:主机机器名.单位名.网络名.顶层域名。如 dns.hebust.edu.cn,这里的 dns 是河北科技大学一个主机的机器名,hebust 代表河北科技大学,edu 代表中国教育科研网,cn 代表中国。顶层域一般是网

络机构或所在国家地区的名称缩写。

域名由两种基本类型组成：以机构性质命名的域和以国家地区代码命名的域。常见的以机构性质命名的域，一般由三个字符组成，如表示商业机构的“com”，表示教育机构的“edu”等。以机构性质或类别命名的域如表4-1所示。

表4-1 以机构命名的域

域名	com	edu	gov	mil	net	int	org
含义	商业机构	教育机构	政府部门	军事机构	网络组织	国际机构	其他非营利性组织

以国家或地区代码命名的域，一般用两个字符表示，是为世界上每个国家和一些特殊的地区设置的，如中国内地为“cn”，中国香港为“hk”，日本为“jp”，美国为“us”等。但是，美国国内很少用“us”作为顶级域名，而一般都使用以机构性质或类别命名的域名。下面介绍了一些常见的国家或地区代码命名的域：ar 阿根廷；nl 荷兰；au 澳大利亚；nz 新西兰；at 奥地利；ni 尼加拉瓜；br 巴西；no 挪威；ca 加拿大；pk 巴基斯坦；co 哥伦比亚；pa 巴拿马；cr 哥斯达黎加；pe 秘鲁；cu 古巴；ph 菲律宾；dk 丹麦；pl 波兰；eg 埃及；pt 葡萄牙；fi 芬兰；pr 波多黎各；fr 法国；ru 俄罗斯；de 德国；sa 沙特阿拉伯；gr 希腊；sg 新加坡；gl 格陵兰；za 南非；hk 中国香港；es 西班牙；is 冰岛；se 瑞典；in 印度；ch 瑞士；ie 爱尔兰；th 泰国；il 以色列；tr 土耳其；it 意大利；gb 英国；jm 牙买加；us 美国；jp 日本；vn 越南；mx 墨西哥；tw 中国台湾；cn 中国内地。

(3) 统一资源定位器。具体介绍见4.5.5。

2. 上一层是 UDP 协议和 TCP 协议

UDP 协议和 TCP 协议用于控制数据流的传输。UDP 是一种不可靠的数据流传输协议，仅为网络层和应用层之间提供简单的接口。而 TCP 协议则具有高的可靠性，通过为数据报加入额外信息，并提供重发机制，它能够保证数据不丢包、没有冗余包以及保证数据报的顺序。对于一些需要高可靠性的应用，可以选择 TCP 协议；相反，对于性能优先考虑的应用如流媒体等，则可以选择 UDP 协议。

3. 最顶层的是一些应用层协议

这些协议定义了一些用于通用应用的数据报结构，其中包括：

(1) DNS——域名服务；

(2) FTP——服务使用的是文件传输协议；

(3) HTTP——所有的 Web 页面服务都是使用超级文本传输协议；

(4) POP3——邮局协议；

(5) SMTP——简单邮件传输协议；

(6) Telnet——远程登录等。

4.4.4　TCP/IP 协议

TCP/IP(transmission control protocol/Internet protocol)是传输控制协议/互联网络协议，这种协议使得不同厂牌、不同规格的计算机系统可以在互联网上正确地传递信息。TCP/IP 协议是 Internet 最基本的协议，它们不只是 TCP 协议和 IP 两个协议，它们实质上是两个协议集。使用 TCP/IP 协议，可向因特网上所有其他主机发送 IP 数据报。TCP/IP 有如下特点：

(1) 开放的协议标准，可以免费使用，并且独立于特定的计算机硬件与操作系统。

(2) 独立于特定的网络硬件，可以运行于局域网、广域网，更适用于互联网中。

(3) 统一的网络地址分配方案，使得整个 TCP/IP 设备在网中都拥有唯一的地址。

(4) 标准化的高层协议，可以提供多种可靠的用户服务。

与 OSI 参考模型相比，TCP/IP 参考模型更为简单，只有 4 层，即网络接口层、互联网层、传输层和应用层。TCP/IP 与 OSI 层次结构的对照关系如图 4-14 所示，各层的功能如下。

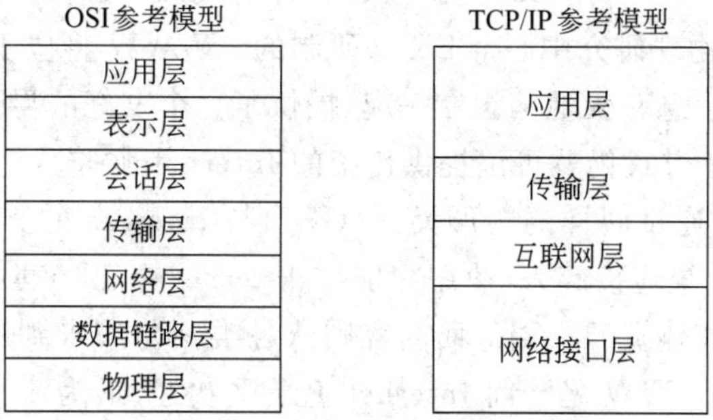

OSI参考模型	TCP/IP参考模型
应用层	应用层
表示层	
会话层	
传输层	传输层
网络层	互联网层
数据链路层	网络接口层
物理层	

图 4-14　TCP/IP 与 OSI 层次结构模型的对照

1. 网络接口层

网络接口层位于 TCP/IP 协议的最底层，它包括所有使得主机与网络可以通信的协议。TCP/IP 参考模型没有为这一层定义具体的接入协议，以适应各种网络类型。它的主要功能是为通信提供物理连接，屏蔽了物理传输介质的差异，在发送方将来自互联网层的分组透明地转换成在物理传输介质上传送的比特流，在接收方将来自物理传输介质的比特流透明地转换成分组。

2. 互联网层

互联网层所执行的主要功能是处理来自传输层的分组，将分组形成数据包(IP 数据包)，并为数据包进行路径选择，最终将数据包从源主机发送到目的主机。在此层中，最常用的协议是网际协议 IP，其他一些协议用来协助 IP 的操作。

3. 传输层

传输层的主要任务是提供应用程序的通信，提供了可靠的传输服务。传输层定义了两个主要的协议 TCP 和用户数据报协议 UDP。TCP 协议被用来在一个不可靠的网络中为应用程序提供可靠的端点间的字节流服务。UDP 协议是一种简单的面向数据报的传输协议，它提供的是无连接的、不可靠的数据报服务。

4. 应用层

应用层是 TCP/IP 协议的最高层，该层定义了大量的应用协议，常用的有提供远程登录的 TELNET 协议、超文本传输的 HTTP 协议、提供域名服务的 DNS 协议、提供邮件传输的 SMTP 协议等。

4.4.5 Internet 提供的服务

1. 主要的信息服务

1) WWW 服务

WWW 的含义是 World Wide Web，是一个基于超文本方式的信息查询服务。WWW 是由欧洲粒子物理研究中心(CERN)研制的。WWW 将位于全世界 Internet 网上不同网址的相关数据信息有机地编织在一起，提供了一个友好的界面，大大方便了人们的信息浏览，而且 WWW 方式仍然可以提供传统的 Internet 服务。它不仅提供图形界面的快速信息查找，还可以通过同样的图形界面(GUI)与 Internet 的其他服务器对接。它把 Internet 上现有资源统统连接起来，使用户能在 Internet 上已经建立了 WWW 服务器的所有站点提供超文本媒体资源文档。而内容则从各类招聘广告到电子版圣经，可以说是包罗万象、无所不有。WWW 是当前 Internet 上最受欢迎、最为流行、最新的信息检索服务系统。

2) 文件传输服务

文件传输服务(file transfer protocol，FTP)解决了远程传输文件的问题，Internet 网上的两台计算机在地理位置上无论相距多远，只要两台计算机都加入互联网并且都支持 FTP 协议，它们之间就可以进行文件传送。只要两者都支持 FTP 协议，网上的用户既可以把服务器上的文件传输到自己的计算机上(即下载)，也可以把自己计算机上的信息发送到远程服务器上(即上传)。

FTP 实质上是一种实时的联机服务。与远程登录不同的是，用户只能进行与文件搜索和文件传送等有关的操作。用户登录到目的服务器上就可以在服务器目录中寻找所需文件，FTP 几乎可以传送任何类型的文件，如文本文件、二进制文件、图像文件、声音文件等。匿名 FTP 是最重要的 Internet 服务之一。匿名登录不需要输入用户名和密码，许多匿名 FTP 服务器上都有免费的软件、电子杂志、技术文档及科学数据等供人们使用。

3）电子邮件服务(E-mail)

电子邮件(electronic mail)亦称E-mail，是Internet上使用最广泛和最受欢迎的服务，它是网络用户之间进行快速、简便、可靠且低成本联络的现代通信手段。

电子邮件使网络用户能够发送和接收文字、图像和语音等多种形式的信息。使用电子邮件的前提是拥有自己的电子信箱，即E-Mail地址，实际上就是在邮件服务器上建立一个用于存储邮件的磁盘空间。使用电子邮件服务的前提是：拥有自己的电子信箱，一般又称为电子邮件地址(E-Mail address)。电子信箱是提供电子邮件服务的机构为用户建立的，实际上是该机构在与Internet联网的计算机上为用户分配的一个专门用于存放往来邮件的磁盘存储区域，这个区域是由电子邮件系统管理的。自动读取、分析该邮件中的命令，若无错误则将检索结果通过邮件方式发给用户。

2. Internet的其他服务

1）远程登录服务Telnet

远程登录(remote-login)是Internet提供的最基本的信息服务之一，它是指允许一个地点的用户与另一个地点的计算机上运行的应用程序进行交互对话；是指远距离操纵别的机器，实现自己的需要。Telnet协议是TCP/IP通信协议中的终端机协议。Telnet使用户能够从与网络连接的一台主机进入Internet上的任何计算机系统，只要用户是该系统的注册用户，就能像使用自己的计算机一样使用该计算机系统。在远程计算机上登录，必须事先成为该计算机系统的合法用户并拥有相应的账号和口令。登录成功后，用户便可以实时使用该系统对外开放的功能和资源。Telnet是一个强有力的资源共享工具，许多大学图书馆都通过Telnet对外提供联机检索服务，一些政府部门、研究机构也将它们的数据库对外开放，使用户能通过Telnet进行查询。例如，共享它的软硬件资源和数据库，使用其提供的Internet的信息服务，如E-mail、FTP、Archie、Gopher、WWW、WAIS等。

2）信息讨论和公布服务

由于Internet上有许许多多的用户，其成为人们相互联系、交换信息和发表观点以及发布信息的场所。如电子公告板系统(BBS)、网络新闻(Usenet)、对话(TALK)等，往往是为那些对共同主题感兴趣的人们相互讨论、交换信息的场所。

3）电子公告板系统(BBS)

BBS(bulletin boards system)是Internet上的电子公告板系统，实质上是Internet上一个信息资源服务系统。提供BBS服务的站点叫BBS站，BBS通常是由某个单位或个人提供的。Internet上的电子公告栏相对独立，不同的BBS站点的服务内容差别很大，用户可以根据它提供的菜单，浏览信息、收发电子邮件、提出问题、发表意见和网上交谈。根据建立网站的目的和对象的不同可以建立各种BBS网站，它们彼此之间没有特别的联系，但有些BBS之间相互交换信息。

4）网络新闻(Usenet)

网络新闻(network news)通常又称作 Usenet,它是具有共同爱好的 Internet 用户相互交换意见的一种无形的用户交流网络,它相当于一个全球范围的电子公告牌系统。

网络新闻是按不同的专题组织的。参与者以电子邮件的形式提交个人的意见和建议,只要用户的计算机运行一种称为"新闻阅读器"的软件,就可以通过 Internet 随时阅读新闻服务器提供的各类消息,并可以将其建议提供给新闻服务器,以便作为一条消息发送出去。值得注意的是,这里所谓的"新闻"并不是通常意义上的大众传播媒体提供的各种新闻,而是在网络上开展的对各种问题的研究、讨论和交流。如果你想向 Internet 上素不相识的专家请教,那么网络新闻则是最好的选择途径。

4.5 浏览器

浏览器是一种用于搜索、查找、查看和管理网络上信息的带图形交互界面的应用软件。浏览器软件很多,常用的有 Microsoft 公司的 Internet Explorer 浏览器(又称 IE)和 Netscape 公司开发的 Netscape Communicator。本书介绍 Internet Explorer 浏览器。

4.5.1 万维网(WWW)

WWW 是因特网的典型应用,用户可以用 Web 浏览器在网上实现对它的访问,在其上存放着由 HTML 语言制作的各种信息资源文件(网页)。它的工作模式是客户/服务器模式。

4.5.2 网页(Web Page)

它是浏览 WWW 资源的基本单位。WWW 通过超文本传输协议向用户提供多媒体信息,所提供的信息的基本单位就是网页。网页的内容可以包含普通文字、图形、图像、声音、动画等多媒体信息,还可以包含指向其他网页的链接。

4.5.3 主页(Home Page)

WWW 是通过相关信息的指针链接起来的信息网络,由提供信息服务的 Web 服务器组成。在 Web 系统中,这些服务信息以超文本文档的形式存储在 Web 服务器上。每个 Web 服务器上的第一个页面叫做主页。通过主页上的提示标题(链接)可以转到主页之下各个层次的其他各个页面,如果用户从主页开始浏览,就可以完整地获取这一服务器所提供的全部信息。

4.5.4　超文本传输协议(HTTP)

超文本传输协议(hypertext transfer protocol,HTTP)是 WWW 服务程序所用的网络传输协议。FTTP 协议是一组面向对象的协议,为了保证 WWW 客户机与 WWW 服务器之间通信不会产生歧义,HTTP 精确定义了请求报文和响应报文的格式。

4.5.5　统一资源定位器(URL)

统一资源定位器(uniform resource locator,URL),可被看成是 Internet 上某一资源的地址。通常 URL 包括两个部分：协议名和资源名。资源名又可由主机名、文件路径名、端口号和页内参照几个部分组成。

如 http://www.myweb.com:80/sample.html#top,其中,http 为协议名,其他可用的协议名还有 FTP、Gopher、Telnet 等。URL 中"http:"之后的部分为资源名,资源名用来指定资源在所处机器上的位置,包含路径和文件名等信息。该例的资源名包括以下几部分：

(1) 主机名(www.myweb.com)。即资源所在的主机的名字,也可是 IP 地址。

(2) 端口号(80)。指出连接到主机的哪个端口,Web 服务缺省为 80。

(3) 文件路径名(sample.html)。指出要访问文件的路径名。

(4) 页内参照(#top)。用来标识 Web 页中的某一指定位置(可选项)。

(5) 文件的 URL。用 URL 表示文件时,服务器方式用 file 表示,后面要有主机 IP 地址、文件的存取路径(即目录)和文件名等信息。

4.6　互联网安全

经过多年的发展,互联网已经在社会的各个层面为全人类提供便利。电子邮件、即时消息、视频会议、网络日志(blog)、网上购物等已经成为越来越多人的一种生活方式;而基于 B2B、B2C 等平台的电子商务,跨越洲际的商务会谈以及电子政务等为商业与政府办公创造了更加安全、更加快捷的环境。但是互联网带来的不全是正面的影响,垃圾邮件、网络蠕虫、恶意代码、恶意程序等也影响着人们的正常生活。

1. 病毒

互联网给病毒传播提供了非常快速迅捷的通道,计算机感染病毒,病毒的破坏能力也因为网络的四通八达大大加强。最近几年,特别是进入 21 世纪,微软公司视窗操作系统和浏览器 Internet Explorer 的安全漏洞,已经使全球多家公司蒙受巨额经济损失和上亿台计算机丢失数据。计算机病毒比 20 世纪更具有伪装性和更具有感染能力,而且从被动传播向主动进攻转化。它们甚至具有了部分人工智能,可以判断目标计算机是否已经被

感染，是否有防病毒监控程序，甚至可以主动终止这些监控进程。

2. 恶意代码

恶意代码是嵌入到网页的脚本，一般使用 JavaScript 编写，受影响的也是微软视窗系统的 Internet Explorer 浏览器。它们在未经浏览者同意的情况下自动打开广告，开启新页面，严重影响浏览者的正常访问。除此之外，它们还通过系统调用修改浏览器的默认主页，修改注册表，添加系统启动程序，设置监视进程等。普通用户对这些代码基本束手无策，极端的办法是重新安装系统。

3. 恶意程序

恶意程序是从恶意代码发展出来的一种基于插件技术的计算机程序，不同的是它们可能根本不需要可执行文件，只需要若干的动态链接库文件（文件后缀是 dll）就可以借助 Windows 系统正常工作。

这类程序可能是用户无意识安装到系统中的，也可能是自动被安装的。它被安装到系统中，随操作系统启动。这类程序一般除了工作进程还会有守护进程，如果发现主进程被删除或者重命名，守护进程会自动生成一份新的拷贝，所以很难卸载，即使表面上卸载掉了，下一次系统启动时还会重新出现。

恶意程序从表现上看不算是病毒，因为它并没有破坏性，不会危机系统，只是出于商业目的，属于商业行为。但是它严重影响了计算机用户的使用，而且如果编写不当很容易导致系统运行变慢、性能下降，甚至给黑客留下后门。所以，大部分软件把它们当成病毒处理。

4.6.1 网络安全的策略

为保证网络的安全，可采取以下策略：

(1) 物理安全策略。其目的是为了保护计算机系统、网络服务器、打印机等硬件实体和通信链路免受自然灾害、人为破坏和搭线攻击；验证用户的身份和使用权限，防止用户越权操作；确保计算机系统有一个良好的电磁兼容工作环境；建立完备的安全管理制度，防止非法进入计算机控制室和各种偷窃、破坏活动的发生。

(2) 抑制和防止电磁泄漏（即 TEMPEST 技术）。这是物理安全策略的一个主要问题。目前主要防护措施有两类。一类是对传导发射的防护，主要采取对电源线和信号线加装性能良好的滤波器，减小传输阻抗和导线间的交叉耦合。另一类是对辐射的防护，这类防护措施又可分为两种，一是采用各种电磁屏蔽措施，如对设备的金属屏蔽和各种接插件的屏蔽，同时对机房的下水管、暖气管和金属门窗进行屏蔽和隔离；二是干扰的防护措施，即在计算机系统工作的同时，利用干扰装置产生一种与计算机系统辐射相关的伪噪声向空间辐射来掩盖计算机系统的工作频率和信息特征。

(3) 访问控制策略。这是网络安全防范和保护的主要策略，它的主要任务是保证网络资源不被非法使用和非常访问。它是保证网络安全最重要的核心策略之一，是维护网络系统安全、保护网络资源的重要手段。

(4) 信息加密策略。信息加密的目的是保护网内的数据、文件、口令和控制信息，保护网上传输的数据。网络加密常用的方法有链路加密、端点加密和结点加密三种。链路加密的目的是保护网络结点之间的链路信息安全；端点加密的目的是为源端用户到目的端用户的数据提供保护；结点加密的目的是为源结点到目的结点之间的传输链路提供保护。

(5) 网络安全管理策略。除了采用上述技术措施之外，加强网络的安全管理，制定有关规章制度，对于确保网络的安全、可靠地运行，将起到十分有效的作用。网络的安全管理策略包括：确定安全管理等级和安全管理范围；制定有关网络操作使用规程和人员出入机房管理制度；制定网络系统的维护制度和应急措施等。

4.6.2　网络封锁

网络封锁是指个别政府或者机构出于政治或者经济的原因，通过技术手段限制对某些网站或者服务的访问。

例如，在一个公司里，为了防止员工在上班时间访问网站或使用如腾讯 QQ、Windows Live Messenger 等软件进行聊天而导致劳动效率大幅度下降，公司的网络管理员通常会使用硬件防火墙封闭来自目标服务器的 80 端口服务或仅封锁部分网络协议(如 UDP)，这样几乎所有的 Web 服务都会瘫痪或部分网络聊天工具不能被正常连线，公司的员工就不能在上班时间访问 Web 页面或仅可以访问 Web 页面但不能使用聊天软件。这样做一方面降低了公司互联网接入的流量，另一方面可以让员工安心工作。

在某些国家，如中国政府、沙特阿拉伯政府认为有些消息不能散布到大众中，所以它们通过技术手段封锁国外一些站点的地址或者通过域名服务设置，使这些网站的域名得不到正确解析而返回错误信息，或者通过大型的核心交换设备过滤流经的信息。主要技术和形式有端口封锁、DNS 域名劫持、关键字报文过滤、流量监控、访问策略。

1. 主要对策

主要对策有代理服务器(借助国外主机转发数据)、数据加密(借助加密软件)、使用安全连接(VPN 或者 HTTPS)、分布式访问。

2. 网络内容审查

网络内容审查是一种对网络承载的内容进行审查，并对部分内容进行过滤、删除、关闭等的行为。内容审查通常伴随对相关人员与组织的行政处理。网络内容审查主要针对危害国家安全、侵犯版权与个人隐私、通过网络进行违法活动以及对不道德行

为进行宣传和教唆等行为。许多国家都有相关立法,并且在政府设有相关部门对其进行监控和管理。在中国,公安部门、国安部门及新闻宣传等部门联合承担相关行政权责,并辅之以防火墙等技术手段对网络活动进行严密监控。然而,对网络内容的审查在一定程度上限制了言论的自由,在何种程度上、采取何种手段进行网络内容审查一直是一个有争议的话题。

4.7 网络文化

4.7.1 互联网普及率

据 Internetworldstats.com 公司调查显示,截至 2009 年底,互联网普及率最高的国家为冰岛(90%)、第二位至第五位分别是挪威(86%)、芬兰(83%)、荷兰(82.9%)和瑞典(80.7%)。图 4-15 为 2009 年 12 月统计的互联网用户分布情况。

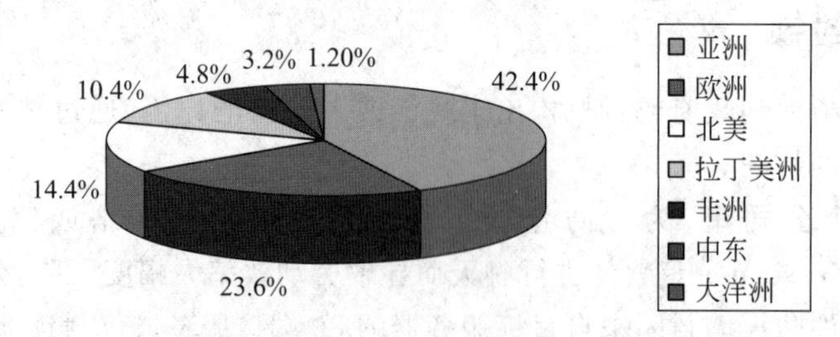

图 4-15　2009 年 12 月统计的互联网用户分布情况

中国互联网络信息中心(CNNIC)于 2010 年 1 月 15 日发布了《第 25 次中国互联网络发展状况统计报告》,根据该报告,截至 2009 年 12 月底,中国上网人数达到 3.84 亿人,较 2008 年增长 28.9%,宽带上网人数为 3.46 亿人(占总上网人数的 92%),只使用手机上网人数有 3 072 万(占总上网人数的 8%)。在总人口中的比重从 22.6%提升到 28.9%,互联网普及率在稳步上升。

虽然普及率持续提升,但是相比发达国家,中国的互联网普及率还较低。截至 2009 年 12 月,美国、日本和韩国互联网普及率分别达到 74.1%、75.5%和 77.3%,我国网络使用的差距还很大。与此同时,中国网民规模增速在逐步放缓,从 2008 年的 41.9%下降到 2009 年的 28.9%。这主要是由于:从信息和技术传播的一般模式看,存在随时间延续而产生的“衰减效应”,即网络技术、信息及观念等在群体之间扩散传播的过程中,其能量不断消耗,速度逐渐降低,互联网使用在地区和人群间传播也存在这样的“衰减效应”。那些网络的易接触群体在过去的网络普及中已经基本都进入网络生活范畴,而未使用互联网的人群是网络渗透门槛较高的人群,针对这个人群的网络普及需要有强诱因刺激。

4.7.2　网络文化

网络文化是指在网络上发展出来的特有文化及行为。

因网络发展而产生的新行为如下：

(1) 浏览网站。

(2) 即时通信(instant message,IM),是指能将信息立刻传到另一方的技术。

(3) 黑客(hacker),是指以找寻网站上的安全防护漏洞为乐的人。

(4) 怪客(cracker),是指以破坏或瘫痪网站为乐的人。

(5) 快闪族,是指利用在网络上张贴消息而使一群人在特定时间在特定地点作出特定的动作的人,大多数的快闪活动没有实质上的意义。

(6) 网络游戏农夫,是指以出售线上游戏中的特定物品(金币、特殊物品)来赚钱的人。

(7) 原有的行为转由网络作为媒介。

(8) 由使用传统邮件转成使用电子邮件。

(9) 由在杂志发表文章转成利用网络发表文章,例如,网络作家。

(10) 由笔友转成网络交友。

(11) 由电话性交转成网络性交。

(12) 由一般的计算机游戏转成线上游戏。

(13) 由邮购及直销转成网络购物。

(14) 因网络应用而产生的新用字行为有：

- 注音文,是指为了快速打字而发展出来的特殊用字习惯,常以注音符号的子音部分来代替本字。此文体流行于中国台湾的网络论坛、网络聊天室及电子布告栏上。
- 颜文字,是指利用文字组成图形来表达心情等。常见例子有 XD、:)、orz。
- 火星文,是指主要以注音文及英文字母的发音来代替中文字以达到特殊的阅读效果,但这通常会造成阅读上的困难。此文体亦流行于中国台湾的网络论坛、聊天室、BBS 等处。
- 缩写,是指以英文为母语的网络使用者常利用字母来代表一段文字,以节省打字时间。例如,BTW=by the way,FYI=for your information。

第5章 文字处理

本章关键词

文字处理(word processing)

本章要点

本章主要介绍了使用 Word 2007 进行文字处理的方法和技巧。

重点掌握:文字处理、文档结构、对象类型、公式编辑器。

5.1 Office 2007 简介

Office 2007 是微软最新的 Office 系列软件,其不仅在功能上得到了优化,而且安全性和稳定性也得到了巩固。在 Office 2007 全新的工作界面中,用户可以很容易地找到所需命令,使操作变得更加简单。

5.1.1 常用组件简介

Office 2007 由多个功能组件组成,其中常用组件有 Word 2007、Excel 2007、PowerPoint 2007、Access 2007 和 Outlook 2007。下面将分别介绍这些组件的特点和应用领域。

1. Word 2007

Word 2007 是微软 Office 2007 软件中的重要组件之一,是微软公司推出的一款优秀的文字处理软件,具有强大的文字处理功能,主要用于日常办公和文字处理,可以帮助用户更迅速、更轻松地创建精美的文档。Word 2007 的工作界面如图 5-1 所示。

2. Excel 2007

Excel 2007 是微软最新推出的电子表格处理软件,具有强大的电子表格处理功能,是专业化的电子表格处理工具。使用 Excel 2007 可以对表格中的数据进行处理和分析,如公式计算、函数计算、数据排序和数据汇总以及根据现有数据生成图表等,主要用于数据统计、数据分析和财务管理等领域。Excel 2007 的工作界面如图 5-2 所示。

图 5-1　Word 2007

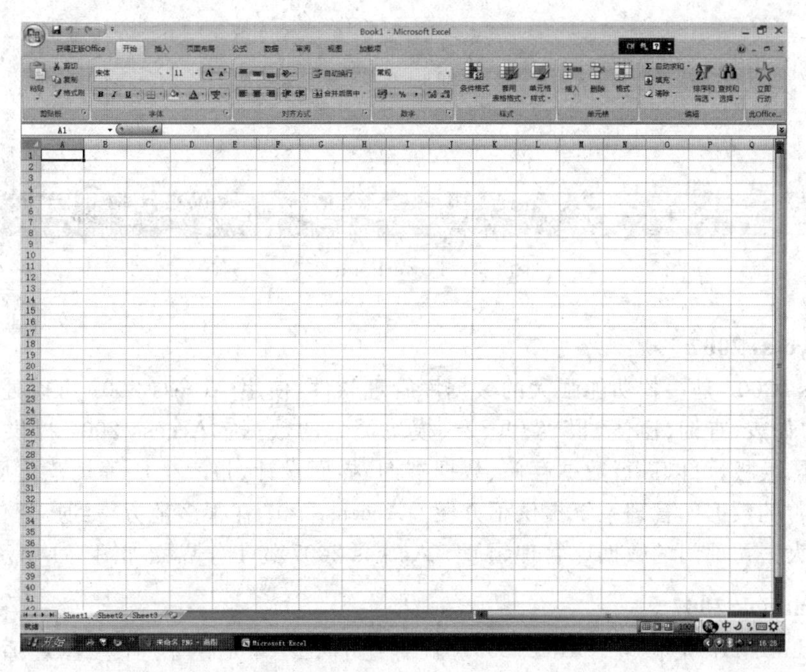

图 5-2　Excel 2007

3. PowerPoint 2007

PowerPoint 2007 是专业的幻灯片制作软件，能够制作出集文字、图形、图像、声音以及视频剪辑等多媒体元素于一体的演示文稿，将所要表达的信息组织在一组图文并茂的画面中，主要用于设计制作专家报告、教师讲义、产品演示、广告宣传等演示文稿。制作的演示文稿可以在投影仪或者计算机上进行演示，也可以将演示文稿打印出来，制作成胶片，以便应用到更广泛的领域中。PowerPoint 2007 的工作界面如图 5-3 所示。

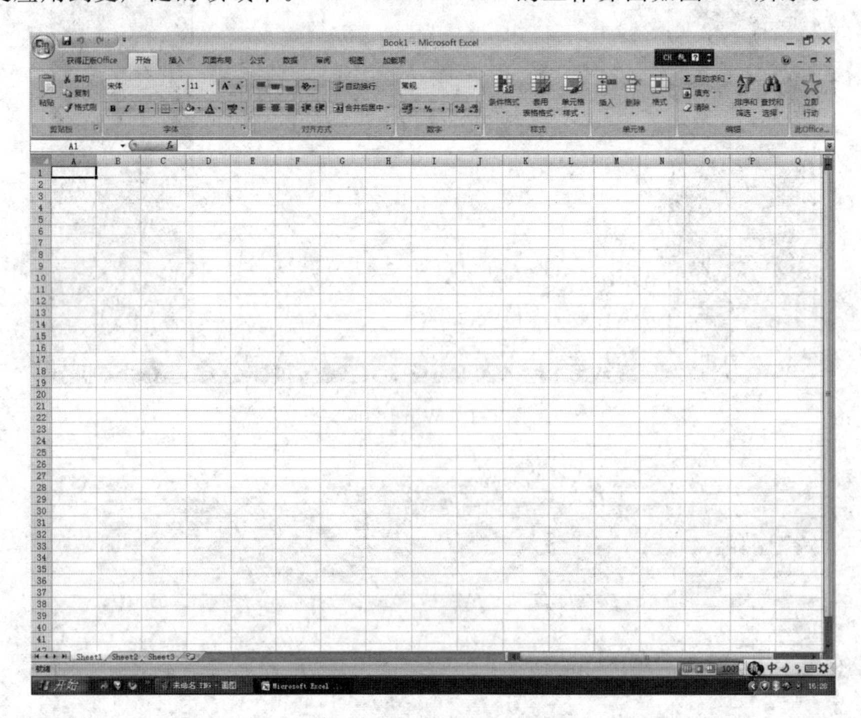

图 5-3　PowerPoint 2007

4. Access 2007

Access 2007 是一款功能强大的数据库管理软件，使用 Access 2007 可以处理多种数据库对象，如表、查询、窗体、报表、页、宏、模块类型的数据。Access 2007 提供了多种向导、生成器、模板，可以进行数据存储、数据查询、界面设计、报表生成等规范化操作，为建立功能完善的数据库管理系统提供了方便。Access 2007 在很多地方得到广泛使用，如小型企业和大公司部门的数据库管理领域。Access 2007 的工作界面如图 5-4 所示。

5. Outlook 2007

Outlook 2007 是微软 Office 2007 软件组件之一，是一款信息管理系统软件。Outlook 2007 具有收发电子邮件、管理联系人信息、记日记、安排日程、分配任务等功能，

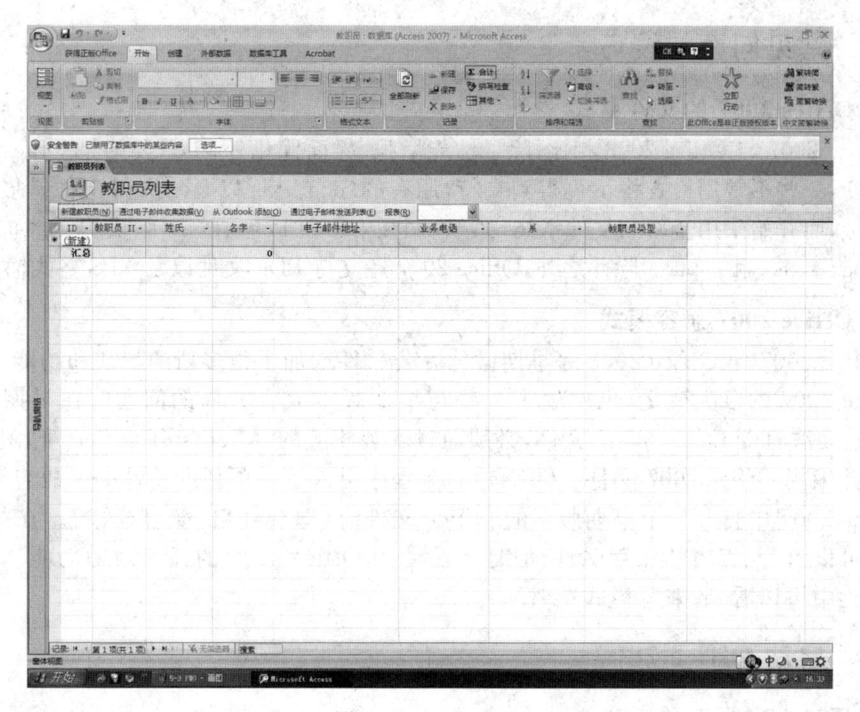

图 5-4　Acess 2007

可以更好地管理时间与信息。

5.1.2　Office 2007 运行环境

在使用 Office 2007 之前应先将 Office 2007 安装到计算机中，安装 Office 2007 对计算机的硬件设备和软件环境都有一定的要求，具体配置要求如表 5-1 所示。

表 5-1　安装 Office 2007 的配置要求

硬件设备或软件环境	安装要求
操作系统	Microsoft Windows XP Service Pack(SP)2 或更高的 Microsoft Windows Server 2003 或更高
CPU 和内存	CPU 至少 500MHz 或更高，内存最小要求 256MB，装有一个 DVD 驱动器
硬盘空间	必须要有 2GB 用于安装
显示卡及显示器	分辨率要求 800×600、1 024×768 或更高
网络	要求宽带连接且速度最低为 128kbit/s 或更高
IE 浏览器	Internet Explorer 6.0 或更高

5.1.3 常见问题与技巧

1. Office 2007 的文件格式

Office 2007 与 Office 2003 相比，除了性能增强、界面优化外，最重要的是 Office 文件格式的改变，一些不常用格式将不再得到支持，原有的. doc、. xls 以及. ppt 等文件扩展名将被逐渐淘汰，而开始采用全新的文件格式，如 Word、Excel 和 PowerPoint 默认的文件扩展名分别为. docx、. xlsx 和. pptx。除此之外，Office 2007 还支持 PDF 文件以及 XPS 格式输出。

2. Office 2007 兼容模式

Office 2007 比 Office 2003 等早期微软办公软件增加了很多新的特征和功能，但是由于 Office 2007 的巨大变化，也发生了一些与早期版本兼容方面的问题。在早期版本的 Office 中无法打开 Office 2007 文件，必须通过安装相应的“Microsoft Office 兼容包”才可以打开并编辑 Office 2007 文件。Office 2007 程序引入了一项新的特性——兼容模式，当在 Office 2007 中打开一个早期版本的 Office 文件时，即会开启“兼容模式”。在“兼容模式”下，可以打开、编辑和保存文件，但是无法使用 Office 2007 的任何新增功能。在窗口的标题栏中可以看到“兼容模式”字样。

5.1.4 启动 Office 2007

1. 通过“开始”菜单启动

在 Windows 7 系统桌面上，单击“开始”按钮，选择“所有程序”→“Microsoft Office”命令即可启动 Word 2007 程序，如图 5-5 所示。

2. 通过文档启动

在 Windows 7 系统桌面上，单击“开始”按钮，选择“文档”命令，在弹出的子菜单中单击准备打开的文档，即可启动 Office 2007，并打开该文档。

3. 通过文件图标启动

打开保存文档的文件夹，双击准备打开的文档，即可启动 Office 2007 并打开文件，如图 5-6 所示。

5.1.5 退出 Office 2007

当不再使用 Office 2007 时，需要关闭该程序，以释放其占有的系统资源。下面以 Word 2007 为例，介绍退出 Office 2007 程序的具体方法。

1. 通过“关闭”按钮退出

在 Office 2007 工作窗口中，单击标题栏右侧的“关闭”按钮，即可退出 Word 2007 程序。

2. 通过菜单命令退出

在 Office 2007 工作窗口中，单击“Office”按钮，在弹出的文件菜单中单击按钮，即可

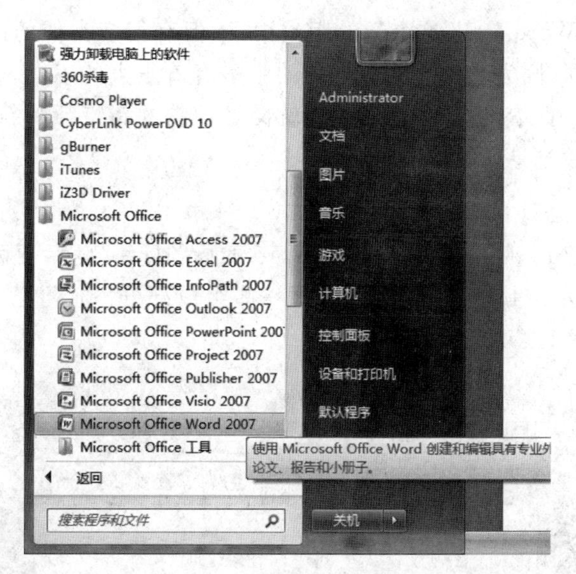

图 5-5　启动 Office 2007

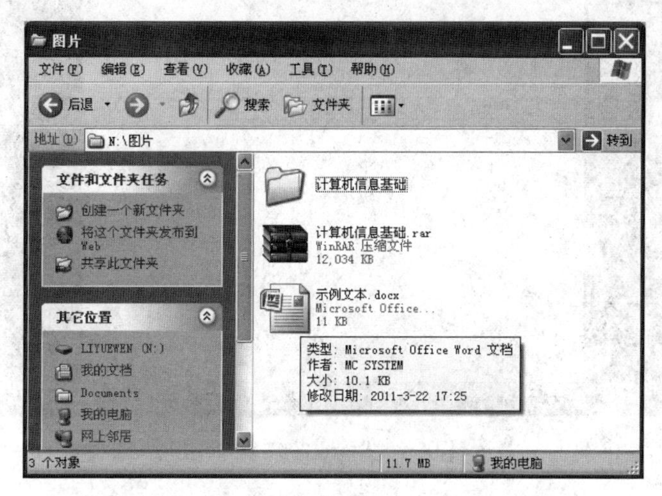

图 5-6　通过图标启动 Office 2007

退出 Word 2007 程序。

5.2　Word 2007 文字处理

Word 2007 是一个功能强大的程序，从学术论文到家庭实时通信，它都能满足用户所有文字处理的需要。但是，如果使用过 Word 早期版本的话，你就会觉得 2007 版似乎看

起来有点陌生。在 Word 2007 这个新的版本中，不但有很多类似的内容，而且还有很多从未出现过的新东西，因为它的界面与早期的版本有着很大的不同。要掌握它需要下一番工夫才行，但是，一旦掌握了 Word 2007，就会发现它的新特征和新界面使其在性能和实用性方面将明显胜过早期的版本。

1. Word 2007 窗口

启动 Word 2007 时，用户首先会看到 Word 的标题屏幕，随后便可以进入 Word 的工作环境，如图 5-7 所示。其中，主要包括以下一些组成部分：标题栏、菜单栏、工具栏、标尺、任务窗格、编辑区、滚动条和状态栏等。

图 5-7　Word 2007 窗口

2. 文档视图

Word 提供了不同的视图方式，用户可以根据自己的不同需要选择最适合自己的视图方式来显示文档。比如，用户可以使用普通视图来输入、编辑和排版文本，使用页面视图来观看与打印效果相同的页，使用大纲视图来查看文档结构。下面就来具体学习一些常用的视图方式。

(1) 普通视图。这是最常用的视图方式之一，可以完成大多数的文本输入和编辑工作，不涉及页眉、页脚、页号以及页边距等格式，不能显示图文的内容以及分栏效果等。要

切换为普通视图方式，可以执行"视图"→"普通视图"菜单命令。

(2) Web 版式视图。Web 版式视图用来创建 Web 页，它能够模仿 Web 浏览器来显示文档。在 Web 版式视图方式下，用户可以看到给 Web 文档添加的背景，文本将自动适应窗口的大小。要切换到 Web 版式视图方式，可以执行"视图"→"Web 版式"菜单命令。

(3) 页面视图。页面视图可以查看与实际打印效果相同的文档，如果滚动到页的正文之外，就可以看到如页眉、页脚以及页边距等项目。与普通视图不同的是，页面视图还可以显示出分栏、环绕固定位置对象的文字。要切换到页面视图方式，可以执行"视图"→"页面"菜单命令。在页面视图中，不再以虚线表示分页，而是直接显示页边距，如图 5-8 所示。

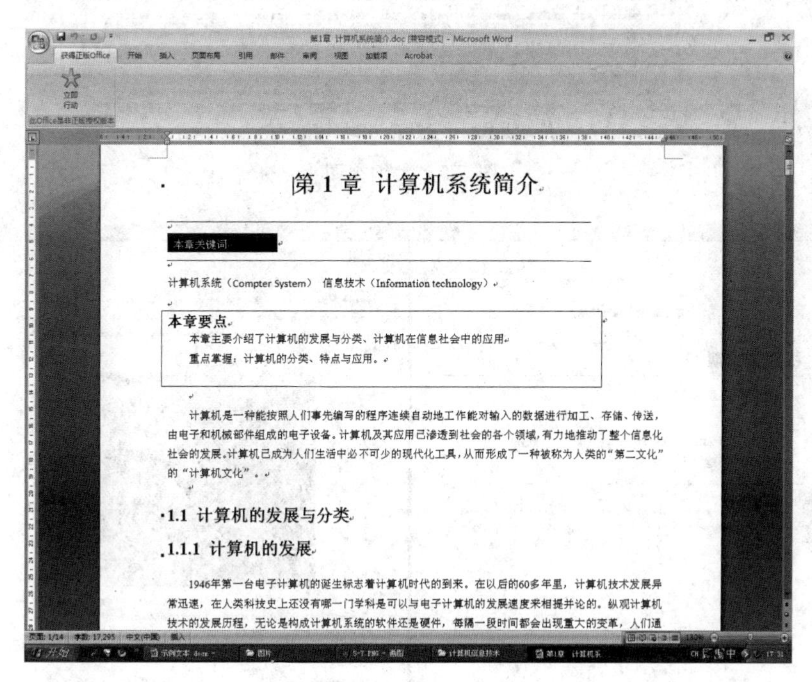

图 5-8 页面视图

(4) 大纲视图。用户在大纲视图中可以折叠文档，只查看标题，或者展开文档，这样就可以更好地查看整个文档的内容，而且移动、复制文字和重组文档都比较方便。要切换到大纲视图方式，用户可以执行"视图"→"大纲"菜单命令，如图 5-9 所示。

(5) 阅读版式视图。阅读版式视图是 Word 2007 新增加的功能，是为了方便用户在 Word 中进行文档的阅览而设计的。要切换到阅读版式视图方式，可以执行"视图"→"阅读版式"菜单命令或单击窗口左下角的第 5 个按钮，如图 5-10 所示。

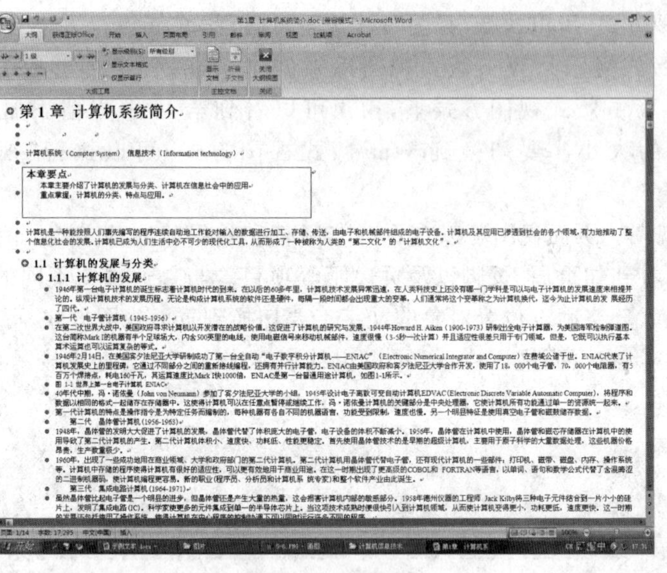

图 5-9　大纲视图

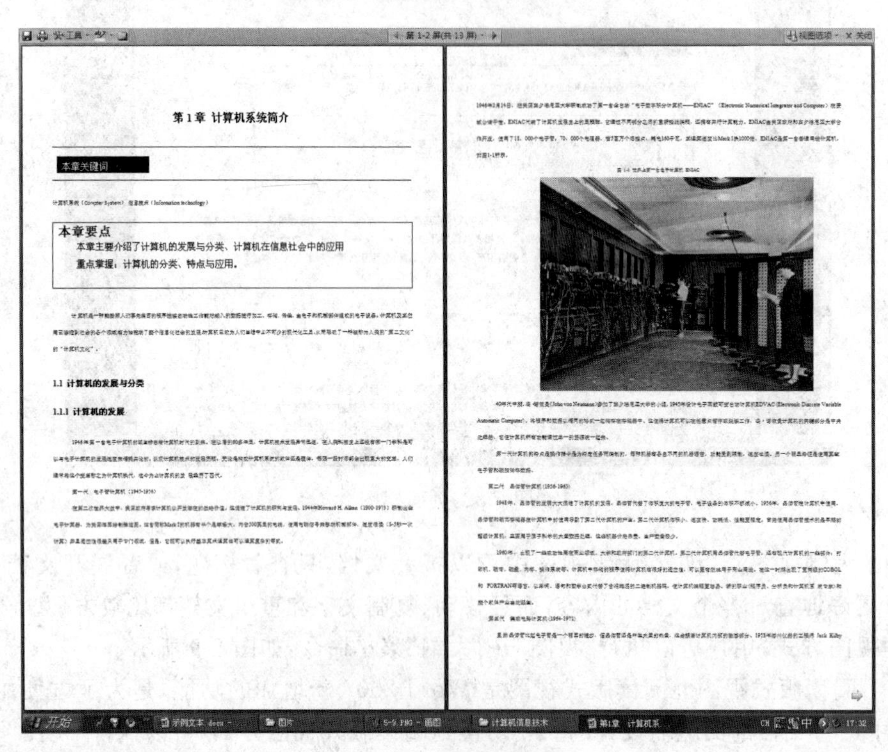

图 5-10　阅读版式视图

5.3 文档管理

进入 Word 工作窗口后，首先要做的事情是文档管理，包括创建文档、打开文档和保存文档。下面将详细介绍文档的具体操作。

5.3.1 创建文档

在 Word 2007 中可建立多种类型的文档，如空白文档、网页文档、电子邮件文档、XML 文档以及从现有文档创建新的文档等。

1. 创建空白文档

要建立新的空白文档，可以单击 Office 按钮中的“新建空白文档”按钮，系统会自动建立一个基于 Normal 模板的空白文档；Word 2007 在建立的第一个文档标题栏中显示“文档 1”，以后建立的其他文档的序号名称依次递增，如“文档 2”、“文档 3”等。

2. 使用模板创建文档

当用户对 Word 2007 的功能不了解，不会编辑、排版或不熟悉一些特殊公文的格式时，就可以利用 Word 2007 提供的丰富的文档模板来创建相应的文档。Word 2007 提供了上百种常用的文档模板，几乎涵盖了所有的公文样式，如报告、出版物、信函与传真、英文信件等。要使用模板创建文档，执行“Office 按钮”→“新建”菜单命令，在右边的“新建文档”任务窗格中单击“已安装的模板”图标，打开如图 5-11 所示的“模板“对话框，在列表框中选取要创建文档的类型，在右边的预览框中可以预览到该文档的外观，然后单击“创建”按钮即可用模板创建文档，或进入向导界面按照提示创建文档。

3. 根据现有文档创建新文档

可将选择的文档以副本方式在一个新的文档中打开，这时用户就可以在新的文档(即文档的副本)中操作，而不会影响到原有的文档。操作方法为：执行“Office 按钮”→“新建”菜单命令，打开“新建文档”任务窗格，在“新建”选项组中选择“根据现有内容创建”选项，这时将弹出如图 5-12 所示的“根据现有内容创建”对话框，在其中选择要创建文档副本的文档，单击“创建”按钮即可。

5.3.2 打开文档

在进行文字处理等操作时，往往难以一次完成全部工作，而是需要对已建立的文档进行补充或修改，这就要将存储在磁盘上的文档调入 Word 工作窗口，也就是打开文档。操作方法为：执行“Office 按钮”→“打开”菜单命令，弹出“打开”对话框。选择所要打开的文档后，单击“打开”按钮即可。

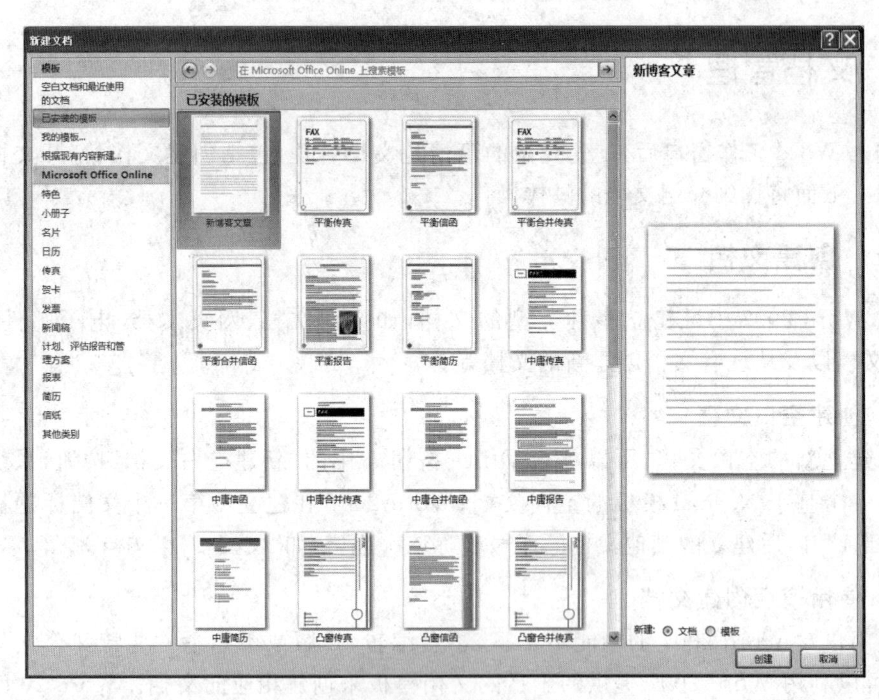

图 5-11 “模板”对话框

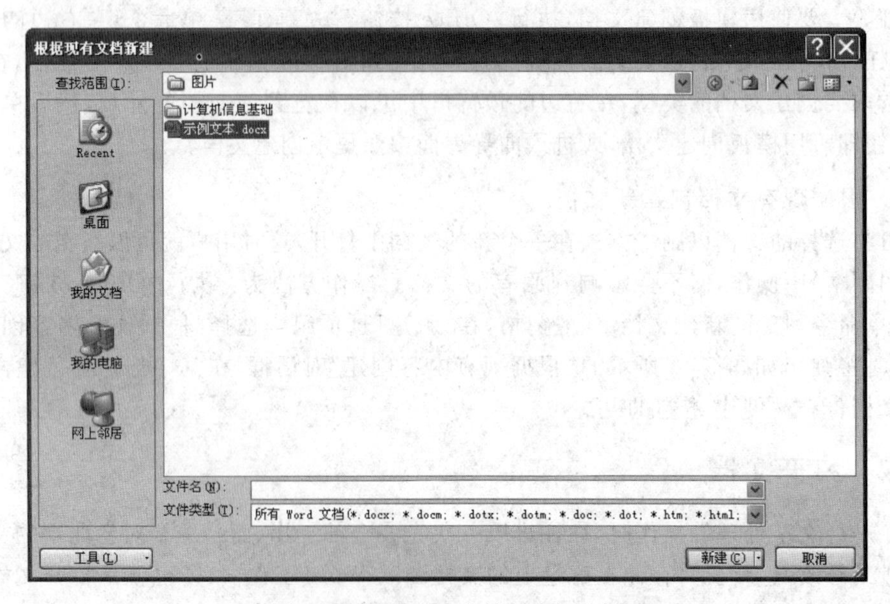

图 5-12 根据现有文档创建新文档

5.3.3　保存文档

保存文档也就是把用户正在编辑或编辑完毕的文档保存到硬盘或者软盘上，保证数据不会丢失，以便下次再用。在 Word 2007 中可以随时保存当前的活动文档、所有打开的文档以及其他文件格式的文档。

Word 虽然在建立新文档时赋予了它“文档 1”的名称，但是没有为它分配在磁盘上的文件名，因此，在要保存新文档时，需要给新文档指定一个文件名。

保存新建文档的具体步骤为：执行“Office 按钮”→“保存”菜单命令，也可以单击“常用”工具栏中的“保存”按钮，打开“另存为”对话框。指定保存路径和文件名后，单击“保存”按钮即可。

5.4　编辑文档

在 Word 中创建一个文档后，就会对文档进行插入、删除、移动、复制、替换等编辑操作，这些基本操作都要遵守“先选定，后执行”的原则。

5.4.1　插入文本和选定文本

1. 插入文本

启动 Word，创建或打开一个文档后，就要进行文字的输入和编辑修改。

(1) 插入点。在窗口的编辑区中，时刻闪烁着一个竖条(I)光标，称为插入点，表示新文字或对象的插入位置。定位了插入点的位置后，就可以输入文本了。在要插入文本处单击，插入点就定位到该处。另外，也可以使用光标移动键将光标移到插入点。如果文本内容过长不能同屏显示，可使用 PgUp 键和 PgDn 键进行翻页，然后再用光标移动键定位插入点。表 5-2 列出了可以快速移到插入点的一些常用组合键。

表 5-2　快速移到插入点的常用组合键

组合键	功　能	组合键	功　能
←	把插入点左移一个字符或汉字	Ctrl+←	把插入点左移一个单词
→	把插入点右移一个字符或汉字	Ctrl+→	把插入点右移一个单词
↑	把插入点上移一行	PgUp	把插入点上移一屏
↓	把插入点下移一行	PgDn	把插入点下移一屏
Home	把插入点移到行的最前面	Ctrl+Home	把插入点移到文章的开始
End	把插入点移到行的最后面	Ctrl+End	把插入点移到文章的末尾
Ctrl+↑	把插入点移到当前段的开始	Ctrl+PgUp	把插入点移到上一页的第一个字符
Ctrl+↓	把插入点移到下一段的开始	Ctrl+PgDn	把插入点移到下一页的第一个字符

(2) 定位插入点。执行 Ctrl+F 操作,打开"查找和替换"对话框,然后单击"定位"标签,可将插入点移到一些特殊的位置。如图 5-13 所示,单击"定位"按钮,屏幕显示第 8 页的内容,插入位于第 8 页的第一个字符。单击"关闭"按钮关闭"查找和替换"对话框。

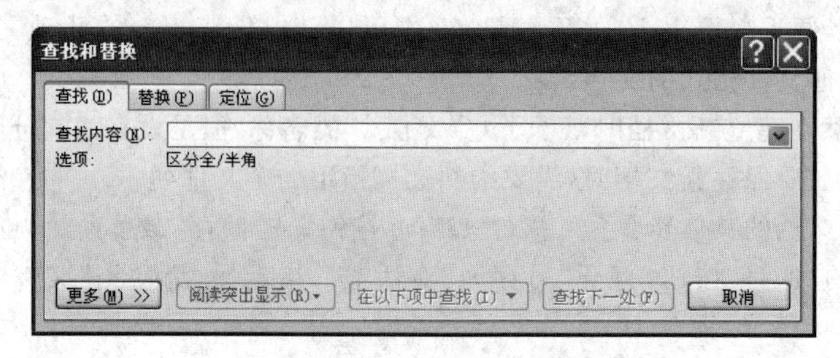

图 5-13 "查找和替换"对话框

2. 选定文本

选定文本是编辑文本的前提,一般情况下,Word 2007 显示的是白底黑字,而被选中的文本则是黑底白字,很容易与未被选中的文本区分开来。

选定文本可以利用鼠标或键盘来进行。常用的文本选定操作方法有以下几种:

(1) 首先将光标放到要选定文本的前面,按住鼠标左键不放,水平拖动光标到要选定文本的末端,松开鼠标左键,选定的文本会以黑色显示。

(2) 将插入点移到需选定文本的起始位置,按住 Shift 键不放,再将插入点移到需选定文本的结尾,松开 Shift 键,所选中的文本反白显示,表示文本区域已被选定。

(3) 选定一块文本后,按住 Ctrl 键不放,再选定下一个文本块,这样可以选取多个不连续的文本块。

5.4.2 复制、移动和删除文本

在编辑文档时,剪切、复制和粘贴是最常用的编辑操作,它们可以在同一文档中移动或复制文本,也可以在 Office 系列办公软件的文档间复制重复的内容,这样可以提高文档编辑效率。剪切是把被选定的文本内容复制到剪贴板上,同时删除被选定的文本;而复制则是把被选定的文本内容复制到剪贴板上的同时,仍保留原来的被选定文本。

复制文本与移动文本都能通过鼠标操作或执行菜单命令两种方法来实现。

1. 复制文本

复制文本是指将所选定的文本做一个备份,然后在一个或多个位置复制出来,但原始文本并不改变。复制文本有以下几种方法:

(1) 选定要复制的文本,按住 Ctrl 键不放,同时拖动选定的文本,拖到目标位置后,松开鼠标即可。

(2) 选定要复制的文本，按住 Ctrl+C 组合键完成复制操作，将光标移到目标位置，按 Ctrl+V 组合键完成粘贴操作。

(3) 选定要复制的文本，单击工具栏上的按钮完成复制操作，将光标移到目标位置，单击工具栏上的"粘贴"按钮完成粘贴操作。

2. 移动文本

移动文本与复制文本的操作相似，只是移动文本时将选定的文本移到另外一个位置，从始至终只有一个被移动的内容。移动文本有以下几种方法：

(1) 选定要移动的文本，在选定的文本处按住鼠标左键不放，同时拖动鼠标，鼠标指针变成形状，拖到目标位置后，松开鼠标即可。

(2) 选定要移动的文本，执行"编辑"→"剪切"菜单命令，此时已将选定的文本内容剪切到剪贴板上。将光标移到目标位置，执行"粘贴"菜单命令，即移动了文本的位置。

(3) 选定要移动的文本，按 Ctrl+X 组合键完成剪切操作，将光标移到目标位置，按 Ctrl+V 组合键，完成粘贴操作。

(4) 选定要移动的文本，单击工具栏上的按钮完成剪切操作，将光标移到目标位置，单击工具栏上的"粘贴"按钮完成粘贴操作。

3. 删除文本

用 Backspace 键和 Delete 键可逐个删除光标前和后的字符。但如果要删除大量的文字，则可以先选定要删除的文本，利用以下几种方法进行删除：

(1) 选择"编辑"菜单中的"剪切"命令。

(2) 选择"编辑"菜单中的"清除"命令。

(3) 按 Backspace 键或 Delete 键。

直接输入新的内容取代选定的文本。

5.4.3 查找和替换文本

在编辑文档的过程中，通常要用某一文本内容替换另一文本，Word 提供了快速查找与替换的功能。

点击工具栏右侧的"查找"或"替换"按钮，如图 5-14 所示，利用该对话框可以查找文字、指定格式和段落标记、图形等待定项。

设置方法如下：

(1) 查找文字。在"查找和替换"对话框中的"查找内容"文本框中输入要查找的文字，然后单击"查找下一处"按钮。

(2) 查找文字格式。在"查找和替换"对话框中的"查找内容"文本框中输入要查找的文字，然后单击"高级"按钮，在扩展的对话框(图 5-15)中单击"格式"按钮，弹出一个格式

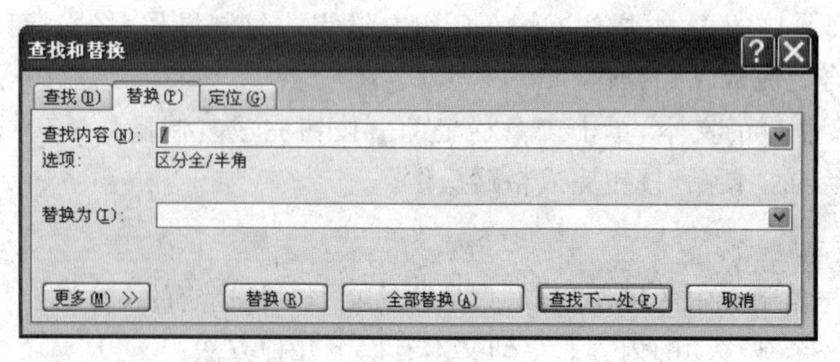

图 5-14 “查找和替换”对话框

项目列表,用户可以选择某一格式项目,在相应的对话框中设定查找文本的格式,如黑体、加粗、行距为 2 倍行距等。

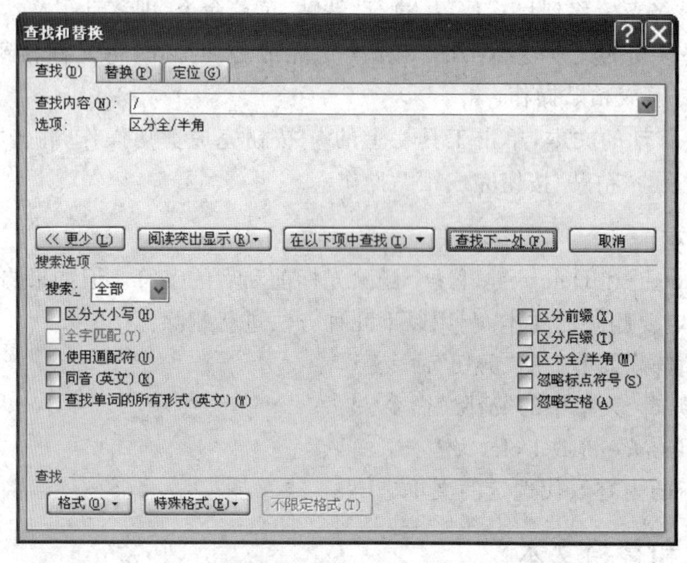

图 5-15 “查找”选项卡

(3) 查找特殊字符。在“查找和替换”对话框中的“查找内容”文本框中输入要查找的文字,然后单击“高级”按钮,在扩展的对话框中单击“特殊字符”按钮,从弹出的列表中选择要查找的特殊字符。

在“搜索”下拉列表框中提供了三种选择:向下、向上和全部。设置完成后,单击“查找下一处”按钮,光标将移动到文档中第一个符合条件处,以后每单击一次该按钮,光标就移到下一个符合条件处,直到查找完毕。如果文档中没有符合条件的搜索项,系统将给出提示信息。

要替换查找到的文字、文字格式或特殊字符,需要在“查找和替换”对话框中单击“替

换"标签,如图5-16所示,用户可以在"查找内容"文本框中输入将要被替换的内容,在"替换为"文本框中输入要替换的新内容,单击"替换"按钮,将替换第一个查找到的内容;单击"全部替换"按钮,则替换查找到的全部内容。

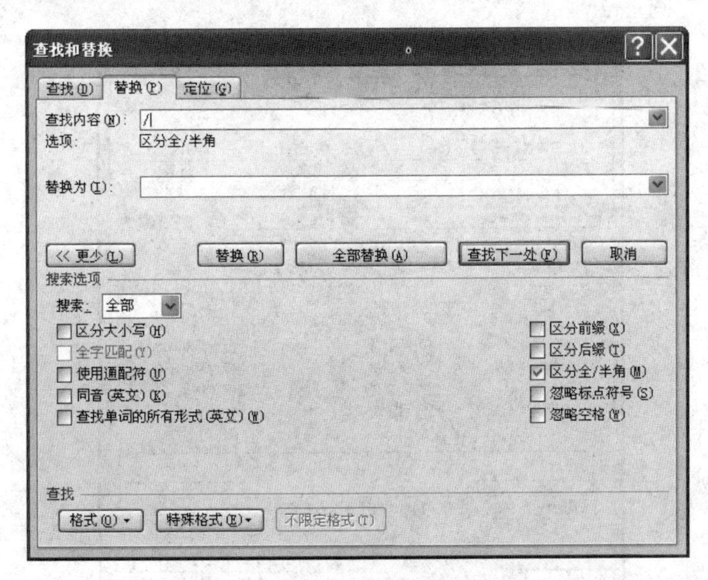

图5-16 "替换"选项卡

5.5 文字格式

文档编辑完成以后,还要对文档中的文字进行格式设置,以使文档更加美观实用。

5.5.1 字体、字号、字形和字体颜色

字体、字号、字形和字体颜色的设置可通过工具栏按钮或"字体"对话框来完成。

1. 使用工具栏按钮

选定要设置的文本,单击"开始"字体功能区上的相应按钮(图5-17),被选中的文本的字体、字号、字形和字体的颜色就会随之发生相应的变化。

图5-17 "格式"工具栏

2. 使用字体对话框

(1) 选定要设置的文本,鼠标右键单击,选择“字体”,弹出如图 5-18 所示的“字体”对话框。

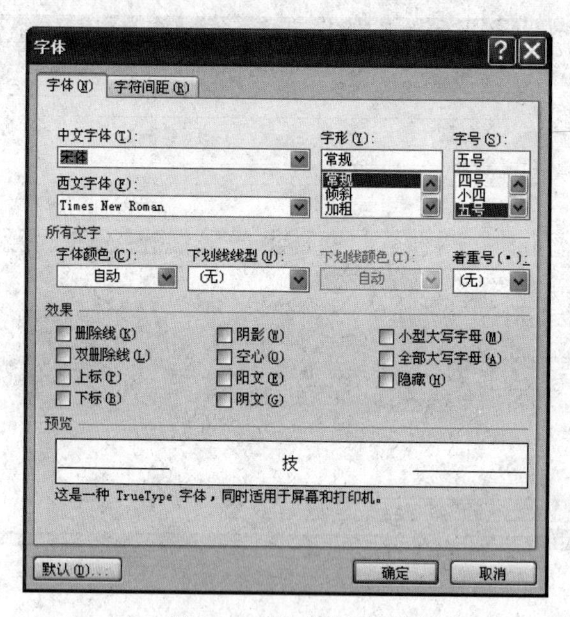

图 5-18 “字体”对话框

(2) 在“中文字体”、“字形”、“字号”列表框中选取相应的选项,在“下划线线型”列表框中选取一种线型,在“字体颜色”列表框中选择字体的颜色。

(3) 单击“确定”按钮,完成对选定文本的字体、字号、字形和字体颜色的设置。

5.5.2 间距和位置

在“字体”对话框中单击“字符间距”标签,如图 5-19 所示,即可对文字之间的间距和位置进行设置。

(1) 间距。间距用来调整字符之间的距离。在其下拉列表框中有“标准”、“加宽”和“紧缩”三种选项。当选择了“加宽”或“紧缩”选项后,可在右边的“磅值”文本框中输入一个数值,对字符间距进行精确的调整。

(2) 缩放。在“缩放”下拉列表框中可以输入一个比例值来设置字符缩放的比例。

(3) 位置。设置文字出现在基准线上或其上、下位置,有“标准”、“提升”和“降低”三种选项。如果需要,可在右边的“磅值”文本框中输入数字进行精确的调整,如图 5-19 所示。

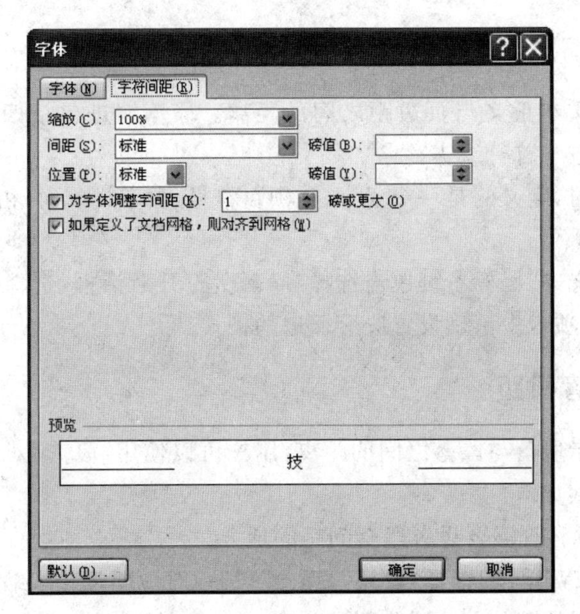

图 5-19　“字符间距”选项卡

5.6　段落格式

文档的格式设置中不仅要设置文字格式，还要对段落进行编排，为文档添加边框、底纹等。下面具体介绍段落格式的设置。

5.6.1　段落的对齐

段落对齐是指段落边缘的对齐方式。在 Word 2007 中，段落的对齐方式有以下几种：①两端对齐，将所选段落的每一行两端(行末除外)对齐；②居中对齐，使所选的文本居中排列；③右对齐，使所选的文本右边对齐，左边不对齐；④分散对齐，通过调整空格，使所选段落的各行等宽。

段落对齐设置可通过工具栏上的对齐方式工具按钮来实现，具体操作步骤如下：将光标定位在需要设置段落对齐格式的位置，单击“格式”工具栏上的“对齐方式”按钮，即可设置相应的对齐方式。

设置两端对齐、右对齐、居中对齐和分散对齐四种对齐方式中，分散对齐的对齐方式是针对页面边缘的。当工具栏上某一对齐方式按钮呈按下的状态时，表示目前的段落编辑状态是相应的对齐方式。

5.6.2 段落的缩进

段落缩进是指文本正文与页边距之间的距离。段落缩进包括四种缩进方式：左缩进、右缩进、悬挂缩进和首行缩进。

创建悬挂缩进时，定义的是一个元素（如项目符号、数字或单词）相对于文本第一行左侧的偏移量。

选定要设置的文本，鼠标右键单击选择“段落”，打开对话框，选择“缩进和间距”选项卡，用户可以在该选项卡中精确设置段落缩进的格式。

5.6.3 设置段落间距

段落的间距是指段落与段落之间的距离，用户可以使用“段落”对话框来设置段落的间距。具体操作步骤如下：

(1) 首先将光标移至需要设置段落间距的地方。

(2) 执行鼠标右键单击，选择“段落”，弹出“段落”对话框，选择“缩进和间距”选项卡，在该选项卡中可以对段落的间距进行设置。

5.6.4 设置段落的边框和底纹

1. 添加边框

给某些文本添加边框的具体操作步骤如下：

(1) 选定需要添加边框的文本。

(2) 执行“开始”功能区上的“边框与底纹”按钮，弹出“边框与底纹”对话框，再单击“边框”标签，如图 5-20 所示。

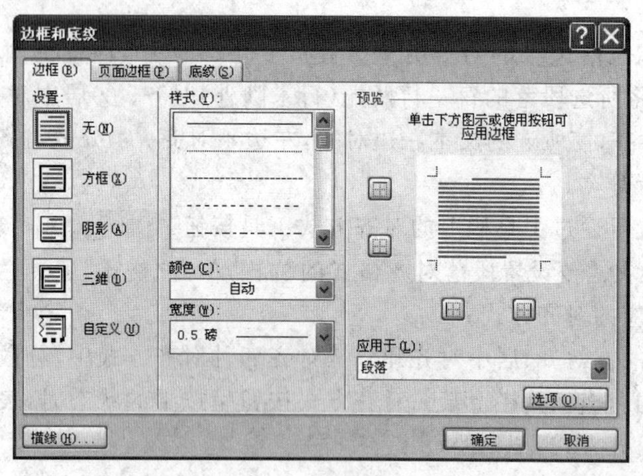

图 5-20 “边框”选项卡

(3) 在该选项卡中设置完边框类型、边框线型、边框颜色、边框宽度、应用范围等属性后，单击“确定”按钮即可。

2. 添加底纹

添加底纹的具体操作步骤如下：

(1) 在图 5-20 中单击“底纹”标签，如图 5-21 所示。

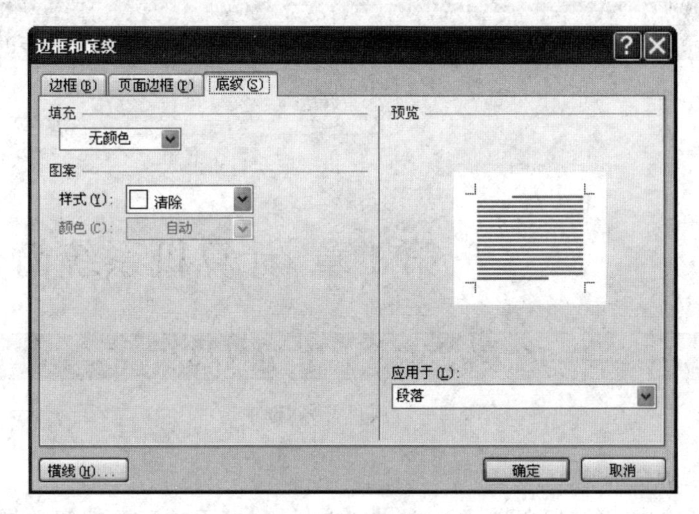

图 5-21　“底纹”选项卡

(2) 在“填充”和“图案”选项组选择用户需要的底纹样式，单击“确定”按钮即可完成添加底纹的操作。

5.6.5　项目符号与编号

Word 2007 提供了自动项目和自动编号功能，项目的编号将实现自动化，而不必手工编号。用户可以首先创建项目符号，然后输入项目；也可以首先输入文字内容，然后再为这些文字标上项目符号。Word 2007 提供的自动编号功能，在输入文字的过程中将自动把一些格式转换成项目符号。

1. 创建项目符号

在“开始”功能区的“段落”分组中单击“项目符号”下拉三角按钮。在“项目符号”下拉列表中选中合适的项目符号即可，如图 5-22 所示。

2. 添加项目符号

为原有段落添加项目符号的具体操作步骤如下：

(1) 将光标设置在要添加项目符号的段落中。如果有多个段落需要添加项目符号，

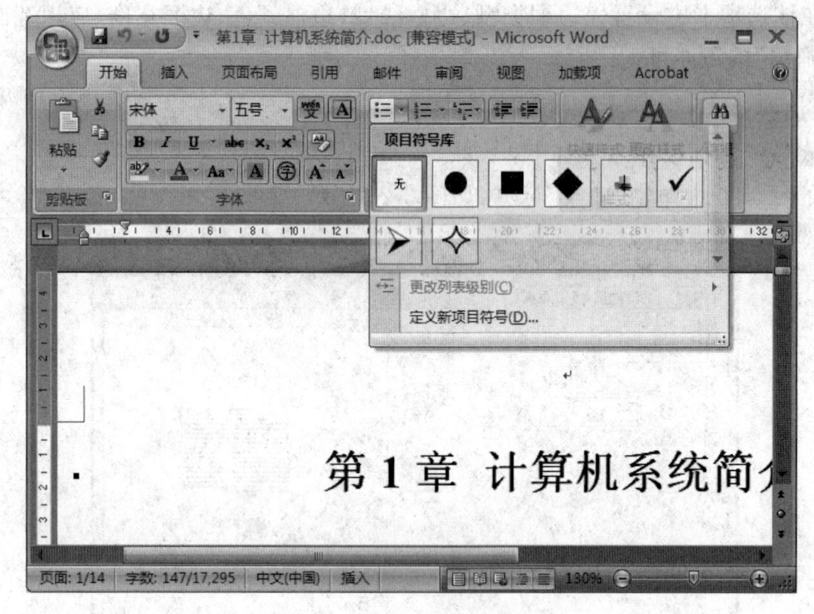

图 5-22 “项目符号”选项卡

则需要将这些段落全部选中。

(2) “开始”功能区的“段落”分组中单击“项目符号”下拉三角按钮选择“定义新项目符号”。

5.7 表格处理

在文档中经常会使用表格，Word 2007 提供的表格功能可以方便地在文档中进行插入表格、编辑表格等操作。

5.7.1 表格的创建

1. 利用“插入表格”按钮

创建表格的最简单、快速的方法就是使用“常用”工具栏中的“插入表格”按钮，它不能设置自动套用格式和设置列宽，而是需要在创建后重新调整。使用“插入表格”按钮创建规则表格的操作步骤如下：

(1) 打开文档，把插入点移动到要插入表格的位置。

(2) 单击“插入”功能区中的“表格”按钮，此时屏幕上会出现一个网格。

(3) 按住鼠标左键沿网格左上角向右拖动指定表格的列数，向下拖动指定表格的行数，例如，绘制 8 行 10 列的表格，松开鼠标左键，就会看到在插入点处绘制了一个 8 行

10 列的表格，如图 5-23 所示。

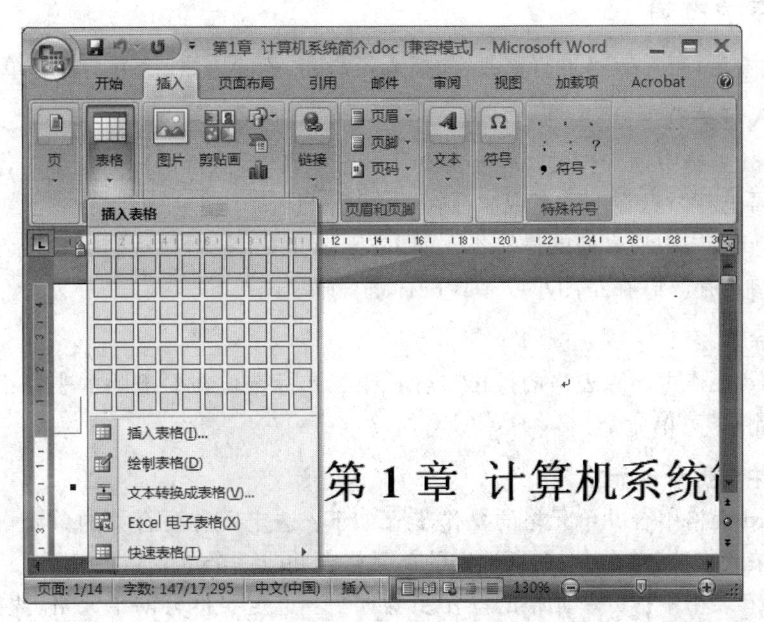

图 5-23　在文档中创建 8 列 10 行的表格

2. 利用"插入表格"命令

在创建表格时，如果用户还需要指定表格中的列宽，那么就要利用"表格"菜单中的"插入表格"命令。具体操作步骤如下：

(1) 打开文档，把插入点移动到要插入表格的位置。

(2) 执行"插入"功能区，"表格"→"插入表格"菜单命令，弹出"插入表格"对话框，如图 5-24 所示。

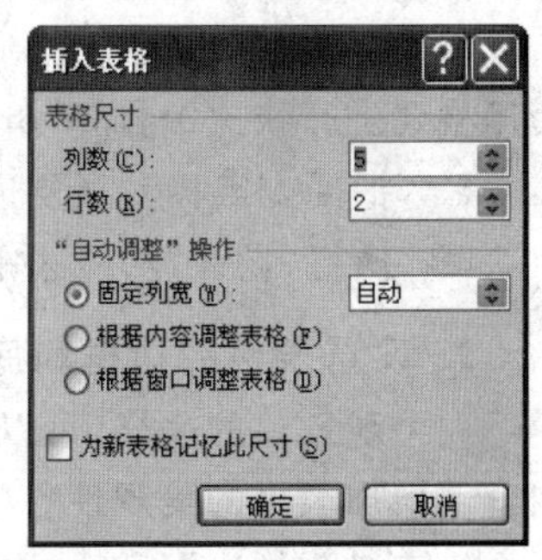

图 5-24　"插入表格"对话框

(3) 在"列数"列表框中选择或输入表格的列数值，在"行数"列表框中选择或输入行数值。在"'自动调整'操作"中可以选择操作内容：选中"固定列宽"单选按钮，可以在数值框中输入或选择列的宽度，也可以使用默认的"自动"选项把页面的宽度在指定的列数之间平均分布；选中"根据窗口调整表格"单选按钮，可以使表格的宽度与窗口的宽度相适应，当窗口的宽度改变时，表格的宽度也跟随变化；选中"根据内容调整表格"单选按钮，可以使列宽自动适应内容的宽度。单击"自动套用格式"按钮，可以按预定义的格式创建表格。选中"为新表格记忆此尺寸"复选框，可以把"插入表格"对话框中的设置变成以后创建新表格时的默认值。单击"确定"按钮完成操作。

5.7.2 表格编辑

表格建立后，可对表格进行修改，如插入行与列、删除表格、合并与拆分单元格等。

1. 插入行与列

在 Word 表格中插入行的操作步骤如下：选择表格，执行鼠标右键单击，选择“插入”菜单命令，再选择“行(在上方)”或“行(在下方)”命令。

在 Word 表格中插入列的操作步骤如下：选择表格，执行鼠标右键单击，选择“插入”菜单命令，再选择“列(在左侧)”或“列(在右侧)”命令。

2. 删除表格

在 Word 表格中删除表格的操作步骤如下：光标定位在要删除的表格中，执行鼠标右键单击“删除”菜单命令。

3. 合并与拆分单元格

在 Word 表格中合并单元格的操作步骤如下：选定所有要合并的单元格，执行鼠标右键“合并单元格”菜单命令，使所选定的单元格合并成一个单元格。

在 Word 表格中拆分单元格的操作步骤如下：选定要拆分的单元格，执行鼠标右键“拆分单元格”菜单命令，在对话框中输入要拆分的单元格数即可。

5.7.3 表格格式设置

1. 自动设置表格格式

在编排表格时，无论是新建的空表还是已经输入数据的表格，都可以利用表格的自动套用格式进行快速编排，Word 2007 预置了丰富的表格格式。其操作步骤如下：

(1) 把插入点移动到要进行快速编排的表格中。

(2) 执行“设计”功能区中的“表样式”，选择所需格式，如图 5-25 所示。

2. 设置表格的边框和底纹

一个新创建的表格，可以通过给该表格或部分单元格添加边框和底纹，突出所强调的内容或增加表格的美观性。

给表格添加边框和底纹的操作步骤如下：

(1) 打开 Word 2007 文档窗口，在 Word 表格中选中需要设置边框的单元格、行、列或整个表格。

(2) 在“表格工具”功能区切换到“设计”选项卡，在“绘图边框”分组中分别设置笔样式、笔画粗细和笔颜色，如图 5-26 所示。

(3) 在“设计”功能区的“表样式”分组中，单击“边框”下拉三角按钮，在打开的边框菜单中设置边框的显示位置即可。Word 边框显示位置包含多种设置，如上框线、所有框

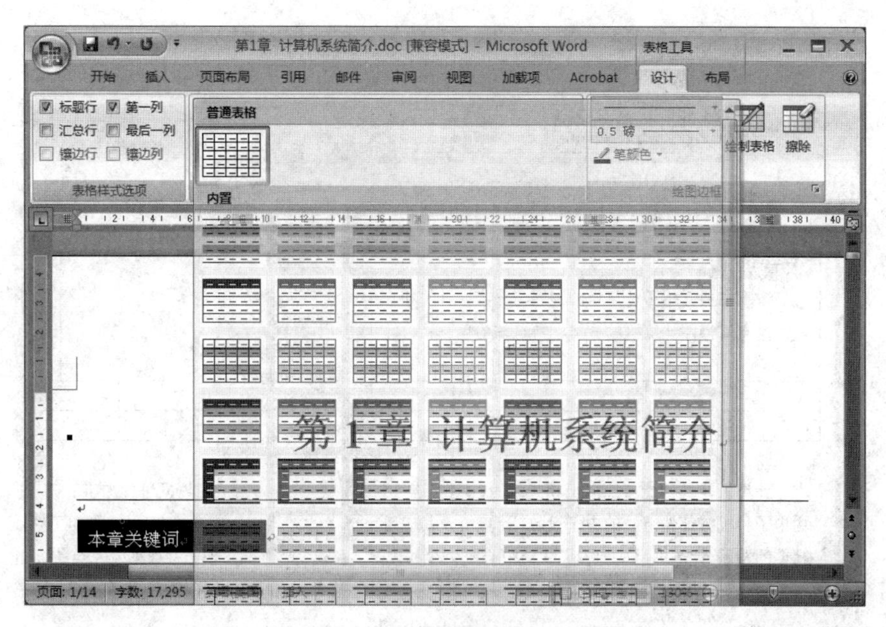

图 5-25　“表格自动套用格式”对话框

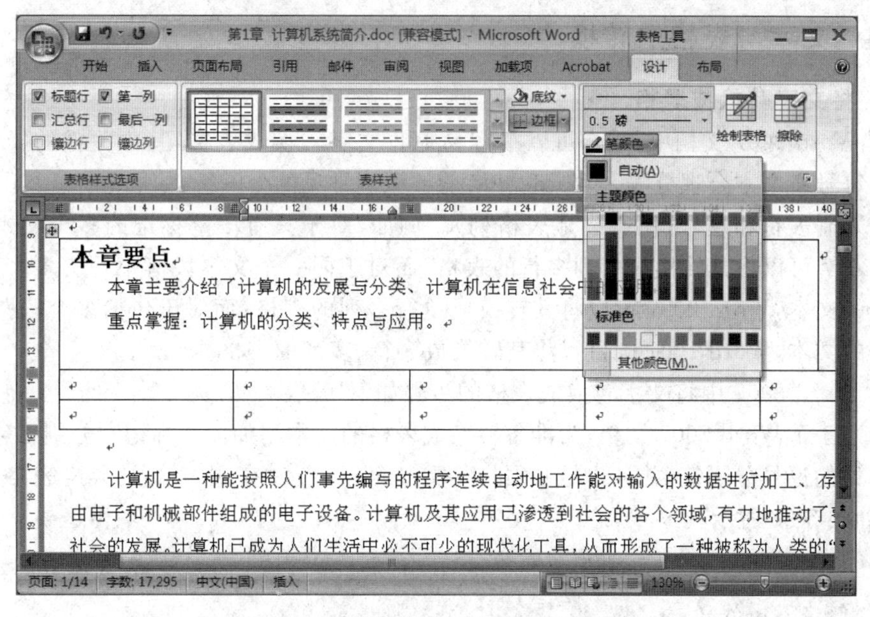

图 5-26　设置笔样式、笔画粗细和笔颜色

线、无框线等，如图 5-27 所示。

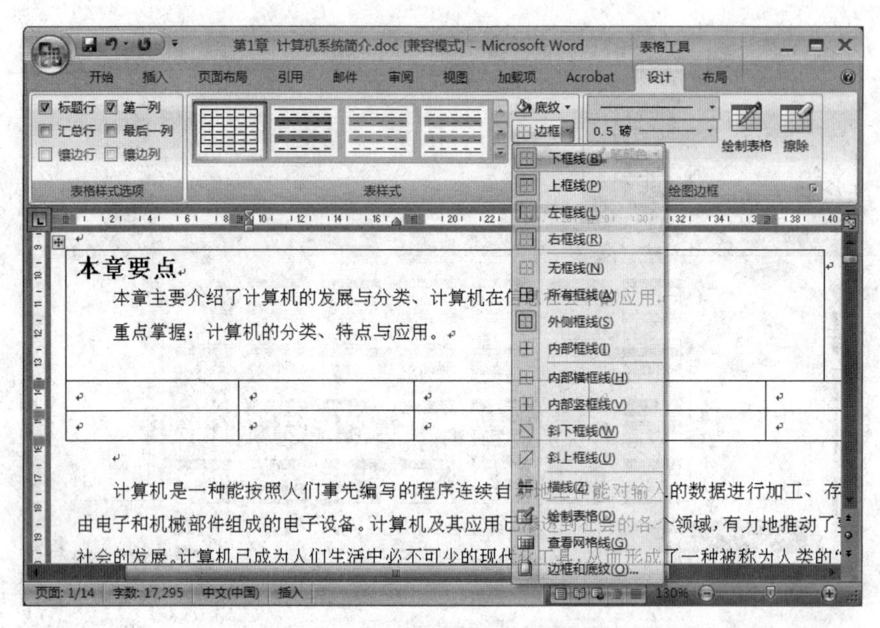

图 5-27　设置 Word 表格边框显示位置

5.7.4　文字与表格的转换

1. 将文字转换成表格

在 Word 2007 文档中，用户可以很容易地将文字转换成表格，其中关键的操作是使用分隔符号将文本合理分隔。Word 2007 能够识别常见的分隔符，如段落标记（用于创建表格行）、制表符和逗号（用于创建表格列）。例如，对于只有段落标记的多个文本段落，Word 2007 可以将其转换成单列多行的表格；而对于同一个文本段落中含有多个制表符或逗号的文本，Word 2007 可以将其转换成单行多列的表格；而对于包括多个段落、多个分隔符的文本，Word 2007 则可以将其转换成多行、多列的表格。

在 Word 2007 中将文字转换成表格的步骤如下所述：

(1) 打开 Word 2007 文档，为准备转换成表格的文本添加段落标记和分割符（建议使用最常见的逗号分隔符，并且逗号必须是英文半角逗号），并选中需要转换成表格的所有文字，如图 5-28 所示。

小提示： 如果不同段落含有不同的分隔符，则 Word 2007 会根据分隔符数量为不同行创建不同的列。

(2) 在“插入”功能区的“表格”分组中单击“表格”按钮，并在打开的表格菜单中选择“文本转换成表格”命令，如图 5-29 所示。

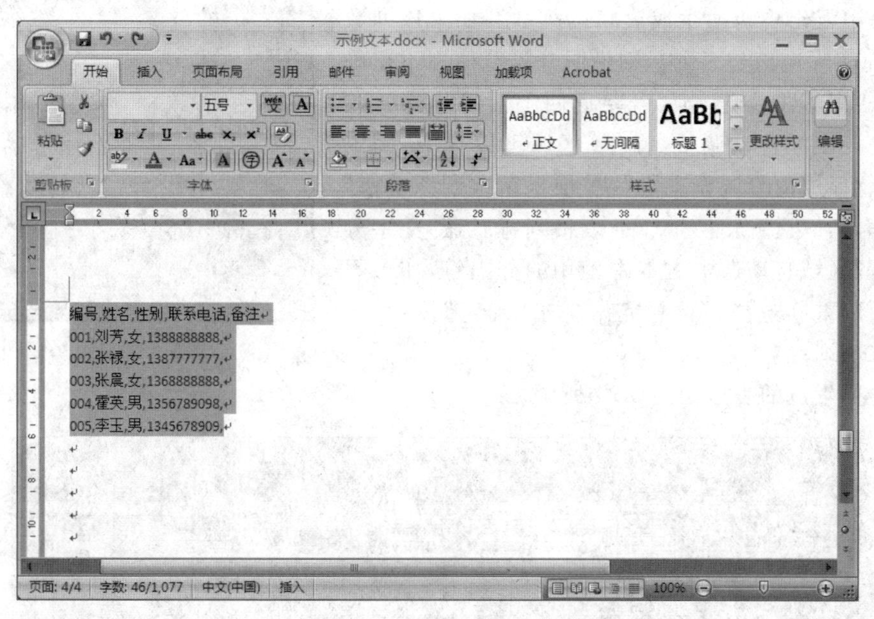

图 5-28　为文本添加分隔符

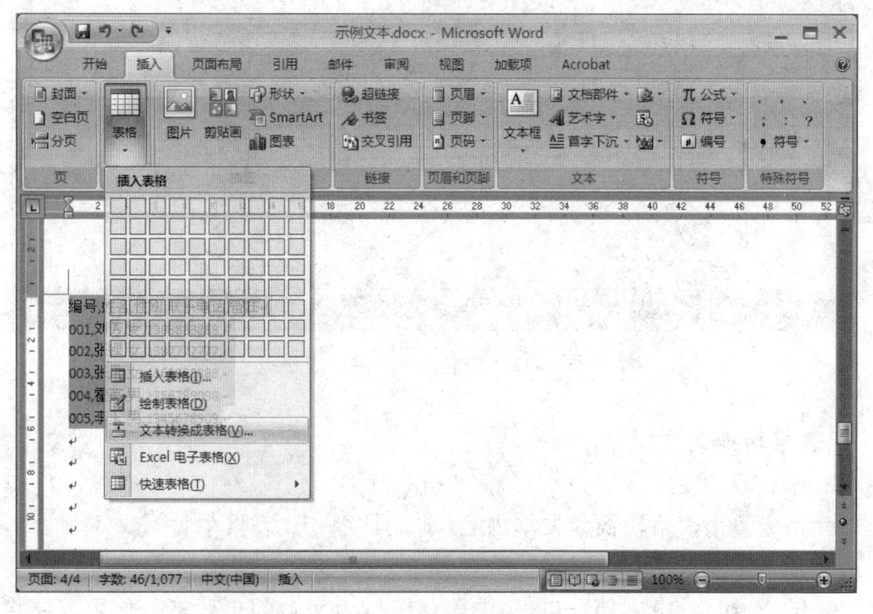

图 5-29　选择“文本转换成表格”命令

(3) 打开“将文字转换成表格”对话框，在“列数”编辑框中将出现转换生成表格的列数。如果该列数为1(而实际应该是多列)，则说明分隔符使用不正确(可能使用了中文逗号)，需要返回上面的步骤修改分隔符。在“‘自动调整’操作”区域可以选中“固定列宽”、“根据内容调整表格”或“根据窗口调整表格”单选框，用以设置转换生成的表格列宽。在“文字分隔位置”区域自动选中文本中使用的分隔符，如果不正确可以重新选择。设置完毕单击“确定”按钮，如图5-30所示。

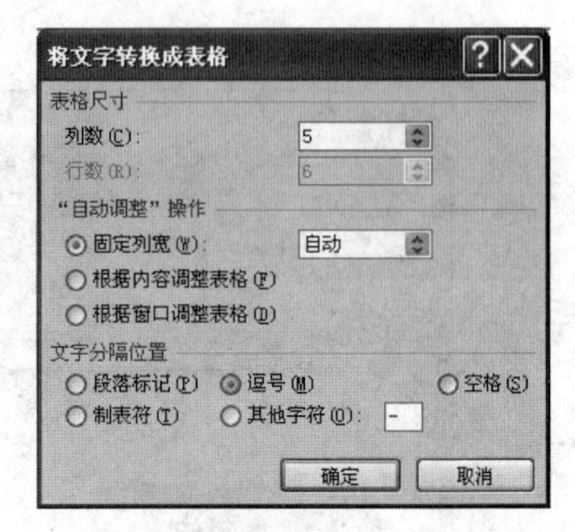

图5-30 “将文字转换成表格”对话框

转换生成的表格如图5-31所示。

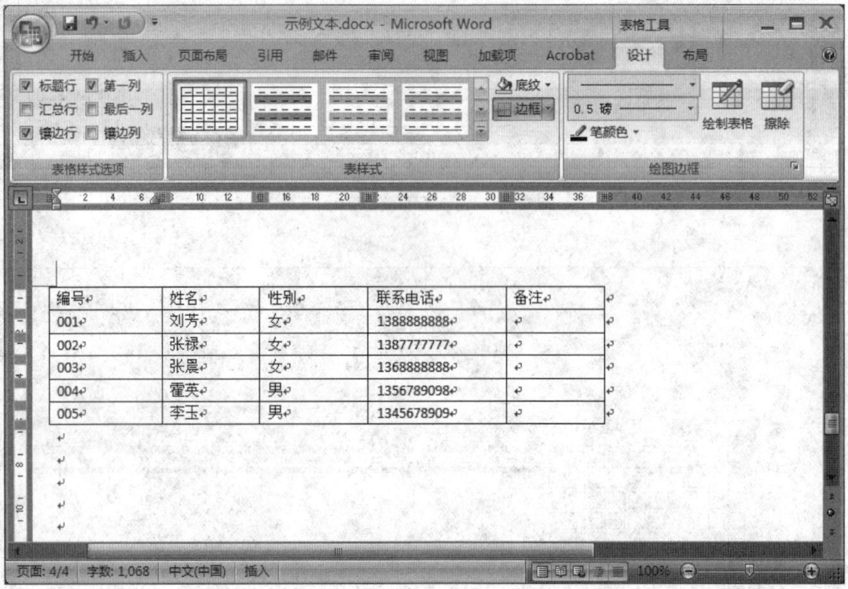

图5-31 文本转换生成的表格

2. 把表格转换为文字

在Word 2007文档中，用户可以将Word表格中指定单元格或整张表格转换为文本内容(前提是Word表格中含有文本内容)，操作步骤如下所述：

(1) 打开Word 2007文档窗口，选中需要转换为文本的单元格。如果需要将整张表格转换为文本，则只需单击表格任意单元格。在“表格工具”功能区切换到“布局”选项卡，

然后单击“数据”分组中的“转换为文本”按钮，如图 5-32 所示。

(2) 在打开的“表格转换成文本”对话框中，选中“段落标记”、“制表符”、“逗号”或“其他字符”单选框。选择任何一种标记符号都可以转换成文本，只是转换生成的排版方式或添加的标记符号有所不同。最常用的是“段落标记”和“制表符”两个选项。选中“转换嵌套表格”，可以将嵌套表格中的内容同时转换成文本。设置完毕，单击“确定”按钮即可，如图 5-33 所示。

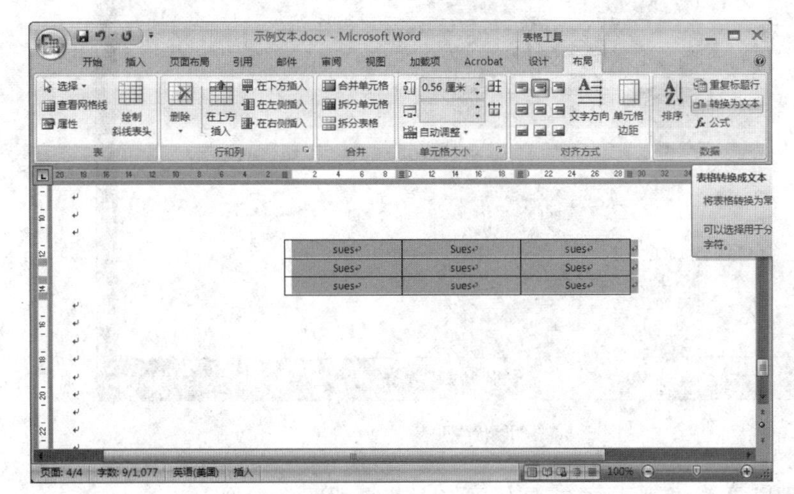

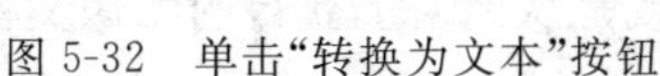
图 5-32　单击“转换为文本”按钮

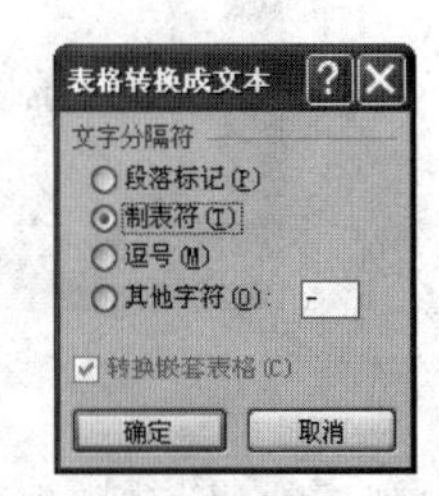

图 5-33　“表格转换成文本”对话框

5.8　图片处理

Word 2007 具有强大的图文混排功能，可以方便地给文档添加图形，使文档变得图文并茂、形象直观，更加引人入胜。

5.8.1　绘制图形

在文档中可以直接绘制图形。在 Word 2007“插入”功能区的“插图”中选择“形状”，如图 5-34 所示，便可以使用该工具栏所提供的命令进行图形绘制。

选择一种类型后，在其子菜单中单击要绘制的图形按钮，使用鼠标左键在屏幕上拖动，即可绘制出不同的自选图形。

5.8.2　插入图片

图形由用户用绘图工具绘制而成，是原来不存在的图。而图片则不同，它可以来自扫

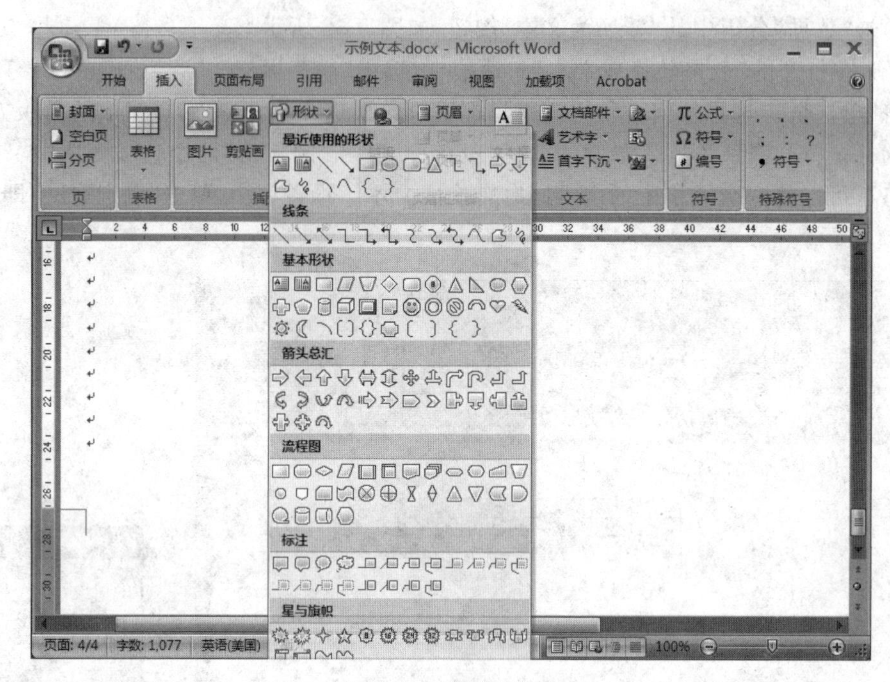

图 5-34 “形状”列表

描仪或数码相机,也可以是一幅剪贴画,或是从网络上获得的图像文件。

1. 插入剪贴画

要在文档中插入剪贴画,具体操作步骤如下：

(1) 把插入点移动到需要插入剪贴画的位置。

(2) 执行“插入”功能区“插图”中的“剪贴画”菜单命令,打开“剪贴画”任务窗格,如图 5-35 所示。

(3) 在“剪贴画”任务窗格中的“搜索文字”文本框中,输入描述性词汇或短语,或输入剪辑的全部或部分文件名。还可采取以下方法缩小搜索范围：如若要将搜索结果限制为剪辑的特定集合,则在“搜索范围”下拉列表框中选择要搜索的集合;若要将搜索结果限制为特定的媒体文件类型,则在“结果类型”下拉列表框中选中要查找的剪辑类型旁的复选框。

(4) 单击“搜索”按钮,将显示符合条件的所有剪贴画。

(5) 鼠标指针指向某个剪贴画,单击剪贴画右侧的箭头按钮,在弹出的菜单中选择“插入”菜单命令,即可把此剪贴画插入到文档中;或者直接单击该剪贴画也可插入到文档中。

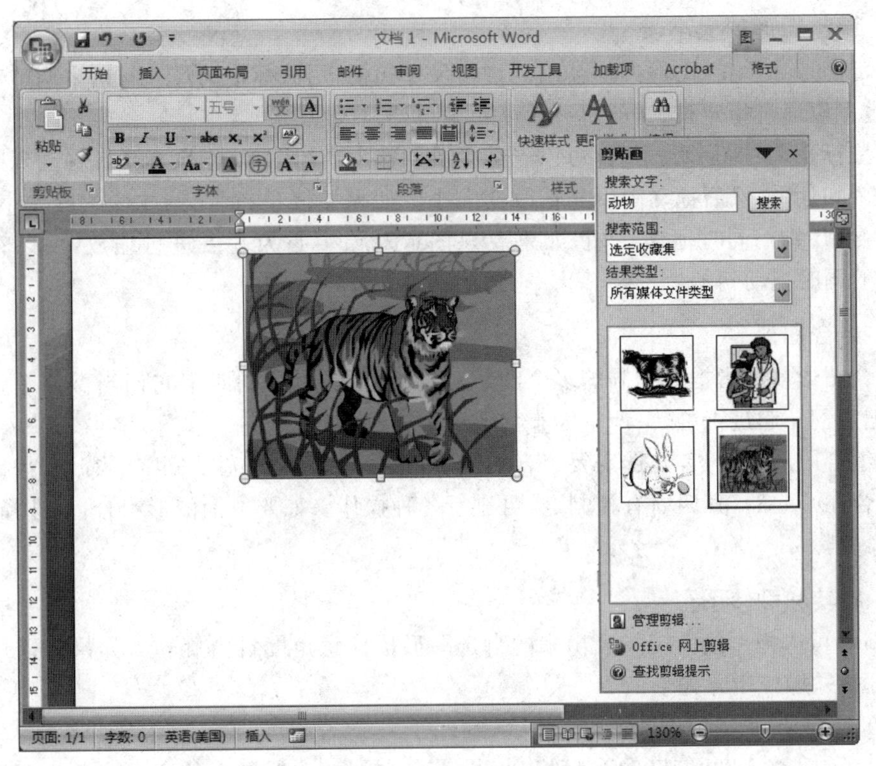

图 5-35　“剪贴画”任务窗格

2. 从文件中获取图片

可以从一个文件中获取图片并插入到文档中，图片文件可以在本地磁盘上。从文件中获取图片并插入到文档中，具体操作步骤如下：

(1) 执行“插入”功能区“插图”中的“图片”菜单命令，将打开“插入图片”对话框。

(2) 在“查找范围”下拉列表框内选择文件所在的目录。

(3) 选择一个要打开的图片文件，单击“插入”按钮，Word 将把文件中的图片插入到当前文档中。

5.8.3　编辑图片

1. 选定图形

绘制了多幅图形之后，如果要修改或者移动，必须先选定图形。如果要选定一个图形，用鼠标左键单击图形，使之四周出现句柄；如果要选定多个图形，可以先按住 Crtl 键，然后用鼠标分别单击图形，也可按下鼠标左键画出一个虚线方框，当要选的图形全部被框住时，松开鼠标左键即可。

2. 调整图形的大小

选定图形之后，在图形四周会出现许多尺寸句柄，用鼠标拖动尺寸句柄来调整对象的大小，也可以通过指定长、宽的百分比来精确地调整大小。

用鼠标来调整图形大小时，可以先选择要调整大小的图形，把鼠标指针移动到图形对象的某个句柄上，然后拖动图形句柄改变大小。如果要按长、宽比例改变图形大小，可以在按住 Shift 键的同时拖动句柄；如果要以图形对象中心为基点进行缩放，可以在按住 Ctrl 键的同时拖动句柄。

3. 组合图形

组合图形就是指把要绘制的多个图形对象组合在一起，同时把它们当做一个整体使用，如把它们一起进行翻转、调整大小和改变填充颜色等。

要组合图形对象，首先选定要组合的图形，鼠标右键单击选择“组合”命令，当把多个图形组合在一起后，其四周有控制点，可进行各种操作。如要取消图形组合，则选择“取消组合”命令。

4. 旋转和翻转图形

Word 可以把用绘图工具画出来的自选图形按任意角度自由旋转。如果要以任意角度旋转图形，操作步骤如下：

(1) 选定要旋转的图形对象。

(2) 单击“格式”功能区的“排列”，点击“旋转”按钮，这时图形的四个边角出现旋转控制点。

(3) 鼠标左键拖动任意控制点旋转图形，旋转到需要的角度后，松开鼠标左键，单击旋转后的图形外的任意处即完成。

5.8.4 图文混排

在文档中，文字、图形对象、图片、表格、文本框等都可以方便地进行图文混排，Word 提供了文本对图片的七种环绕方式：嵌入型、四周型、紧密型、浮于文字上方、衬于文字底部、上下型和穿越型。系统默认的图片插入方式为嵌入型。

进行图文混排的具体操作步骤如下：

(1) 打开 Word 2007 文档窗口，选中需要设置文字环绕的图片。

(2) 在打开的“图片”功能区的“格式”选项卡中，单击“排列”分组中的“文字环绕”按钮，并在打开的“文字环绕”菜单中选择合适的文字环绕，如图 5-36 所示。

在“文字环绕”菜单中，每种环绕的含义如下所述：

(1) 四周型环绕：不管图片是否为矩形图片，文字以矩形方式环绕在图片四周。

(2) 紧密型环绕：如果图片是矩形，则文字以矩形方式环绕在图片周围；如果图片是

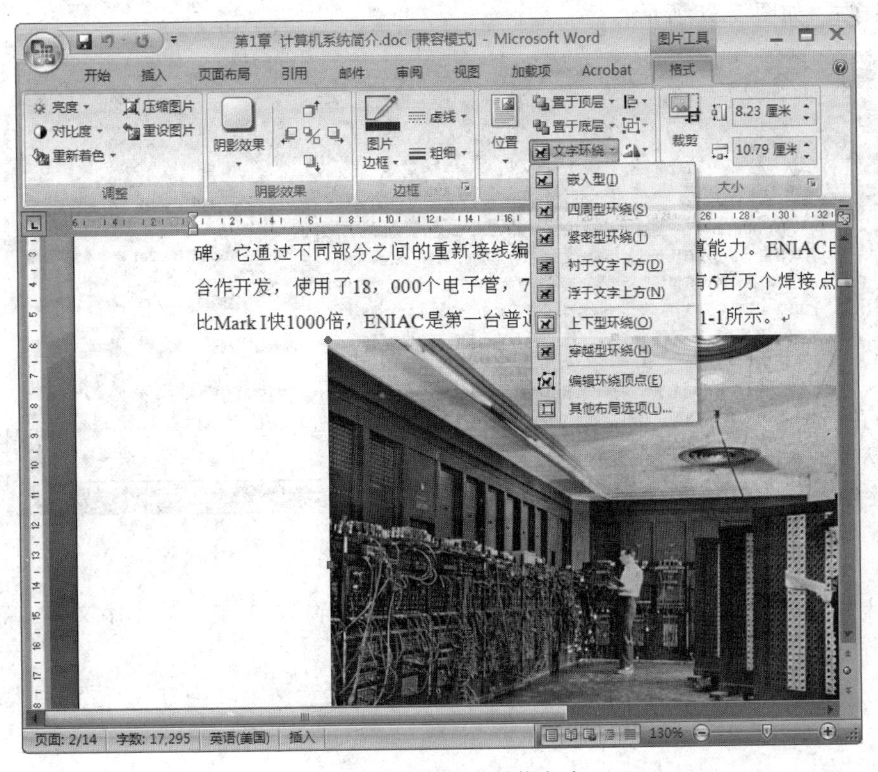

图 5-36　选择文字环绕方式

不规则图形，则文字将紧密环绕在图片四周。

(3) 衬于文字下方：图片在下、文字在上分为两层，文字将覆盖图片。

(4) 浮于文字上方：图片在上、文字在下分为两层，图片将覆盖文字。

(5) 上下型环绕：文字环绕在图片上方和下方。

(6) 穿越型环绕：文字可以穿越不规则图片的空白区域环绕图片。

(7) 编辑环绕顶点：用户可以编辑文字环绕区域的顶点，实现更个性化的环绕效果。

5.8.5　艺术字

艺术字就是有特殊效果的文字。为了使文档更加美观，可以在文档中插入艺术字。艺术字不同于普通文字，它具有阴影、斜体、旋转、延伸等效果。

在文档中插入艺术字的具体操作步骤如下：

(1) 打开 Word 2007 文档窗口，将插入点光标移动到准备插入艺术字的位置。在“插入”功能区中，单击“文本”分组中的“艺术字”按钮，并在打开的艺术字面板中选择合适的艺术字样式，如图 5-37 所示。

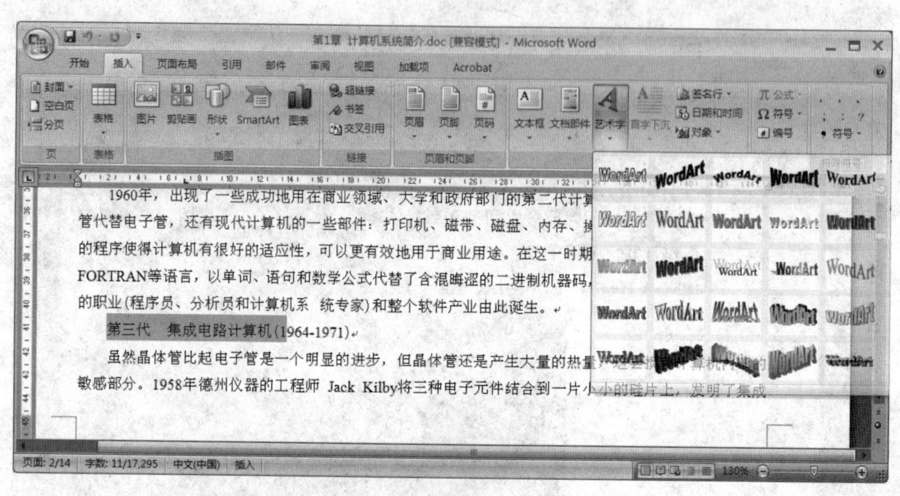

图 5-37 选择艺术字样式

(2) 打开“编辑艺术字文字”对话框，单击“文本”编辑数，并输入艺术字文本。然后分别设置字体和字号，并单击“确定”按钮，如图 5-38 所示。

(3) 插入的艺术字具有与图形相同的特点，可以设置文字环绕方式、位置和大小等，如图 5-39 所示。

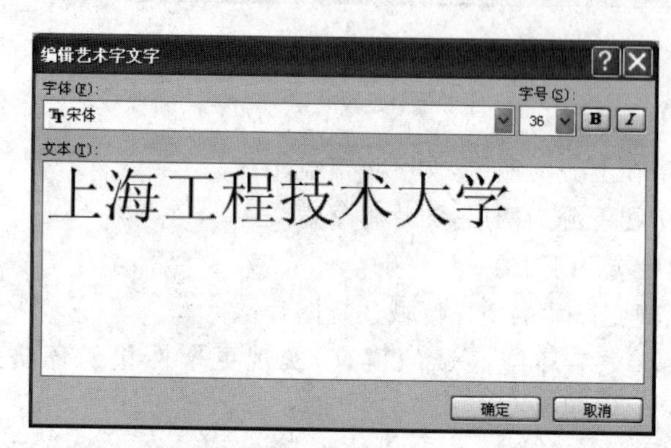

图 5-38 “编辑艺术字文字”对话框

上海工程技术大学

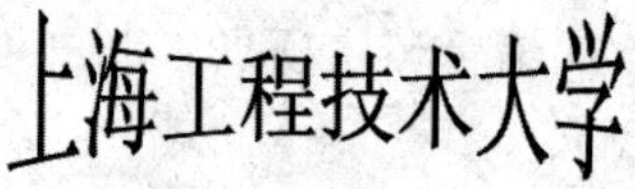

图 5-39 Word 2007 文档插入的艺术字

5.8.6 公式编辑器

有时文档资料要输入数学公式与符号，利用公式编辑器可以方便地实现。输入公式的操作步骤如下：

(1) 打开 Word 2007，选择“插入”，打开“插入”下的菜单，如图 5-40 所示。

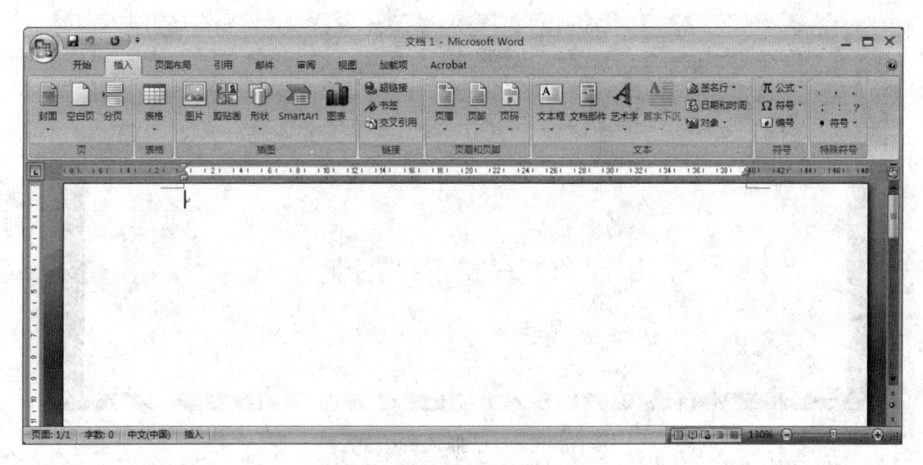

图 5-40　插入功能区

(2) 点击“公式”旁的小箭头，可以看到出现一些公式，有圆的面积计算公式、二项式定理、和的展开式、傅里叶级数、勾股定理、二次方程式公式、泰勒定理和函数公式。如果你没有找到你所需要的公式样式，还可以选择“插入新公式”，如图 5-41 所示。

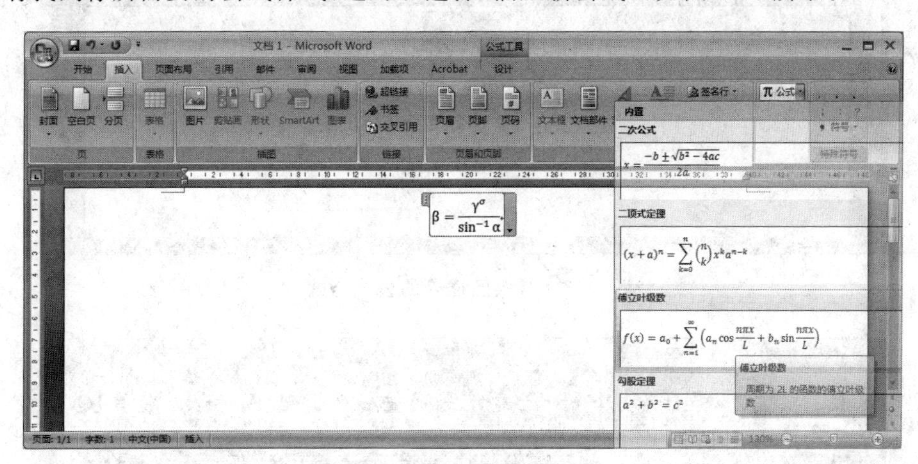

图 5-41　插入新公式

(3)这里选择插入一个“傅里叶级数”，在文档中就插入了一个傅里叶级数，如图 5-42 所示。

(4) 点击插入公式右下角的小箭头，可以看到一个下拉框。你可以改变公式的对齐方式和形状，如图 5-43 所示。

(5) 如果这个公式还需要改变，可进行编辑。在“符号”一栏中有很多符号，选择一个插入，如图 5-44 所示。

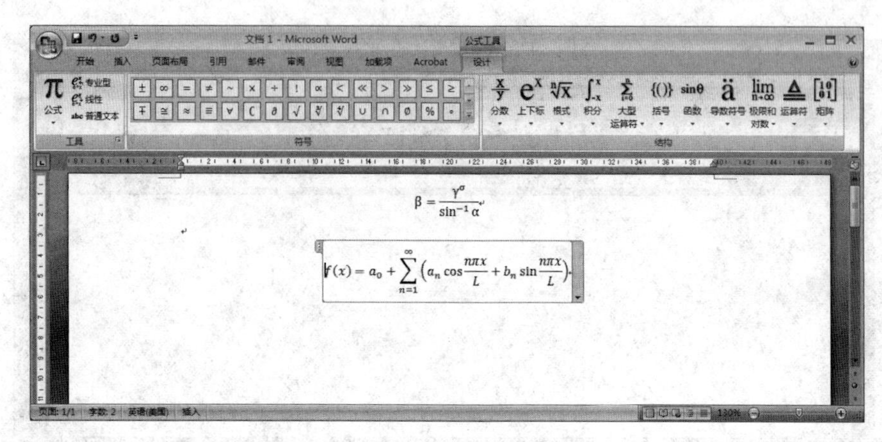

图 5-42　已插入的公式

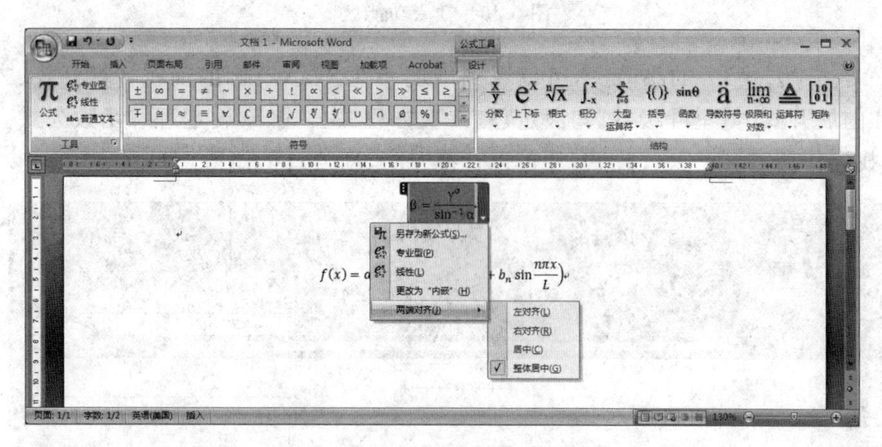

图 5-43　修改已插入的公式格式

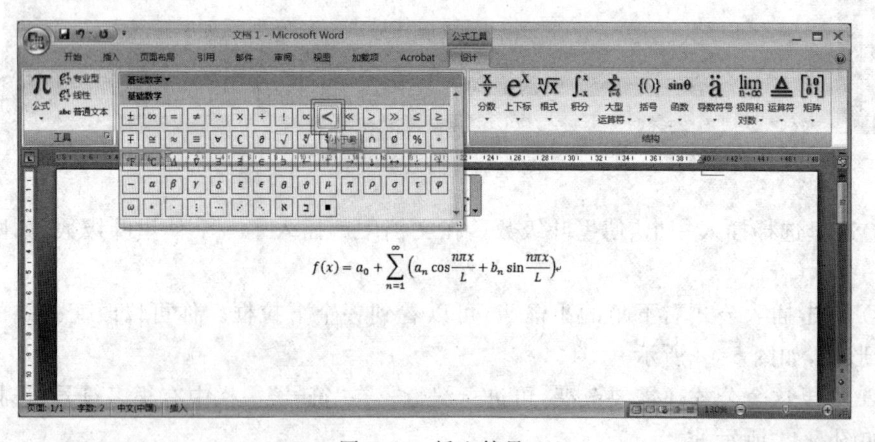

图 5-44　插入符号

(6) 在“结构”一栏中，有分数、上下标、根式、积分、大型运算符、分隔符、函数、导数符号、极数和对数、运算符和矩阵多种运算方式。在其对应的下方都有一个小箭头，可以展开下一级菜单。上、下标展开后如图 5-45 所示。

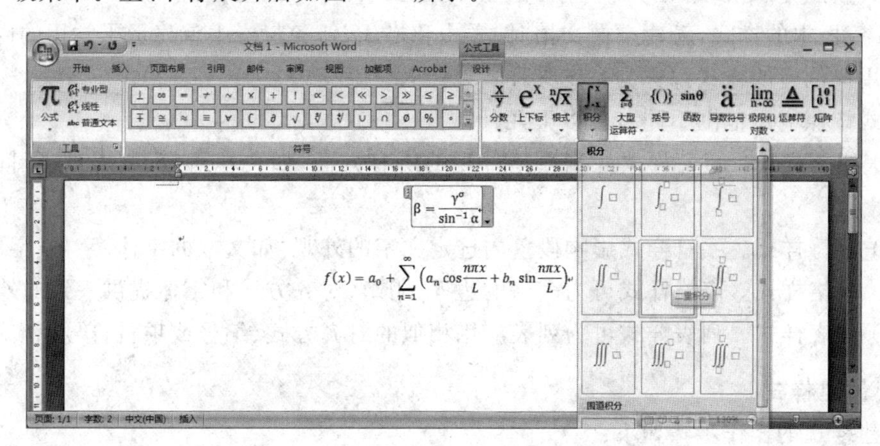

图 5-45　展开上、下标

(7) 选择一个根式插入。完成后的公式如图 5-46 所示。

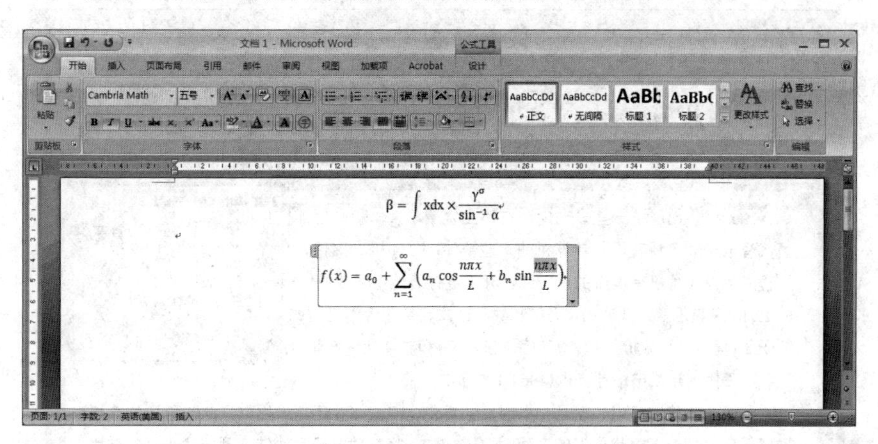

图 5-46　完成后的公式

5.9　样式的使用

在 Word 2007 中使用样式可以统一管理整个文档编辑中的格式，迅速改变文档的外观。下面具体介绍样式的使用。

样式就是指一组已经命名的字符格式或者段落格式。样式的方便之处在于可以把它应用于一个段落或者段落中选定的字符上，按照样式定义的格式，能大批量地完成段落或字符的格式编排。

样式按照定义形式分为内置样式和自定义样式。内置样式为 Word 2007 默认 Normal 模板中的样式，新建空白文档时“样式和格式”任务窗格中就显示了常用的内置样式。而用户创建的样式都称为自定义样式。

样式按照应用范围不同可分以下几种：

(1) 段落样式。段落样式控制段落外观的所有方面，如文本对齐、制表位、行间距和边框等。

(2) 字符样式。字符样式影响段落内选定文字的外观，如文本的字体、字号、字形等。

(3) 表格样式。表格样式可为表格的边框、阴影、对齐方式和字体提供一致的外观。

(4) 列表样式。列表样式可为列表应用相似的对齐方式、编号或项目符号。

1. 创建样式

创建样式的操作步骤如下：

(1) 打开 Word 2007 文档窗口，在“开始”功能区的“样式”分组中单击“显示样式窗口”按钮，如图 5-47 所示。

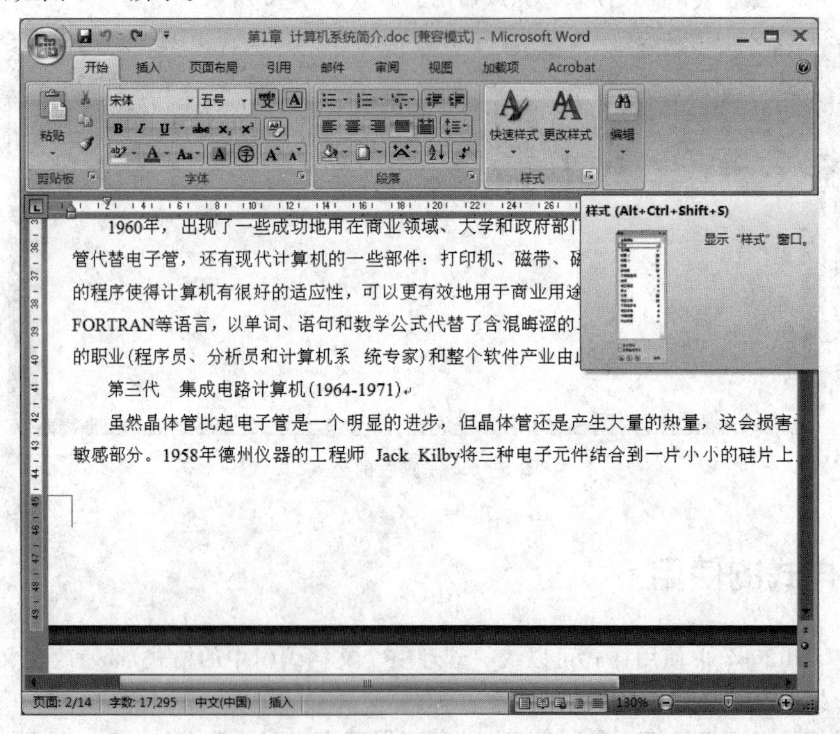

图 5-47 单击“显示样式窗口”按钮

（2）在打开的“样式”窗格中单击“新建样式”按钮，如图 5-48 所示。

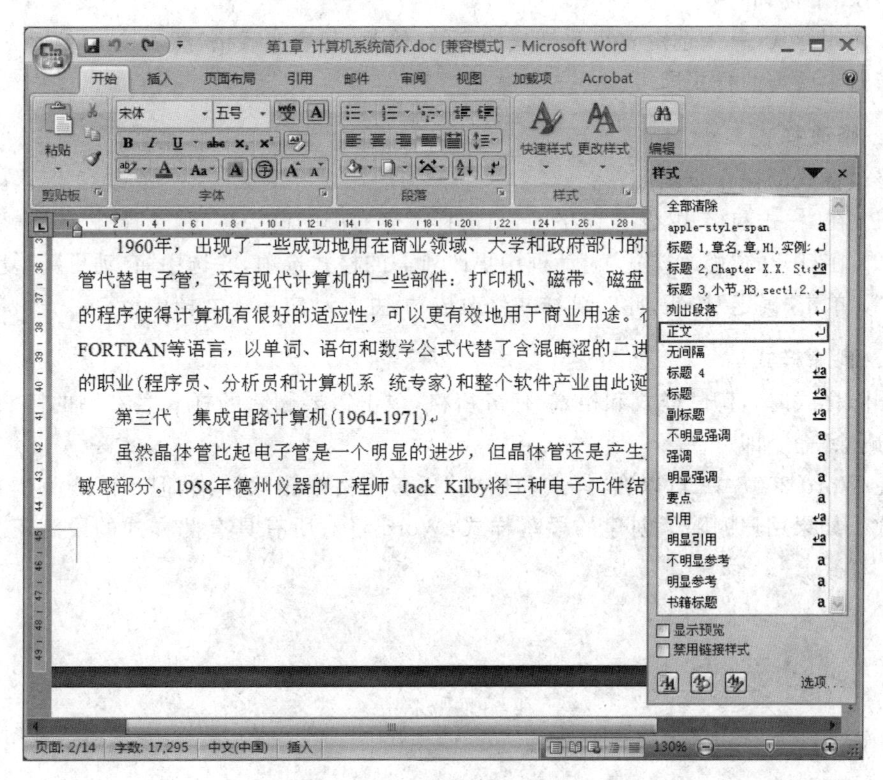

图 5-48　单击“新建样式”按钮

（3）打开“根据格式设置创建新样式”对话框，在“名称”编辑框中输入新建样式的名称。然后单击“样式类型”下拉三角按钮，在“样式类型”下拉列表中包含五种类型：①段落，新建的样式将应用于段落级别；②字符，新建的样式将仅用于字符级别；③链接段落和字符，新建的样式将用于段落和字符两种级别；④表格，新建的样式主要用于表格；⑤列表，新建的样式主要用于项目符号和编号列表。选择一种样式类型，如“段落”。

（4）单击“样式基准”下拉三角按钮，在“样式基准”下拉列表中选择 Word 2007 中的某一种内置样式作为新建样式的基准样式。

（5）单击“后续段落样式”下拉三角按钮，在“后续段落样式”下拉列表中选择新建样式的后续样式。

（6）在“格式”区域，根据实际需要设置字体、字号、颜色、段落间距、对齐方式等段落格式和字符格式。设置完毕，单击“确定”按钮即可。

如果用户在选择“样式类型”时选择“列表”选项，则不再显示“样式基准”，且格式设置仅限于项目符号和与编号列表相关的格式选项。

2. 应用样式

要使用样式，首先选定要更改样式的字符、段落、列表或表格，然后单击“样式和格式”任务窗格中所需的样式即可。

3. 修改样式

修改样式的操作步骤如下：

(1) 在“样式和格式”任务窗格中，单击样式名右侧的箭头按钮，选择“修改”命令。

(2) 在打开的“修改样式”对话框中更改所需的格式选项，并选中“自动更新”复选框。

(3) 单击“确定”按钮，此时该样式修改成功，并自动应用于文档中。

4. 删除样式

删除样式时，打开“样式和格式”任务窗格，单击需要删除的样式名右侧的箭头按钮，选择“删除”命令即可。

在 Word 2007 中，可以在“样式和格式”任务窗格中删除样式，但不能删除模板的内置样式。如果用户删除了创建的段落样式，Word 将对所有具有此样式的段落正文应用“正文”样式。

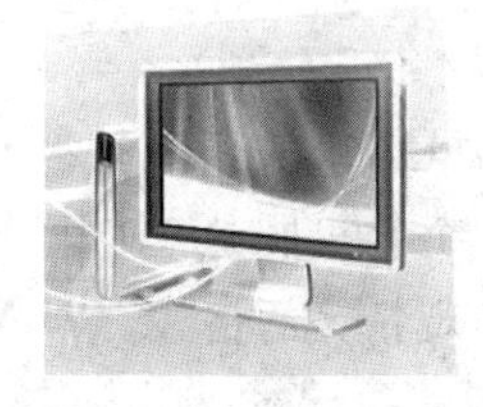

第 6 章 电子表格处理

本章关键词

电子表格(Excel)

本章要点

本章主要介绍了使用 Excel 2007 进行数据处理的方法和技巧。

重点掌握：数据处理、数据删选、分类汇总。

Excel 2007 是最新推出的 Microsoft Office 2007 办公软件套装中的一个重要组成部分。Excel 是目前最流行的电子表格软件之一，并被广泛应用于现代办公之中。Excel 2007 具有强大的计算能力和分析能力，可以进行大量复杂的数据运算并且具有出色的图表功能。

6.1 Excel 2007 的特点和应用领域

6.1.1 Excel 2007 的特点

相对以前的各种版本，Excel 2007 有了很大的变化，具有新型的工作界面、使用方便、操作更人性化等特点。

1. 新型的工作界面

Excel 2007 采用了新型的工作界面，相对旧版本的 Excel，Excel 2007 新增了文件菜单和“快速访问”工具栏，并且用功能区取代了部分菜单和按钮。

2. 编写公式更轻松

在 Excel 2007 中，编辑栏将自动调整宽度以容纳长而复杂的公式，从而防止公式覆盖工作表中的其他数据。与 Excel 的早期版本相比，在 Excel 2007 中可以编写更长的公式、使用更多的嵌套级别。使用 Excel 2007 的函数记忆式键入功能可以快速输入正确的公式语法，并且轻松检测需要的函数。

3. 图表外观的多样化

在 Excel 2007 中，使用新的图表工具可以轻松创建能有效交流信息的、具有专业水准外观的图表。新的图表外观包含很多特殊效果，如三维、透明与柔和阴影，使用 Excel 2007 提供的大量预定义的图表样式和布局可以快速应用一种外观精美的格式。

4. 外观新颖的艺术字

Excel 2007 中的艺术字采用了更清晰的线条和字体，可以轻松地从预定义的主题颜色中选择和改变其颜色强度，并且可以为插入工作表中的艺术字设置逼真的三维效果。

5. 更佳的打印体验

Excel 2007 新增加了页面布局视图，在该视图方式下可以显示文档的起始位置、结束位置、页眉、页脚、水平标尺和垂直标尺，从而避免多次打印或打印输出中出现截断的数据。

6.1.2 Excel 2007 的应用领域

Excel 被广泛应用于现代办公、生活的电子表格制作和数据统计分析领域，其经过不断的发展和完善推出了 Excel 2007。下面介绍 Excel 2007 的应用领域。

1. 创建专门用途的图表

在日常工作和生活中常常需要各种类型的表格，如工资表、日程表、预算表等，手工绘制这些表格，不仅容易出错而且影响工作效率。Excel 2007 可以根据实际需要快速创建大量各种专门用途的图表，从而提高工作效率。

2. 计算管理数据

使用 Excel 2007 提供的公式和函数可以解决工作和生活中的许多运算问题，如统计收支、计算贷款和科学计算等。Excel 的数据管理功能可以对数据进行各种分析和处理，如排序、筛选和分类汇总等。

3. 直观分析数据

Excel 2007 具有专业的数据分析能力，使用 Excel 的数据透视表和图表可以更清晰、更直观地反映问题和分析数据，从而大大提高了工作效率。

4. 有效保护数据

Excel 2007 提供了多种保护工作簿和工作表的方式，可以有效防止信息的泄露和他人对数据的删改，从而提高了数据的安全性。

6.2　Excel 2007 数据输入与编辑

6.2.1　在 Excel 工作表单元格中手动输入各种数据

工作表是指在 Excel 中用于存储和处理数据的主要文档,也称为电子表格。工作表由排列成行或列的单元格组成。工作表总是存储在工作簿中。可以在一个 Excel 单元格中、同时在多个 Excel 单元格中和在多个工作表中输入数字(带有或不带有自动设置小数点)、文本、日期或时间。

工作表可能受到或其他人的保护,以防止数据意外更改。在受保护的工作表中,可能选择多个单元格来查看数据,但是不能在锁定的单元格中键入信息。在大多数情况下,不应撤销对受保护的工作表的保护,除非该工作表的创建者对授予了执行此操作的权限。要撤销工作表保护(如果适用),请单击“审阅”选项卡上“更改”组中的“撤销工作表保护”。如果应用工作表保护时设置了密码,必须键入密码才能撤销工作表保护。

1. 输入数字或文本

(1) 在工作表中,单击一个单元格。

(2) 键入所需的数字或文本,然后按 Enter 键或 Tab 键。

默认情况下,按 Enter 键会将所选内容向下移动一个单元格,按 Tab 键会将所选内容向右移动一个单元格。不能更改 Tab 键移动的方向,但是可以为 Enter 键指定不同的方向。

如果按 Tab 键在一行中的多个单元格中输入数据,然后在该行末尾按 Enter 键,则所选内容将移动到下一行的开头。

当单元格包含的数据的数字格式比其列宽更宽时,单元格可能显示#####。要查看所有文本,必须增加列宽。

2. 更改列宽

(1) 单击要更改列宽的单元格。

(2) 在“开始”选项卡上的“单元格”组中,单击“格式”。

(3) 在“单元格大小”下,执行下列操作之一:

- 若要使所有文本适应单元格,请单击“自动调整列宽”。
- 若要指定更大的列宽,请单击“列宽”,然后在“列宽”框中键入所需的宽度。

还可以通过自动换行在一个单元格中显示多行文本。

3. 在单元格中自动换行

(1) 单击要自动换行的单元格。

(2) 在“开始”选项卡上的“对齐方式”组中,单击“自动换行”。

如果文本是一个长单词,则这些字符不会换行,此时可以通过加大列宽或缩小字号来显示所有文本。如果在自动换行后并未显示所有文本,可能需要调整行高。在“开始”选项卡上的“单元格”组中,单击“格式”,然后单击“单元格大小”下的“自动匹配行”。

在 Microsoft Office Excel 中,单元格中数字的显示与该单元格中存储的数字是分离的。当输入的数字四舍五入时,大多数情况下,只有显示的数字四舍五入。计算使用单元格中实际存储的数字,而非显示的数字。

4. 更改数字格式

(1) 单击包含要设置格式的数字的单元格。

(2) 在“开始”选项卡的“数字”组中,指向“常规”,然后单击想要的格式,如图 6-1 所示。

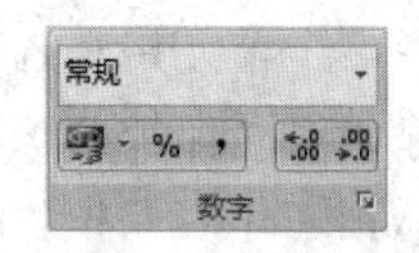

图 6-1　数字格式选项

要从可用格式列表中选择一个数字格式,请单击“更多”,然后在“分类”列表中单击要使用的格式。

对于不需要在 Excel 中计算的数字(如电话号码),可以首先对空单元格应用文本格式使数字以文本格式显示,然后键入数字。

5. 将数字设置为文本格式

(1) 选择一个空单元格。

(2) 在“开始”选项卡上的“数字”组中,指向“常规”,然后单击“文本”。

(3) 在已设置格式的单元格中键入所需的数字。

在对单元格应用文本格式之前键入的数字需要在已设置格式的单元格中重新输入。要快速地以文本格式重新输入数字,选中每个单元格,按 F2 键,然后按 Enter 键。

6.2.2　Excel 里插入符号、分数和特殊字符

Excel 中使用“符号”对话框可以插入键盘上没有的符号(如¼和©)或特殊字符[如长划线(—)或省略号(…)],还可以插入 Unicode[Unicode 是 Unicode Consortium 开发的一种字符编码标准。该标准采用多(于一)个字节代表每一字符,实现了使用单个字符集代表世界上几乎所有书面语言]字符。

可以插入的符号和字符的类型取决于选择的字体。例如,有些字体可能会包含分数(如¼)、国际字符(如 Ç、ë)和国际货币符号(如£、¥)。内置的 Symbol 字体包含箭头、项目符号和科学符号。可能还有其他符号字体,如 Wingdings,该字体包含装饰符号。

1. 插入符号、分数或特殊字符

可以增大或减小“符号”对话框的大小,方法是将指针移至对话框的右下角,直到变成双向箭头,然后拖动到所需的大小。

(1) 单击要插入符号的位置。

(2) 在“插入”选项卡上的“文本”组中,单击“符号”。

(3) 在“符号”对话框中,单击“符号”选项卡,然后执行下列操作之一:

- 单击要插入的符号。
- 如果要插入的符号不在列表中,请在“字体”框中选择其他字体,单击所需的字体,然后单击要插入的符号。

如果使用的是扩展字体(如 Arial 或 Times New Roman),则会出现“子集”列表。使用此列表可以从语言字符的扩展列表中进行选择,其中包括希腊语和俄语(西里尔文)(如果有的话)。

(4) 单击“插入”。要通过特殊字符的说明快速查找并插入特殊字符,请单击“符号”对话框中的“特殊字符”选项卡,单击要插入的特殊字符,然后单击“插入”。

2. 插入 Unicode 字符

通过从“符号”对话框中选择一个字符或直接键入字符代码,可以插入 Unicode 字符。

在“符号”对话框中选择某个 Unicode 字符时,其字符代码将显示在“字符代码”框中。

(1) 单击要插入 Unicode 字符的位置。

(2) 在“插入”选项卡上的“文本”组中,单击“符号”。

(3) 在“符号”选项卡上的“字体”框中,单击所需的字体。

(4) 在“来自”框中,单击“Unicode(十六进制)”。

(5) 如果“子集”框可用,请单击一个字符子集。

(6) 单击要插入的符号,再单击“插入”。

(7) 单击“关闭”。

3. 使用键盘在文档中插入 Unicode 字符代码

如果知道字符代码,可以将代码输入文档,然后按 Alt+X 将其转换成字符。例如,先按 002A,再按 Alt+X 即生成 *;反之亦然。若要显示文档中已有字符的 Unicode 字符代码,请直接将插入点放在字符后面,再按 Alt+X。

4. 查找 Unicode 字符代码

在“符号”对话框中选择某个 Unicode 字符时,其字符代码将显示在“字符代码”框中。

(1) 在“插入”选项卡上的“文本”组中,单击“符号”。

(2) 在“符号”选项卡上的“字体”框中,单击所需的字体。

(3) 在“来自”框中,单击“Unicode(十六进制)”。

(4) Unicode 字符代码即显示在“字符代码”框中。

5. 键入¢、£、¥、®和其他键盘上没有的字符

(1) 在 Microsoft Windows 7 中,单击“开始”按钮,依次指向“所有程序”、“附件”、“系统工具”,再单击“字符映射表”。

(2) 在“字体”列表中,单击要使用的字体。

(3) 单击所需的特殊字符。如果看不到所需的字符,单击“字体”列表中的其他字体。

(4) 单击“选择”,然后单击“复制”。

(5) 切换到文档,然后将光标放置在要粘贴字符的位置。

(6) 单击“粘贴”。

(7) 如果插入的字符的外观与所选字符不同,选中该字符并应用与“字符映射表”中所选字体相同的字体。

如果知道与要插入的字符相对应的 Unicode,则可以不使用“字符映射表”,直接将特殊字符插入到文档中。为此,应打开文档,并将光标放置在要显示特殊字符的位置。然后,在打开 Num Lock 键的情况下,在按住 Alt 键的同时按数字键盘上的键以键入 Unicode 字符值。

如果想要键入稍多一些的字符,可以安装并切换到“英语(美国)”-“美国英语-国际”键盘布局。

6.2.3 Excel 工作表单元格中自动输入数据

为了快速输入数据,可以让 Microsoft Office Excel 自动重复数据,或者自动填充数据。

1. 自动重复列中已输入的项目

如果在单元格中键入的前几个字符与该列中已有的项相匹配,Excel 会自动输入其余的字符。但 Excel 只能自动完成包含文字或文字与数字组合的项。只包含数字、日期或时间的项不能自动完成。

可以执行下列操作之一:

(1) 要接受建议的项,请按 Enter 键。自动完成的项完全采用已有项的大小写格式。

(2) 如果不想采用自动提供的字符,请继续键入。

(3) 如果要删除自动提供的字符,请按 Backspace 键。

2. 打开或关闭单元格值的自动完成功能

(1) 单击“Office”按钮,然后单击“Excel”选项。

(2) 单击“高级”,然后在“编辑”选项下,清除或选中“为单元格值启用记忆式键入”复选框,以关闭或打开对单元格值的自动填写功能。

Excel 仅在插入点处于当前单元格内容的末尾时，才完成输入。

Excel 根据包含活动单元格[1]的列提供可能的记忆式键入项的列表。在一行中重复的项不能自动完成。

3. 使用填充柄填充数据

可以使用“填充”命令将数据填充到工作表单元格中。还可以让 Excel 根据建立的模式自动继续数字、数字和文本的组合、日期或时间段序列。然而，若要快速填充几种类型的数据序列，可以选中单元格并拖动填充柄[2]。

在默认情况下，显示填充柄，但是可以隐藏它。

4. 隐藏或显示填充柄

(1) 单击“Office”按钮，然后单击“Excel”选项。

(2) 单击“高级”，然后在“编辑”选项下，清除或选中“启用填充柄和单元格拖放功能”复选框，以隐藏或显示填充柄。

(3) 为了避免在拖动填充柄时替换现有数据，请确保选中了“覆盖单元格内容前提出警告”复选框。如果不想收到有关覆盖非空白单元格的消息，可清除此复选框。

拖动填充柄之后，会出现“自动填充选项”按钮，以便选择如何填充所选内容。例如，可以选择通过单击“仅填充格式”只填充单元格格式，也可以选择通过单击“不带格式填充”只填充单元格的内容。如果不希望每次拖动填充柄时都显示“自动填充选项”按钮，可以将它关闭。

6.2.4　Excel 2007 中添加、编辑或删除批注

在 Microsoft Office Excel 2007 中，可以通过插入批注来对单元格添加注释。可以编辑批注中的文字，也可以删除不再需要的批注，如图 6-2 所示。

1. 添加批注

(1) 单击要添加批注的单元格。

(2) 在“审阅”选项卡上的“批注”组中，单击“新建批注”，如图 6-3 所示。

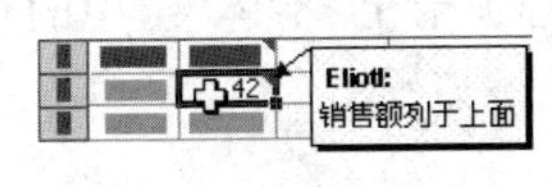

图 6-2　批注实例

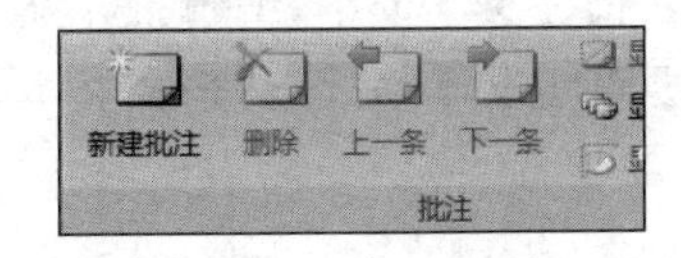

图 6-3　批注选项卡

① 活动单元格就是选定单元格，可以向其中输入数据。一次只能有一个活动单元格。活动单元格四周的边框加粗显示。

② 填充柄：位于选定区域右下角的小黑方块。将用鼠标指向填充柄时，鼠标的指针更改为黑十字。

(3) 在批注文本框中,键入批注文字。

在批注中,Excel 将自动显示名称,此名称出现在“Excel 选项”对话框“个性化设置”类别上“全局 Office 设置”下的“名称”框中(“Office”按钮、“Excel”选项按钮)。如果需要,可以在“名称”框中编辑名称。如果不需要使用某个名称,请在批注中选择该名称,然后按 Delete。

(4) 要设置文本格式,请选择文本,然后使用“开始”选项卡上“字体”组中的格式设置选项。

“字体”组中的“填充颜色”和“字体颜色”选项不能用于批注文字。若要更改文字的颜色,请右键单击批注,然后单击“设置批注格式”。

(5) 键入完文本并设置格式后,请单击批注框外部的工作表区域。

单元格边角中的红色小三角形表示单元格附有批注,将指针放在红色三角形上时会显示批注。

为了能够随单元格一起看到批注,可以选择包含批注的单元格,然后单击“审阅”选项卡上“批注”组中的“显示/隐藏批注”。若要在工作表上与批注的单元格一起显示所有批注,单击“显示所有批注”。

在排序时,批注与数据一起进行排序。但是在数据透视表[①]中,当更改透视表布局时,批注不会随着单元格一起移动。

2. 编辑批注

(1) 单击包含要编辑的批注的单元格。

(2) 执行下列操作之一:

- 在“审阅”选项卡上的“批注”组中,单击“编辑批注”。

当选择包含批注的单元格时,可以使用“批注”组中的“编辑批注”,而不能使用“新建批注”。

- 在“审阅”选项卡上的“批注”组中,单击“显示/隐藏批注”以显示批注,然后双击批注中的文字。

(3) 在批注文本框中,编辑批注文本。

(4) 要设置文本格式,请选择文本,然后使用“开始”选项卡上“字体”组中的格式设置选项。

3. 删除批注

(1) 单击包含要删除的批注的单元格。

---

① 数据透视表:一种交互的、交叉制表的 Excel 报表,用于对多种来源(包括 Excel 的外部数据)的数据(如数据库记录)进行汇总和分析。

(2) 执行下列操作之一：

- 在“审阅”选项卡上的“批注”组中，单击“删除”。
- 在“审阅”选项卡上的“批注”组中，单击“显示/隐藏批注”以显示批注，双击批注文本框，然后按 Delete 键。

6.2.5　单元格及内容的合并和拆分

Excel 2007 的合并与拆分操作包括对单元格及单元格内容的合并与拆分。

当合并两个或多个相邻的水平或垂直单元格时，这些单元格就成为一个跨多列或多行显示的大单元格。其中一个单元格的内容出现在合并的单元格[①]的中心，如图 6-4 所示。

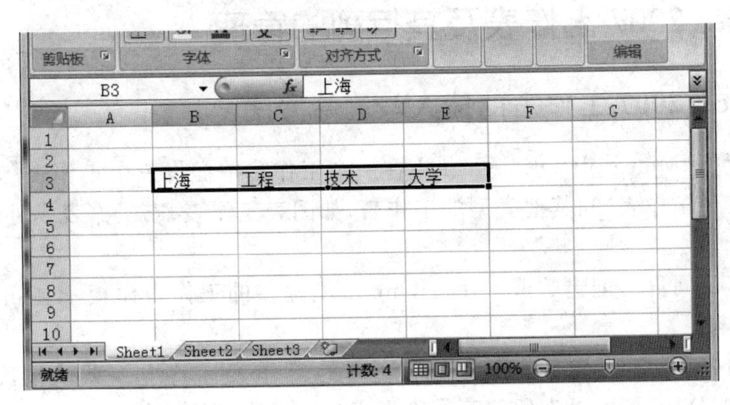

图 6-4　合并单元格实例

可以将合并的单元格重新拆分成多个单元格，但是不能拆分未合并过的单元格。

1. 合并相邻单元格

(1) 选择两个或更多要合并的相邻单元格。确保要在合并单元格中显示的数据位于所选区域的左上角单元格中，只有左上角单元格中的数据才能保留在合并的单元格中。所选区域中所有其他单元格中的数据都将被删除。

(2) 在“开始”选项卡上的“对齐方式”组中，单击“合并及居中”。这些单元格将在一个行或列中合并，并且单元格内容将在合并单元格中居中显示。要合并单元格而不居中显示内容，请单击“合并后居中”旁的箭头，然后单击“跨越合并”或“合并单元格”。

如果“合并后居中”按钮不可用，则所选单元格可能在编辑模式下。要取消编辑模式，请按 Enter 键。

---

① 合并单元格：由两个或多个选定单元格创建的单个单元格。合并单元格的单元格引用是原始选定区域的左上角单元格。

(3) 要更改合并单元格中的文本对齐方式，请选择该单元格，在“开始”选项卡上的“对齐”组中，单击任一对齐方式按钮。

2. 拆分合并的单元格

(1) 选择合并的单元格。当选择合并的单元格时，“合并及居中”按钮在“开始”选项卡上“对齐”组中也显示为选中状态。

(2) 要拆分合并的单元格，单击“合并及居中”。合并单元格的内容将出现在拆分单元格区域左上角的单元格中。

可以合并几个单元格的内容并在一个单元格中显示它们，也可以拆分一个单元格的内容并将其作为各个部分分布在其他单元格中。

6.3 Excel 2007 工作表及其行列的管理

6.3.1 Excel 2007 工作表的插入与删除方法

默认情况下，Microsoft Office Excel 在一个工作簿中提供三个工作表①，但是可以根据需要插入其他工作表(和其他类型的工作表，如图表工作表、宏工作表或对话框工作表)或删除它们。

如果能够访问自己创建的或 Office Online 上提供的工作表模板②，则可以基于该模板创建新工作表。

工作表的名称(或标题)出现在屏幕底部的工作表标签上。默认情况下，名称是 Sheet1、Sheet2 等，但是可以为任何工作表指定一个更恰当的名称。

1. 插入新工作表

要插入新工作表，执行下列操作之一：

(1) 若要在现有工作表的末尾快速插入新工作表，请单击屏幕底部的“插入工作表”(图 6-5)。

图 6-5　插入新工作表

(2) 若要在现有工作表之前插入新工作表，请选择该工作表，在“开始”选项卡上“单元格”组中，单击“插入”，然后单击“插入工作表”。

---

① 工作表：在 Excel 中用于存储和处理数据的主要文档，也称为电子表格。工作表由排列成行或列的单元格组成，它总是存储在工作簿中。

② 模板：创建后作为其他相似工作簿基础的工作簿，可以为工作簿和工作表创建模板。工作簿的默认模板名为 Book. xlt，工作表的默认模板名为 Sheet. xlt。

也可以右键单击现有工作表的标签,然后单击“插入”。在“常用”选项卡上,单击“工作表”,然后单击“确定”。

2. 一次性插入多个工作表

(1) 按住 Shift 键,然后在打开的工作簿中选择与要插入的工作表数目相同的现有工作表标签。例如,如果要添加三个新工作表,则选择三个现有工作表的工作表标签。

(2) 在“开始”选项卡上的“单元格”组中,单击“插入”,然后单击“插入工作表”。

提示:也可以右键单击所选的工作表标签,然后单击“插入”。在“常用”选项卡上,单击“工作表”,然后单击“确定”。

3. 插入基于自定义模板的新工作表

用户可以根据需要创建要作为新工作表基础的工作表模板,具体步骤如下:

(1) 选择要用做模板的工作表。

(2) 单击“Microsoft Office”按钮,然后单击“另存为”。

(3) 在“保存类型”框中,单击“模板”。

(4) 在“保存位置”框中,选择要保存模板的文件夹。

(5) 在“文件名”框中,键入工作表模板的名称。

(6) 单击“保存”。

4. 重命名工作表

(1) 在“工作表标签”栏上,右键单击要重命名的工作表标签,然后单击“重命名”。

(2) 选择当前的名称,然后键入新名称。

5. 删除工作表

在“开始”选项卡上的“单元格”组中,单击“删除”旁边的箭头,然后单击“删除工作表”。

6.3.2　隐藏或显示行和列

Excel 2007 中,可以使用“隐藏”命令隐藏行或列,将行高或列宽更改为 0(零)时,也可以隐藏行或列,使用“取消隐藏”命令可以使其再次显示。

(1) 选择要隐藏的行或列。选择的内容和对应的操作见表 6-1。

要取消选择的单元格区域,请单击工作表中的任意单元格。

(2) 在“开始”选项卡上的“单元格”组中,单击“格式”。

(3) 执行下列操作之一:

- 在“可见性”下面,指向“隐藏和取消隐藏”,然后单击“隐藏行”或“隐藏列”。

表 6-1　选择对应的操作列表

选择	操　　作
一个单元格	单击该单元格或按箭头键，移至该单元格
单元格区域	单击该区域中的第一个单元格，然后拖至最后一个单元格，或者在按住 Shift 键的同时按箭头键以扩展选定区域。也可以选择该区域中的第一个单元格，然后按 F8 键，使用箭头键扩展选定区域。要停止扩展选定区域，请再次按 F8 键
较大的单元格区域	单击该区域中的第一个单元格，然后在按住 Shift 键的同时单击该区域中的最后一个单元格。可以使用滚动功能显示最后一个单元格
工作表中的所有单元格	单击"全选"按钮。要选择整个工作表，还可以按 Ctrl＋A。如果工作表包含数据，按 Ctrl＋A 可选择当前区域。按住 Ctrl＋A 一秒钟可选择整个工作表
不相邻的单元格或单元格区域	选择第一个单元格或单元格区域，然后在按住 Ctrl 键的同时选择其他单元格或区域。也可以选择第一个单元格或单元格区域，然后按 Shift＋F8 将另一个不相邻的单元格或区域添加到选定区域中。要停止向选定区域中添加单元格或区域，请再次按 Shift＋F8。不取消整个选定区域，便无法取消对不相邻选定区域中某个单元格或单元格区域的选择
整行或整列	单击行标题或列标题。也可以选择行或列中的单元格，方法是选择第一个单元格，然后按 Ctrl＋Shift＋箭头键(对于行，请使用向右键或向左键；对于列，请使用向上键或向下键)。如果行或列包含数据，那么按 Ctrl＋Shift＋箭头键可选择到行或列中最后一个已使用单元格之前的部分。按 Ctrl＋Shift＋箭头键一秒钟可选择整行或整列
相邻行或列	在行标题或列标题间拖动鼠标。或者选择第一行或第一列，然后在按住 Shift 键的同时选择最后一行或最后一列
不相邻的行或列	单击选定区域中第一行的行标题或第一列的列标题，然后在按住 Ctrl 键的同时单击要添加到选定区域中的其他行的行标题或其他列的列标题
行或列中的第一个或最后一个单元格	选择行或列中的一个单元格，然后按 Ctrl＋箭头键(对于行，请使用向右键或向左键；对于列，请使用向上键或向下键)
工作表或 Microsoft Office Excel 表格中第一个或最后一个单元格	按 Ctrl＋Home 可选择工作表或 Excel 列表中的第一个单元格。按 Ctrl＋End 可选择工作表或 Excel 列表中最后一个包含数据或格式设置的单元格
工作表中最后一个使用的单元格(右下角)之前的单元格区域	选择第一个单元格，然后按 Ctrl＋Shift＋End 可将选定单元格区域扩展到工作表中最后一个使用的单元格(右下角)
到工作表起始处的单元格区域	选择第一个单元格，然后按 Ctrl＋Shift＋Home 可将单元格选定区域扩展到工作表的起始处
增加或减少活动选定区域中的单元格	按住 Shift 键的同时单击要包含在新选定区域中的最后一个单元格。活动单元格和所单击的单元格之间的矩形区域将成为新的选定区域

注：活动单元格：活动单元格就是选定单元格，可以向其中输入数据。一次只能有一个活动单元格。活动单元格四周的边框加粗显示。

• 在“单元格大小”下面，单击“行高”或“列宽”，然后在“行高”或“列宽”中键入 0。

也可以右键单击一行或一列（或者选择的多行或多列），然后单击“隐藏”。

6.3.3　单元格内容的移动或复制

通过使用 Microsoft Office Excel 中的“剪切”、“复制”和“粘贴”命令，可以移动或复制整个单元格区域或其内容，也可以复制单元格的特定内容或属性。例如，可以复制公式的结果值而不复制公式本身，或者可以只复制公式。

Excel 在已经剪切或复制的单元格周围显示动态移动的边框。若要取消移动的边框，请按 Esc 键。

移动或复制单元格时，Excel 将移动或复制整个单元格，包括公式及其结果值、单元格格式和批注。

(1) 请选择要移动或复制的单元格。

(2) 在“开始”选项卡上的“剪贴板”组中，执行下列操作之一：

- 若要移动单元格，请单击“剪切”，键盘快捷方式也可以按 Ctrl+X。
- 若要复制单元格，请单击“复制”，键盘快捷方式也可以按 Ctrl+C。

(3) 选择粘贴区域的左上角单元格。

要将选定区域移动或复制到不同的工作表或工作簿，单击另一个工作表选项卡或切换到另一个工作簿，然后选择粘贴区域的左上角单元格。

(4) 在“开始”选项卡上的“剪贴板”组中，单击“粘贴”，键盘快捷方式也可以按 Ctrl+V。

- 要在粘贴单元格时选择特定选项，可以单击“粘贴”下面的箭头，然后单击所需选项。例如，可以单击“选择性粘贴”或“粘贴为图片”。
- 默认情况下，Excel 会在工作表上显示“粘贴选项”按钮（如“保留源格式”和“匹配目标格式”），以便在粘贴单元格时提供特殊选项。如果不想在每次粘贴单元格时都显示此按钮，可以关闭此选项。单击“Microsoft Office”按钮，然后单击“Excel”选项。在“高级”类别的“剪切、复制和粘贴”下，清除“显示粘贴选项按钮”复选框。
- 在剪切和粘贴单元格以移动单元格时，Excel 将替换粘贴区域中的现有数据。

当复制单元格时，将会自动调整单元格引用。但当移动单元格时，不会调整单元格引用，这些单元格的内容以及指向它们的任何单元格的内容可能显示为引用错误。在这种情况下，将需要手动调整引用。

如果选定的复制区域包括隐藏单元格，Excel 也会复制隐藏单元格。可能需要临时取消隐藏在复制信息时不想包括在内的单元格。

如果粘贴区域中包含隐藏的行或列，则需要显示全部粘贴区域，才能见到所有的复制

单元格。

6.4 数据筛选与数据排序

6.4.1 筛选 Excel 2007 单元格区域或表中的数据

Excel 2007 使用自动筛选来筛选数据，可以快速而又方便地查找和使用单元格区域或表列中数据的子集。

筛选过的数据仅显示那些满足指定条件①的行，并隐藏那些不希望显示的行。筛选数据之后，对于筛选过的数据的子集，不需要重新排列或移动就可以复制、查找、编辑、设置格式、制作图表和打印。

还可以按多个列进行筛选。筛选器是累加的，这意味着每个追加的筛选器都基于当前筛选器，从而进一步减少了数据的子集。

使用自动筛选可以创建三种筛选类型：按列表值、按格式或按条件。对于每个单元格区域或列表来说，这三种筛选类型是互斥的。例如，不能既按单元格颜色又按数字列表进行筛选，只能在两者中任选其一；不能既按图标又按自定义筛选进行筛选，只能在两者中任选其一。

为了获得最佳效果，请不要在同一列中使用混合的存储格式（如文本和数字，或数字和日期），因为每一列只有一种类型的筛选命令可用。如果使用了混合的存储格式，则显示的命令将是出现次数最多的存储格式。例如，如果该列包含作为数字存储的三个值和作为文本存储的四个值，则显示的筛选命令是“文本筛选”。

（1）选择包含字母数据的单元格区域。

（2）在“开始”选项卡上的“编辑”组中，单击“排序和筛选”，然后单击“筛选”，如图 6-6 所示。

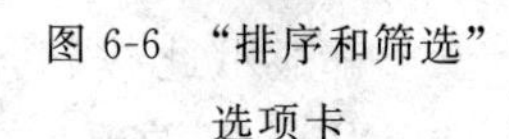

图 6-6 “排序和筛选”选项卡

（3）单击列标题中的箭头▼。

（4）从文本值列表中选择。在文本值列表中，选择或清除一个或多个要作为筛选依据的文本值。

文本值列表最多可以达到 10 000。如果列表很大，请清除顶部的“（全选）”，然后选择要作为筛选依据的特定文本值。若要使自动筛选菜单更宽或更长，单击并拖动位于底部的握柄。

（5）创建条件。

---

① 条件：所指定的限制查询或筛选的结果集中包含哪些记录的条件。

- 指向“文本筛选”，然后单击一个比较运算符[①]命令，或单击“自定义筛选”。

例如，若要按以特定字符开头的文本进行筛选，请选择“始于”，或者，若要按在文本中任意位置有特定字符的文本进行筛选，请选择“包含”。

- 在“自定义自动筛选方式”对话框的右侧框中，输入文本或从列表中选择文本值。

例如，若要筛选以字母“J”开头的文本，请输入“J”，或者，若要筛选在文本中任意位置有“bell”的文本，请输入“bell”。如果需要查找某些字符相同但其他字符不同的文本，请使用通配符。

- 若要对表列或选择内容进行筛选，以便两个条件都必须为True，请选择“与”。
- 若要筛选表列或选择内容，以便两个条件中的任意一个或者两个都可以为True，请选择“或”。
- 在第二个条目中，选择比较运算符，然后在右框中，输入文本或从列表中选择文本值。

6.4.2　使用高级条件筛选Excel表中的数据

若要通过复杂的条件[②]来筛选单元格区域，请使用“数据”选项卡上“排序和筛选”组中的“高级”命令。“高级”命令的工作方式在几个重要的方面与“筛选”命令有所不同。它显示了“高级筛选”对话框，而不是“自动筛选”菜单。可以在工作表以及要筛选的单元格区域或表上的单独条件区域中键入高级条件。Microsoft Office Excel将“高级筛选”对话框中的单独条件区域用做高级条件的源。

(1) 在可用做条件区域的区域上方插入至少三个空白行。条件区域必须具有列标签。请确保在条件值与区域之间至少留了一个空白行。

	A	B	C
1	类型	销售人员	销售额
2			
3			
4			
5			
6	类型	销售人员	销售额

① 比较运算符：在比较条件中用于比较两个值的符号。此类运算符包括＝等于、＞大于、＜小于、＞＝大于等于、＜＝小于等于和＜＞不等于。

② 条件：为限制查询结果集中包含的记录而指定的条件。例如，以下条件用于选择Order Amount字段的值大于30 000的记录：Order Amount＞30 000。

续表

	A	B	C
7	饮料	苏术平	￥5 122
8	肉类	李小明	￥450
9	农产品	林丹	￥6 328
10	农产品	李小明	￥6 544

(2) 在列标签下面的行中，键入所要匹配的条件。

由于在单元格中键入文本或值时等号(＝)用来表示一个公式，因此 Excel 会评估键入的内容。不过，这可能会产生意外的筛选结果。为了表示文本或值的相等比较运算符，应在条件区域的相应单元格中键入作为字符串表达式的条件：＝"＝条目"。其中条目是要查找的文本或值。例如：

单元格中键入的内容	Excel 计算和显示的内容	单元格中键入的内容
＝"＝李小明"	＝李小明	＝"＝李小明"

Excel 在筛选文本数据时不区分大小写。但是，可以使用公式来执行区分大小写的搜索。有关示例，请参阅使用区分大小写的搜索筛选文本。

(3) 单击区域中的单元格。

(4) 在"数据"选项卡上的"排序和筛选"组中，单击"高级"。

(5) 若要通过隐藏不符合条件的行来筛选区域，请单击"在原有区域显示筛选结果"。若要通过将符合条件的数据行复制到工作表的其他位置来筛选区域，请单击"将筛选结果复制到其他位置"，然后在"复制到"编辑框中单击鼠标左键，再单击要在该处粘贴行的区域的左上角。

(6) 在"条件区域"框中，输入条件区域的引用，其中包括条件标签。

若要在选择条件区域时暂时将"高级筛选"对话框移走，请单击"压缩对话框"。

(7) 若要更改筛选数据的方式，可更改条件区域中的值，然后再次筛选数据。

可以将某个区域命名为"Criteria"，此时"条件区域"框中就会自动出现对该区域的引用。也可以将要筛选的数据区域命名为"Database"，并将要粘贴行的区域命名为"Extract"，这样，这些区域就会相应地自动出现在"数据区域"和"复制到"框中。

将筛选所得的行复制到其他位置时，可以指定要复制的列。在筛选前，请将所需列的列标签复制到计划粘贴筛选行的区域的首行。而当筛选时，请在"复制到"框中输入对被复制列标签的引用。这样，复制的行中将只包含已复制过标签的列。

6.4.3　数据排序

对 Excel 数据进行排序是数据分析不可缺少的组成部分。可能需要执行以下操作：将名称列表按字母顺序排列；按从高到低的顺序编制产品存货水平列表；按颜色或图标对行进行排序。对数据进行排序有助于快速、直观地显示数据并更好地理解数据，有助于组织并查找所需数据，有助于最终作出更有效的决策。

若要查找某个单元格区域或某个表中的上限值或下限值（如前 10 名或后 5 个销售额），可以使用自动筛选或条件格式。

可以对一列或多列中的数据按文本（升序或降序）、数字（升序或降序）以及日期和时间（升序或降序）进行排序。还可以按自定义序列（如大、中和小）或格式（包括单元格颜色、字体颜色或图标集）进行排序。大多数排序操作都是针对列进行的，但是，也可以针对行进行。

排序条件随工作簿一起保存，这样，每当打开工作簿时，都会对 Excel 表（而不是单元格区域）重新应用排序。如果希望保存排序条件，以便在打开工作簿时可以定期重新应用排序，最好使用表，这对于多列排序或花费很长时间创建的排序尤其重要。

1. 对文本进行排序

(1) 选择单元格区域中的一列字母数字数据，或者确保活动单元格在包含字母数字数据的表列中。

(2) 在“开始”选项卡上的“编辑”组中，单击“排序和筛选”。

(3) 执行下列操作之一：

- 若要按字母数字的升序排序，请单击“从 A 到 Z 排序”。
- 若要按字母数字的降序排序，请单击“从 Z 到 A 排序”。

(4) 可以执行区分大小写的排序（可选）。

2. 区分大小写的排序

(1) 在“开始”选项卡上的“编辑”组中，单击“排序和筛选”，然后单击“自定义排序”。

(2) 在“排序”对话框中，单击“选项”。

(3) 在“排序选项”对话框中，选择“区分大小写”。

(4) 单击“确定”两次。

检查所有数据是否存储为文本。如果要排序的列中包含的数字既有作为数字存储的，又有作为文本存储的，则需要将所有数字均设置为文本格式；否则，作为数字存储的数字将排在作为文本存储的数字前面。要将选定的所有数据设置为文本格式，请在“开始”选项卡上的“字体”组中，单击“设置单元格字体格式”按钮，单击“数字”选项卡，然后在“分类”下，单击“文本”。

删除所有前导空格。在有些情况下，从其他应用程序导入的数据前面可能会有前导空格。请在排序前先删除这些前导空格。

6.5 分类汇总与分级显示的使用

6.5.1 分类汇总

通过使用 Excel“数据”选项卡“分级显示”组中的“分类汇总”命令，可以自动计算列的列表[1]中的分类汇总和总计，如图 6-7 所示。

分类汇总是通过 SUBTOTAL 函数利用汇总函数[2]（例如，“求和”或“平均值”）计算得到的。可以为每列显示多个汇总函数类型。

总计是由明细数据[3]派生的，而不是由分类汇总中的值派生的。例如，如果使用“平均值”汇总函数，则总计行将显示列表中所有明细行的平均值，而不是分类汇总行中值的平均值。

	A	B
1	**运动**	**销售额**
2	高尔夫	$5,000
3	高尔夫	$2,000
4	高尔夫	$1,500
5	**高尔夫汇总**	**$8,500**
6	狩猎	$9,000
7	狩猎	$4,000
8	**狩猎汇总**	$13,000
11	**网球汇总**	$1,464
12	**总计**	$22,964

图 6-7　分类汇总实例

1. 插入分类汇总

如果将工作簿设置为自动计算公式，则在编辑明细数据时，“分类汇总”命令将自动重新计算分类汇总和总计值。“分类汇总”命令还会分级显示[4]列表，以便可以显示和隐藏每个分类汇总的明细行。

(1) 确保每个列在第一行中都有标签，并且每个列中都包含相似的事实数据，而且该区域没有空的行或列。

(2) 选择该区域中的某个单元格。

(3) 插入一个分类汇总级别。

可以为一组数据插入一个分类汇总级别，如图 6-8 所示。

- 对构成组的列排序。有关排序的详细信息，请参阅对区域或表中的数据排序。
- 在“数据”选项卡上的“分级显示”组中，单击“分类汇总”（图 6-9）。

---

① 列表：包含相关数据的一系列行，或使用“创建列表”命令作为数据表指定给函数的一系列行。

② 汇总函数：是一种计算类型，用于在数据透视表或合并计算表中合并源数据，或在列表或数据库中插入自动分类汇总。汇总函数的例子包括 Sum、Count 和 Average。

③ 明细数据：在自动分类汇总和工作表分级显示中，由汇总数据汇总的分类汇总行或列。明细数据通常与汇总数据相邻，并位于其上方或左侧。

④ 分级显示：工作表数据，其中明细数据行或列进行了分组，以便能够创建汇总报表。分级显示可汇总整个工作表或其中的一部分。

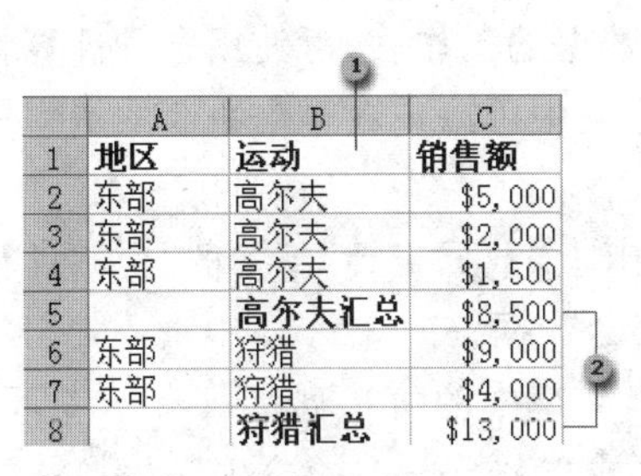

	A	B	C
1	**地区**	**运动**	**销售额**
2	东部	高尔夫	$5,000
3	东部	高尔夫	$2,000
4	东部	高尔夫	$1,500
5		**高尔夫汇总**	$8,500
6	东部	狩猎	$9,000
7	东部	狩猎	$4,000
8		**狩猎汇总**	$13,000

图 6-8　排序后的数据

图 6-9　分类汇总选项卡

(4) 在“分类字段”框中，单击要计算分类汇总的列。在上面的示例中，应当选择“运动”。

(5) 在“汇总方式”框中，单击要用来计算分类汇总的汇总函数。在上面的示例中，应当选择“求和”。

(6) 在“选定汇总项”框中，对于包含要计算分类汇总值的每个列，选中其复选框。在上面的示例中，应当选择“销售额”。

(7) 如果想按每个分类汇总自动分页，选中“每组数据分页”复选框。

(8) 若要指定汇总行位于明细行的上面，请清除“汇总结果显示在数据下方”复选框。若要指定汇总行位于明细行的下面，选中“汇总结果显示在数据下方”复选框。在上面的示例中，应当清除该复选框。

(9) 通过重复步骤(1)到步骤(7)，可以再次使用“分类汇总”命令，以便使用不同汇总函数添加更多的分类汇总。若要避免覆盖现有分类汇总，请清除“替换当前分类汇总”复选框。

2. 删除分类汇总

删除分类汇总时，Microsoft Office Excel 还将删除与分类汇总一起插入列表中的分级显示和任何分页符。

(1) 单击列表中包含分类汇总的单元格。

(2) 在“数据”选项卡的“分级显示”组中，单击“分类汇总”，将显示“分类汇总”对话框。

(3) 单击“全部删除”。

6.5.2　对多个 Excel 表中的数据进行合并计算

Excel 2007 中若要汇总和报告多个单独工作表的结果，可以将每个单独工作表中的数据合并计算到一个主工作表中。这些工作表可以与主工作表在同一个工作簿中，也可以位于其他工作簿中。对数据进行合并计算就是组合数据，以便能够更容易地对数据进行定期或不定期的更新和汇总。

例如,如果有一个用于每个地区办事处开支数据的工作表,可使用合并计算将这些开支数据合并到公司的开支工作表中。这个主工作表中可以包含整个企业的销售总额和平均值、当前的库存水平和销售额最高的产品。

要对数据进行合并计算,请使用“数据”选项卡上“数据工具”组中的“合并计算”命令。

(1) 在每个单独的工作表上设置要合并计算的数据。

- 确保每个数据区域都采用列表[①]格式:第一行中的每一列都具有标签,同一列中包含相似的数据,并且在列表中没有空行或空列。
- 将每个区域分别置于单独的工作表中。不要将任何区域放在需要放置合并的工作表中。
- 确保每个区域都具有相同的布局。
- 命名每个区域。选择整个区域,然后在“公式”选项卡的“命名单元格”组中,单击“命名单元格区域”旁边的箭头,然后在“名称”框中键入该区域的名称。

(2) 在包含要显示在主工作表中合并数据的单元格区域中,单击左上方的单元格。

确保在该单元格右下侧为合并的数据留下足够的单元格。“合并计算”命令根据需要填充该区域。

(3) 在“数据”选项卡上的“数据工具”组中,单击“合并”(图 6-10)。

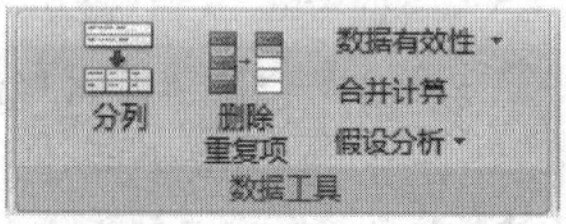

图 6-10 合并计算选项卡

(4) 在“函数”框中,单击 Microsoft Office Excel 用来对数据进行合并计算的汇总函数[②]。

(5) 如果工作表在另一个工作簿中,请单击“浏览”找到文件,然后单击“确定”以关闭“浏览”对话框。

(6) 键入为区域指定的名称,然后单击“添加”。对每个区域重复这一步骤。

(7) 确定希望如何更新合并计算,执行下列操作之一:

- 若要设置合并计算,以便它在源数据改变时自动更新,选中“创建连至源数据的链接”复选框。只有当该工作表位于其他工作簿中时,才能选中此复选框。一旦选中此复选框,则不能对在合并计算中包括哪些单元格和区域进行更改。
- 若要设置合并计算,以便可以通过更改合并计算中包括的单元格和区域来手动更新合并计算,请清除“创建连至源数据的链接”复选框。

(8) 请将“标签位置”下的框留空。Excel 不将源区域中的行或列标签复制到合并计算中。如果需要为合并的数据加标签,请从某个源区域复制它们或手动输入它们。

---

① 列表:包含相关数据的一系列行,或使用“创建列表”命令作为数据表指定给函数的一系列行。

② 汇总函数:是一种计算类型,用于在数据透视表或合并计算表中合并源数据,或在列表或数据库中插入自动分类汇总。汇总函数的例子包括 Sum、Count 和 Average。

6.5.3 更改多个 Excel 工作表的数据合并计算

对来自多个 Excel 工作表中的数据进行合并计算后，可能需要更改对数据进行合并计算的方式。例如，可能要添加新的地区办事处的工作表，或删除不再存在的部门的工作表，或更改带有三维引用[①]的公式。

1. 更改按位置或分类进行的合并计算

只有当以前未在“合并计算”对话框内选中“创建连至源数据的链接”复选框的情况下，才能更改合并计算。如果选中该复选框，请单击“关闭”，然后重新创建合并计算。

(1) 单击合并计算数据的左上角单元格。

(2) 在“数据”选项卡的“数据工具”组中，单击“合并计算”。

(3) 执行下列一项或多项操作：

- 为合并计算添加源区域。新的源区域必须在相同位置中有数据(如果以前按位置进行合并计算)，或者有与合并计算中其他区域内的那些列标签匹配的列标签(如果以前按分类进行合并计算)。

如果工作表在另一个工作簿中，请单击“浏览”找到文件，然后单击“确定”以关闭“浏览”对话框，在“引用”框中输入后跟感叹号的文件路径，键入为区域指定的名称，然后单击“添加”。

- 调整源区域的大小或形状。在“所有引用位置”下，单击要更改的源区域，在“引用”框中，编辑所选引用，单击“添加”。
- 从合并计算中删除源区域。在“所有引用位置”中，单击要删除的源区域，单击“删除”。
- 自动更新合并计算。只有当该工作表位于其他工作簿中时，才能选中此复选框。一旦选中此复选框，则不能对在合并计算中包括哪些单元格和区域进行更改。

选定“创建连至源数据的链接”复选框。

(4) 若要更新合并计算，请单击“确定”。

2. 更改按公式进行的合并计算

通过编辑公式(如更改函数或表达式)，可以更改按公式的合并计算。对于单元格引用，可以执行下列操作之一：

(1) 如果要合并计算的数据位于不同工作表上的不同单元格中。添加、更改或删除对其他工作表的单元格引用。例如，若要添加对在营销部工作表后面插入的供应部工作

---

① 三维引用：对跨越工作簿中两个或多个工作表的区域的引用。

表中的单元格 G3 的引用，需要如图 6-11、图 6-12 所示编辑公式。

图 6-11　合并计算之前

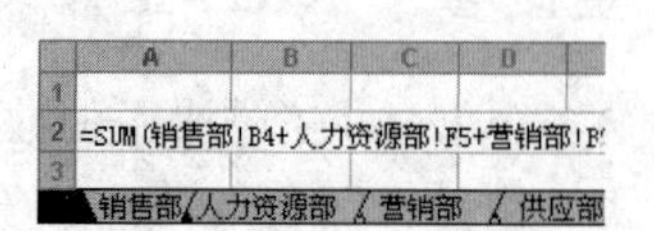

图 6-12　合并计算之后

（2）如果要合并计算的数据位于不同工作表上的相同单元格中。若要将另一个工作表添加到合并计算中，请将该工作表移动到公式所引用的区域中。例如，若要添加对供应部工作表中的单元格 B3 的引用，请在销售部和人力资源工作表之间移动供应部工作表，如图 6-13 所示。

由于公式包含对一个工作表名称区域的三维引用（“销售部:营销部!B3”），因此该区域内的所有工作表都包括在新计算中。

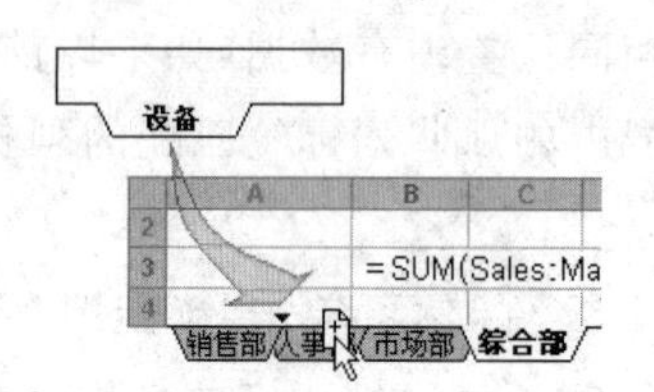

图 6-13　合并计算公式

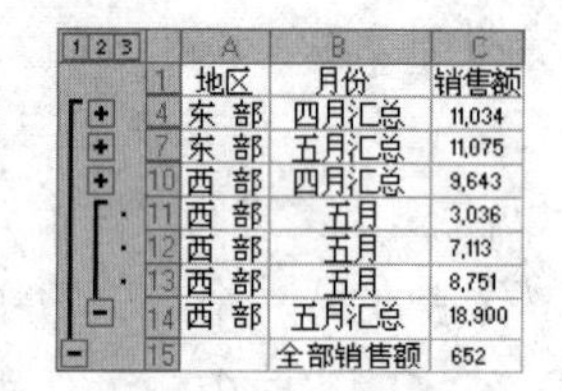

	A	B	C
1	地区	月份	销售额
4	东 部	四月汇总	11,034
7	东 部	五月汇总	11,075
10	西 部	四月汇总	9,643
11	西 部	五月	3,036
12	西 部	五月	7,113
13	西 部	五月	8,751
14	西 部	五月汇总	18,900
15		全部销售额	652

图 6-14　分级数据

6.5.4　分级显示 Excel 工作表中的复杂数据列表

如果有一个要进行组合和汇总的 Excel 数据列表，则可以创建分级显示（分级最多为八个级别，每组一级）。每个内部级别（由分级显示符号中的较大数字表示）显示前一外部级别（由分级显示符号中的较小数字表示）的明细数据。使用分级显示可以快速显示摘要行或摘要列，或者显示每组的明细数据。可创建行的分级显示（图 6-14）、列的分级显示或者行和列的分级显示。

下面显示了一个按地理区域和月份分组的销售数据分级显示行，此分级显示行有多个摘要行和明细数据行。

（1）确保每列在第一行中都有标签，在每列中包含相似的内容，并且区域内没有空行或空列。

（2）选择区域中的一个单元格。

（3）对构成组的列进行排序。

（4）插入摘要行。

要按行分级显示数据，必须使摘要行包含引用该组的每个明细数据行中单元格的公式。执行下列操作之一：

- 使用“分类汇总”命令插入摘要行。

使用“分类汇总”命令，可以在每组明细数据行的正下方或正上方插入 SUBTOTAL 函数并自动创建分级显示。

- 插入自己的摘要行。使用公式在每组明细数据行的正下方或正上方插入自己的摘要行。

(5) 指定摘要行的位置位于明细数据行的下方还是上方。

- 在“数据”选项卡上的“分级显示”组中，单击“分级显示”对话框启动器。
- 要指定摘要行位于明细数据行上方，请清除“明细数据的下方”复选框。要指定摘要行位于明细数据行下方，选中“明细数据的下方”复选框。

(6) 分级显示数据。执行下列操作之一：

- 自动分级显示数据。
- 手动分级显示数据。

在手动组合分级显示级别时，最好显示出所有数据，以避免执行错误的行组合。

在下面的示例中，第 6 行包含第 2 行到第 5 行的分类汇总，第 10 行包含第 7 行到第 9 行的分类汇总，第 11 行包含总计。要组合第 11 行的所有明细数据，选中第 2 行到第 10 行。

	A	B		A	B
1	地区	月份	7	东部	四月
2	东部	三月	8	东部	四月
3	东部	三月	9	东部	四月
4	东部	三月	10	东部	四月总计
5	东部	三月	11	东部总计	
6	东部	三月总计			

在下面的示例中，要组合第 2 行到第 5 行(第 6 行为它们的摘要行)，选中第 2 行到第 5 行。要组合第 7 行到第 9 行(第 10 行为它们的摘要行)，选中第 7 行到第 9 行。

	A	B		A	B
1	地区	月份	6	东部	三月总计
2	东部	三月	7	东部	四月
3	东部	三月	8	东部	四月
4	东部	三月	9	东部	四月
5	东部	三月	10	东部	四月总计

如果在明细数据处于隐藏状态时对分级显示取消组合，则明细数据行可能仍然隐藏。要显示数据，请拖动与隐藏行相邻的可见行号。在“开始”选项卡上的“单元格”组中，单击“格式”，指向“隐藏和取消隐藏”，然后单击“取消隐藏行”。

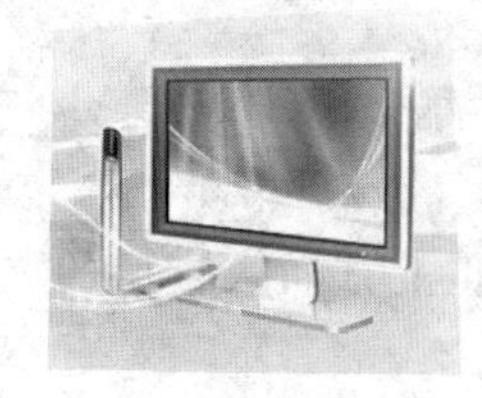

第7章 演示文稿处理

本章关键词

电子演示文稿(PowerPoint)　多媒体(multimedia)

本章要点

本章将主要介绍使用PowerPoint 2007进行演示文稿处理的方法和技巧。

重点掌握:动画放映、图像处理。

PowerPoint作为Office系列软件中的重要组成部分,以其强大的功能和方便的操作,在各个领域得到了广泛的应用。本章将对Office系列软件中的重要组件——PowerPoint 2007的新特性、安装和启动以及界面等方面进行介绍,使读者对这个重量级的演示文稿制作软件有个初步的感受;通过对PowerPoint 2007的基本介绍,与大家共同分享PowerPoint 2007所带来的惊喜。

7.1 PowerPoint 2007概述

PowerPoint是微软Office办公套装软件中的一个重要组成部分,其作用是专门用于设计和制作信息展示领域各种类型的电子演示文稿。PowerPoint具有技术先进、功能强大和操作方便等特点,可以轻松地创建直观而专业的各类演示幻灯片。使用PowerPoint创建的幻灯片既可以使用计算机屏幕或投影仪播放,也可用于互联网上的网络会议或在Web上展示。正因为此,PowerPoint被广泛应用于演讲、报告、各种会议、产品演示和多媒体演示文稿制作等众多领域。

新版的PowerPoint 2007可以说是PowerPoint发展史上的又一次飞跃,在很好地继承了老版本成功经验的基础上,其功能再一次有了较大的改进和提高。使用PowerPoint 2007,用户能够更为方便地制作引人入胜的演示幻灯片。新的界面能够使用户更加方便、快捷地实现各种操作,信息的共享能力比老版本有了更大的增强,使团队协作更为简单、高效。同时,PowerPoint 2007在传统的图表、绘图、图片、文本的使用和输出方式等方面也作了重大改进,使文稿的创建输出和信息的表达更加容易、高效。所有的这些改进,为

使用 PowerPoint 创建极具专业性的演示文稿带来了便利，使作为用户的你能够更为轻松地将想法变成具有专业风格和富有感染力的演示文稿。

7.2　PowerPoint 2007 的新特性

作为新一代的演示文稿设计工具，PowerPoint 2007 给人带来了全新的感受。这些新的特性来源于微软对用户使用习惯的调查了解，具有实用、必要而且更易于操作的特点。本节将对 PowerPoint 2007 的一些特色和新功能进行简单介绍。

7.2.1　全新的外观

你启动 PowerPoint 2007 后的第一感觉是什么？新的 Office 抛弃了过去一直使用的菜单和工具栏模式，采用了一种称为功能区的全新的用户界面模式，使界面简洁明快，一目了然。

在 Office 2007 中，功能区是位于屏幕顶端的带状区域，它包含了用户使用 Office 程序所需要的所有功能。在程序的主界面中，你再也找不到你所熟悉的 Office 应用程序菜单结构，也没有过去老版本必备的工具栏，但功能区这种二维布局模式却并没有给你一种生疏感，它看起来像菜单，又有工具栏的影子。这种全新但又似曾相识的设计能够使用户很快找到感觉，轻松上手。PowerPoint 2007 同样使用了这一全新的界面结构，其程序窗口，如图 7-1 所示。

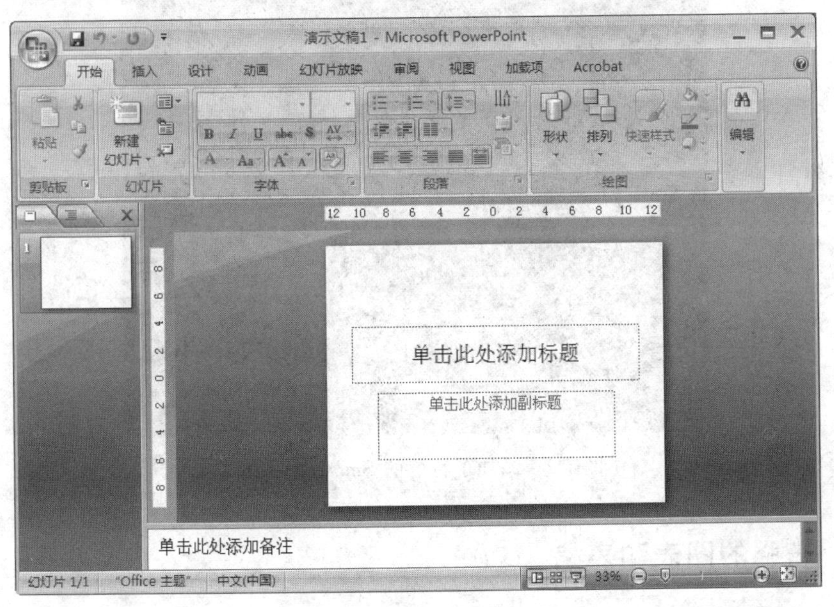

图 7-1　全新的功能区

PowerPoint 2007 抛弃用户耳熟能详的菜单和工具栏，却能够使用户获得更为方便和更为快捷的操作体验。在熟悉了这种功能区结构后，你会发现你的工作效率得到了大幅度的提高。功能区的选项卡替代了菜单结构，对某个对象的所有可能需要的操作都被集中在一个选项卡中。在操作时，你可以在选项卡中直接单击“命令”按钮实现某种操作，获得需要的选项列表来进行选择，直接在设置框中输入需要的参数来完成对象属性的设置。这些操作在过去的老版本中可能都是需要经过多次鼠标单击或打开多个工具栏才能完成的。

7.2.2 具有专业水准的图形效果

使用老版本的 PowerPoint，对于普通用户来说，创建各种图形效果，并不是一件简单的事。为了获得精美的专业演示文稿效果，往往需要专业的设计师参与并使用多种设计软件。现在，对于 PowerPoint 2007 的用户来说，再也不用为怎样获得炫目的效果而发愁了，任何人都能够创建不同凡响的演示文稿。

使用 PowerPoint 2007，你可以在演示文稿中为形状、图表和文字等对象添加丰富的特效，包括阴影效果、反射效果、辉光效果、柔化边缘效果和 3D 旋转效果等。而要获得这些效果，你只需要直接选择使用 PowerPoint 2007 自带的内置样式。当然，你也可以根据自己的需要，通过对效果参数进行修改来自定义自己的效果，以获得各种符合个性要求的效果。如图 7-2 所示为添加了特效的 SmartArt 图形。

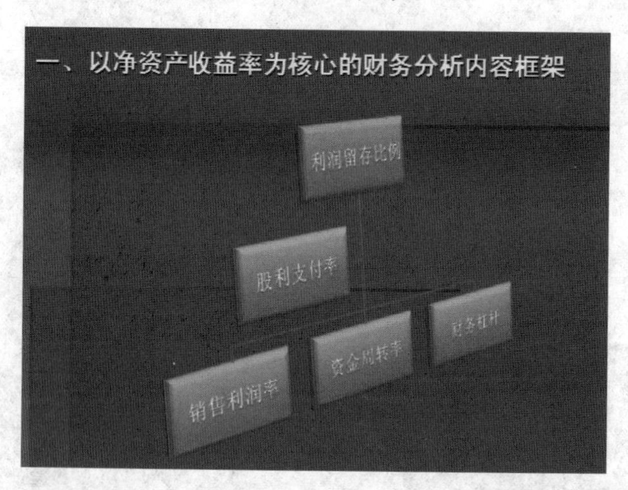

图 7-2　添加了特效的 SmartArt 图形

7.2.3 增强的图表和表格

在 PowerPoint 2007 中，图表和表格得到了重新设计，功能有了显著增强。首先，图

表和表格的编辑与处理变得更为简单。其次，PowerPoint 2007 提供了专业的样式库，能够使用户快速更改图表和表格的样式，这些专业的外观能够使图表和表格具有更加丰富的视觉效果。如图 7-3 所示为 PowerPoint 2007 内置的表格样式。

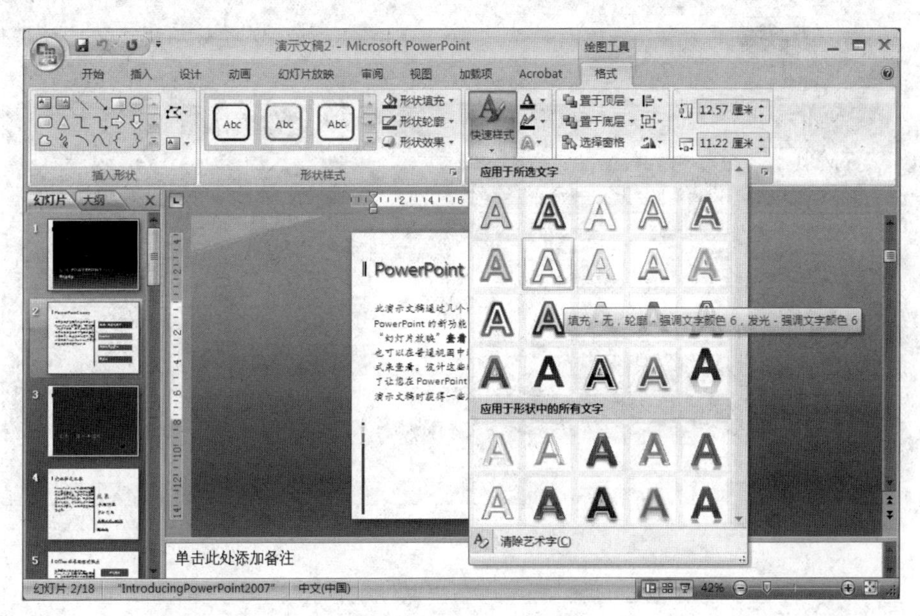

图 7-3　丰富的样式效果

7.2.4　便捷的主题

PowerPoint 2007 提供了全新的内置主题、版式和快捷样式，为用户提供了更多的选择。在使用以前的版本创建演示文稿时，要设计幻灯片主题，需要考虑幻灯片中各个元素的颜色和样式，保证它们搭配合理，这是一件既消耗时间和精力，又需要专业素养的工作。现在 PowerPoint 2007 提供的内置主题简化了这一过程，你只需要选择合适的主题，PowerPoint 2007 就能够给出最为合适的颜色样式方案，使你的幻灯片达到最佳的视觉效果。PowerPoint 2007 提供的主题样式如图 7-4 所示。

7.2.5　新的幻灯片版式

在 PowerPoint 2007 中，版式功能得到进一步加强。PowerPoint 提供了更为美观的新版式，在展示文字、图片和多媒体信息时有了更多的选择。用户可以根据需要定义包含任意多种元素的幻灯片版式，创建多个幻灯片母版集。创建的幻灯片版式可以保存，甚至可以放置于幻灯片库中以便共享。如图 7-5 所示为 PowerPoint 2007 提供的一种幻灯片版式。

图 7-4　PowerPoint 2007 中的主题

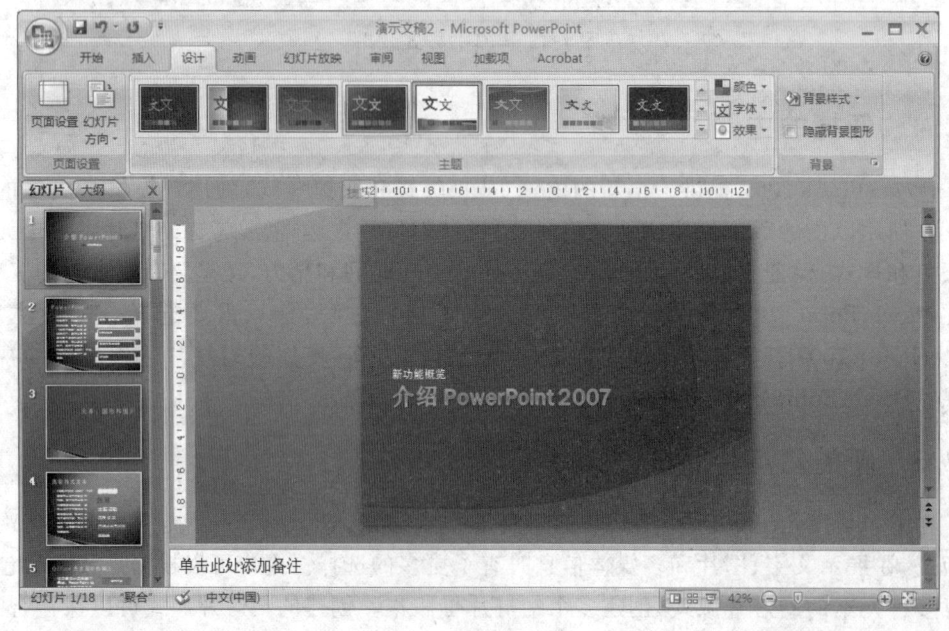

图 7-5　新的幻灯片版式

7.2.6　强大的信息共享能力

与老版本相比，PowerPoint 2007 为多用户共享信息提供了方便。PowerPoint 2007 引入了网络幻灯片库的概念，演示文稿可以被存储在运行 Office SharePoint Server 2007 的服务器上的幻灯片库中，作为用户的你既可以将幻灯片发布到这个幻灯片库中，也可以从幻灯片库中将合作伙伴的幻灯片添加到你的演示文稿中。插入演示文稿的幻灯片可以与服务器上的幻灯片关联，对演示文稿中相应幻灯片的修改都能在服务器上及时更新，服务器上幻灯片的修改也会给你以及时的提示。另外，PowerPoint 2007 能自动记住幻灯片库的位置，以方便用户查找。

为了方便演示文稿的传播，PowerPoint 2007 采用了全新的“*.pptx”文件格式，这种格式是一种压缩文件格式，保存为这种格式的演示文稿会被压缩，因此生成的文件体积相对较小，这降低了文档传播时对存储空间和网络带宽的要求。同时，这种文件格式采用的是分段存储模式，在文档中某一部分遭受损害的情况下文档其他部分同样能打开。

另外，PowerPoint 2007 除了具有 PowerPoint 2003 所拥有的功能强大的文档打包发布功能外，还能够以加载项的形式将文档发布为 PDF 格式(即可移植文档格式)和 XPS 格式(即 XML 纸张规范格式)。这两种文档格式能够保留文档中的各种格式信息，能保证在传播过程中文档中的数据不会被轻易更改。

7.2.7　更强的信息保护能力

在与他人共享演示文稿时，往往不希望自己的文稿被随便修改，有时也希望文稿只能被特定的人员访问，PowerPoint 2007 使用了多种新技术来实现文档的保护。利用 PowerPoint 2007 新增的安全功能，能够向文档添加数字签名、隐藏作者姓名、限制访问者权限等。通过对文档使用“标记为最终版本”命令，可以将文档设置为只读状态，避免文档被任意修改。这些保护功能的实现，可以在 Microsoft Office 按钮的“准备”菜单中找到有关的命令，如图 7-6 所示。

PowerPoint 2007 提供了“文档检查器”来检查文档中隐藏的内容，这些内容包括批注和注释、文档属性、自定义 XML 数据等。在 PowerPoint 2007 中打开“文档检查器”对话框，如图 7-7 所示。使用“文档检查器”能够删除这些信息，使与他人共享的文档中不包括任何隐藏信息，以保证个人或组织的信息安全。

7.2.8　演示者视图

PowerPoint 2007 中的演示者视图有了进一步的增强，使 PowerPoint 的使用者能够更为方便地控制演示文稿的播放。在具有多台显示器的计算机上播放幻灯片时，PowerPoint 2007 允许用户在第一台显示器上控制文稿播放，而观众在第二台显示器上

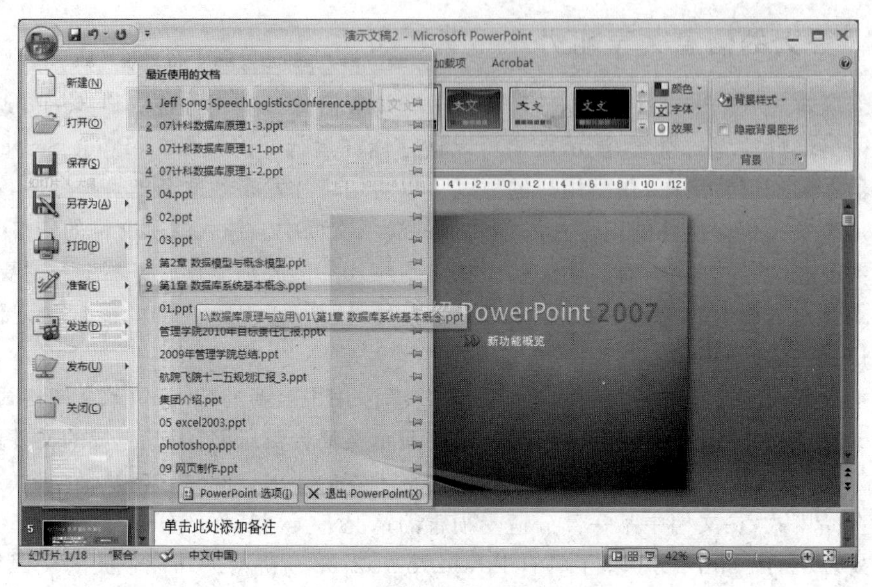

图 7-6 “准备”菜单下的菜单命令

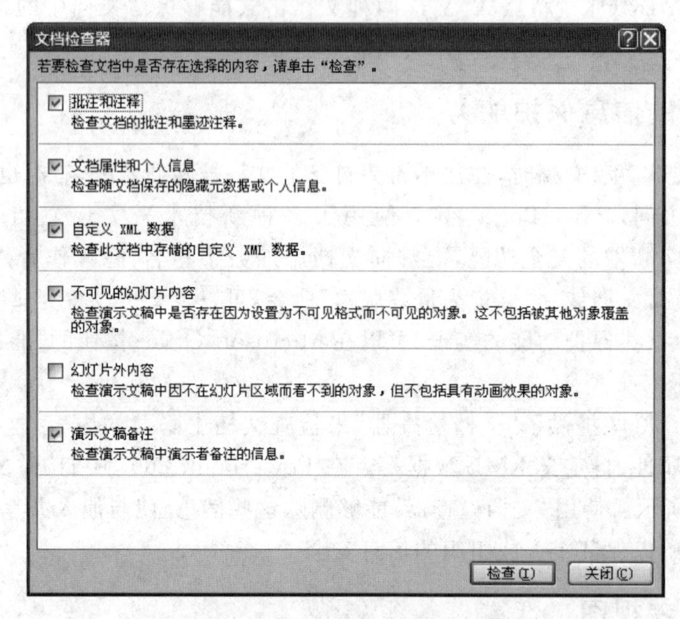

图 7-7 “文档检查器”对话框

直接观看文稿的演示，同时第一台显示器上控制台的功能更为强大、操作更为方便直观。

演示者视图为放映幻灯片提供了多种工具，如可以使用缩略图放映幻灯片，预览将要

播放的内容，幻灯片中的备注能够以大字体显示等。这些功能能够使用户方便地展示信息，使操作和演示有机结合，获得更好的演讲效果。

7.3 PowerPoint 2007 的用户界面

启动 PowerPoint 2007 打开程序窗口，在默认情况下，我们可以看到 PowerPoint 2007 的用户界面的基本结构，如图 7-8 所示。本节将对 PowerPoint 2007 用户界面的各个组成元素进行介绍。

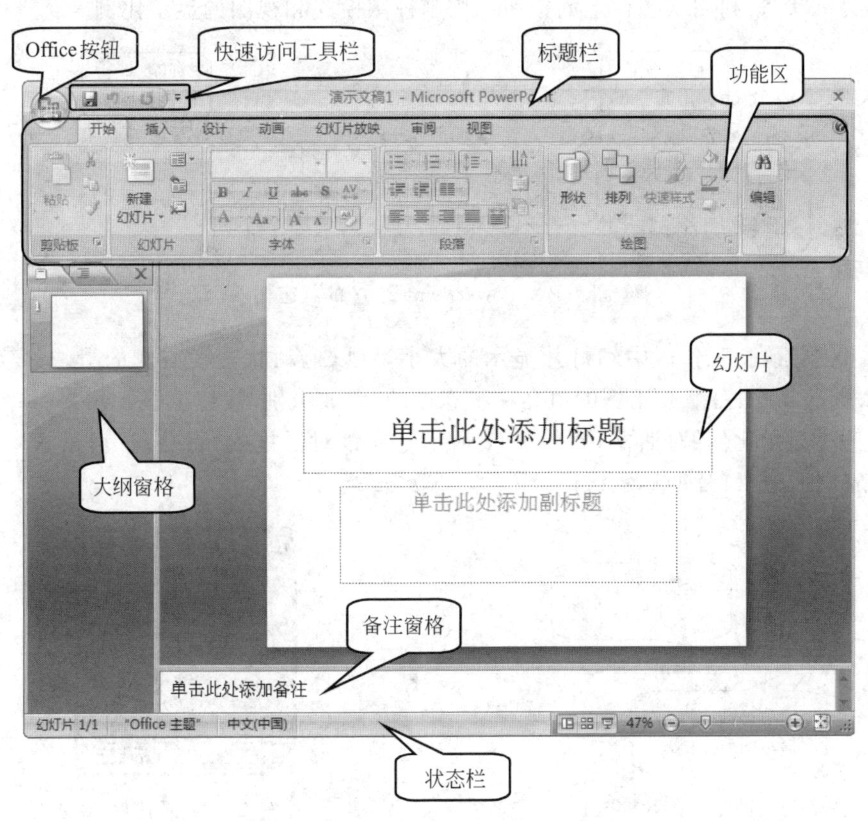

图 7-8 PowerPoint 2007 的用户界面

7.3.1 传统的标题栏和状态栏

标题栏和状态栏是 Windows 下的应用程序界面必备的组成部分，本节将对 PowerPoint 2007 的标题栏和状态栏进行简单介绍。

标题栏位于程序界面的顶端，用于显示当前应用程序的名称和正在编辑的演示文稿

的名称，如图 7-9 所示。标题栏右侧有三个窗口控制按钮，用来实现程序窗口的最小化、最大化(或还原)和关闭。

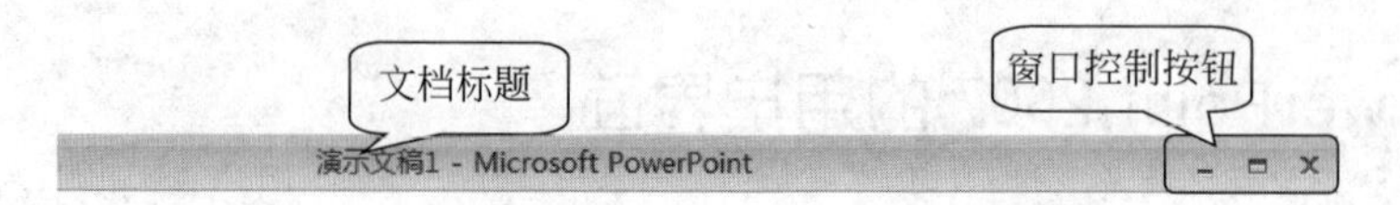

图 7-9　PowerPoint 2007 的标题栏

状态栏位于 PowerPoint 2007 窗口的最底部，其结构如图 7-10 所示。状态栏用于显示当前编辑状态，利用状态栏上的按钮可控制视图模式和视图的显示比例。

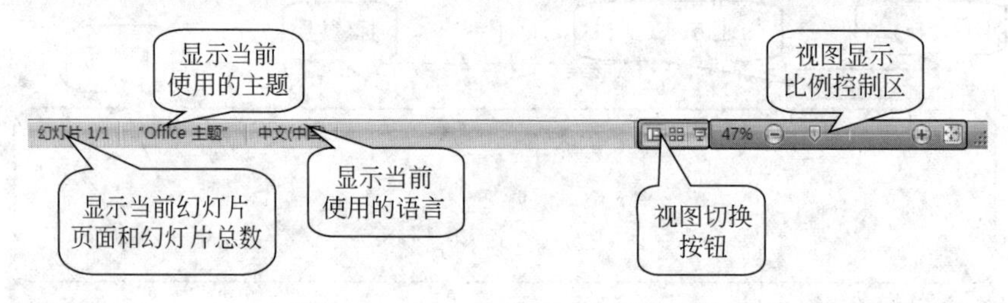

图 7-10　PowerPoint 2007 的状态栏

如果你想改变工作区中幻灯片显示的大小，可以拖动状态栏右侧的滑块来实现，如图 7-11 所示。此时，缩放比例的值会在状态栏的“缩放级别”按钮上显示出来。单击此按钮，可打开“显示比例”对话框，如图 7-12 所示。在该对话框的“百分比”增量框中输入数值，可精确控制幻灯片的显示比例。

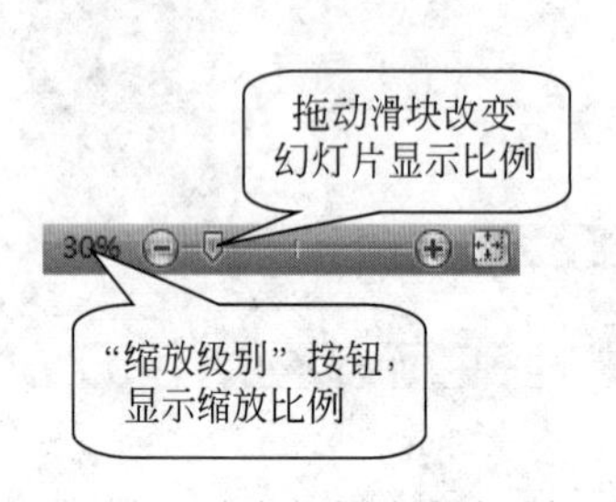

图 7-11　改变幻灯片缩放比例

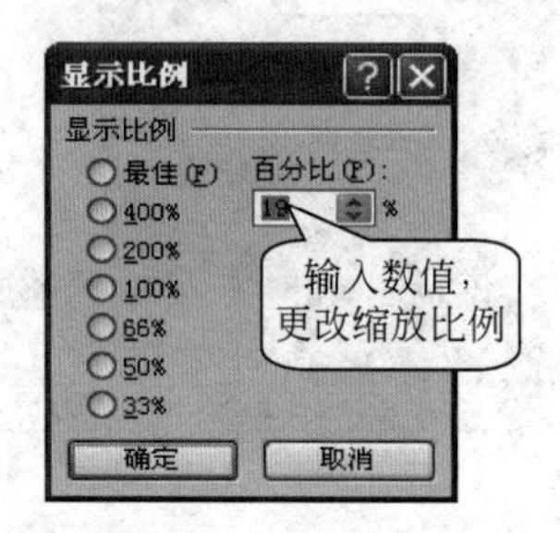

图 7-12　“显示比例”对话框

7.3.2　窗格

在 PowerPoint 2007 程序窗口中，窗格适用于显示某些特定的内容，使用窗格可以实现一种或是一组特定的功能，例如，在“备注”窗格中可以为幻灯片添加备注信息，如图 7-13 所示。

图 7-13　在“备注”窗格中添加备注信息

对于某些操作，PowerPoint 2007 会打开专用的任务窗格来对操作进行设置。例如，在“审阅”选项卡中单击“信息检索”按钮，可打开“信息检索”任务窗格，使用该任务窗格能够完成与信息检索有关的所有操作，如图 7-14 所示。

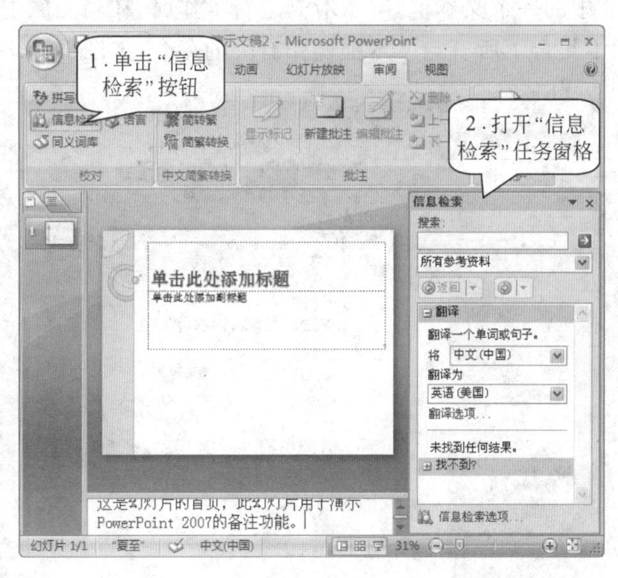

图 7-14　打开“信息检索”任务窗格

7.3.3　功能区

在 PowerPoint 2007 的界面中，你再也找不到过去版本中熟悉的菜单栏和工具栏，取

而代之的是一个全新的功能区。功能区的出现，使 PowerPoint 2007 的易用性更加突出，从而大大地提高了操作效率。

PowerPoint 2007 的功能区的结构，如图 7-15 所示。在功能区中，设置了面向任务的选项卡，在选项卡中集成了各种操作命令，而这些命令根据完成任务的不同分为各个任务组。功能区中的每一个命令按钮可以执行一个具体的操作，或是进一步显示命令菜单，相当于旧版本中的命令菜单项。

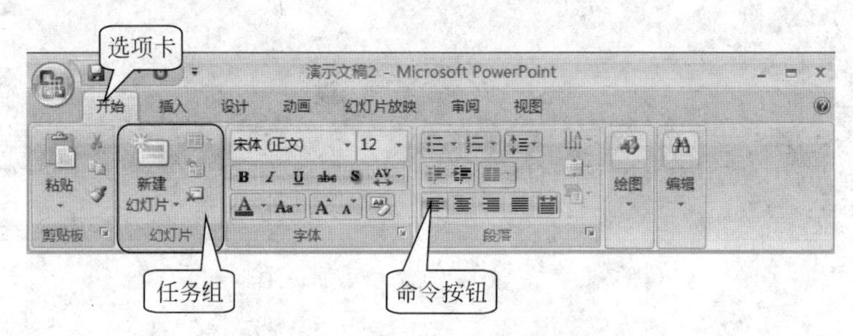

图 7-15　功能区的结构

在功能区中，还会出现一类在需要针对具体对象进行操作时才会出现的选项卡。例如，当你选择幻灯片中的一个文本框，准备对其进行操作时，在功能区中就会出现一个"格式"选项卡，该选项卡集合了所有与文本框操作有关的命令，如图 7-16 所示。

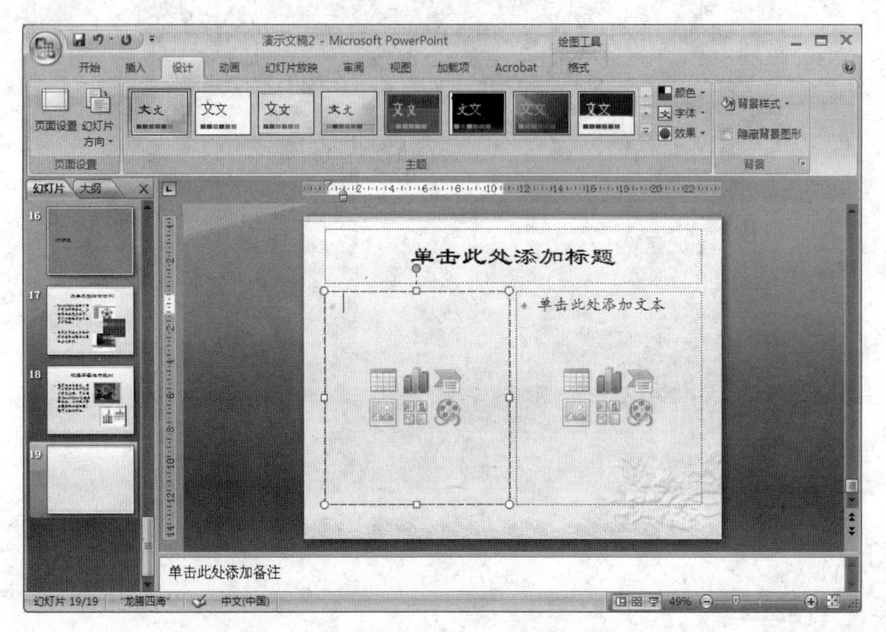

图 7-16　选择文本框后获得的"格式"选项卡

7.3.4 快速访问工具栏

在默认状态下,"快速访问工具栏"位于功能区的左上角,其包含了一组独立的命令按钮,使用这些按钮,操作者能够快速实现某些操作。"快速访问工具栏"具有高度的可定制性,用户可以向工具栏中添加需要的命令按钮,以方便操作。

(1) 为快速工具栏添加常用命令按钮。单击"快速访问工具栏"右侧的"自定义快速访问工具栏"按钮,获得下拉菜单,如图 7-17 所示。单击菜单中的某个选项即可将该命令按钮添加到"快速访问工具栏"中。如这里选择"打开"选项,则"快速访问工具栏"将添加该命令按钮,如图 7-18 所示。

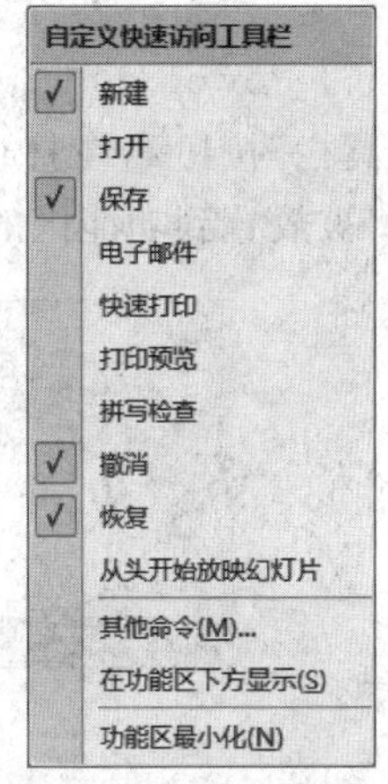

图 7-17 "自定义快速访问工具栏"菜单

(2) 从"PowerPoint 2007 选项"对话框中添加命令按钮。单击"快速访问工具栏"右侧的"自定义快速访问工具栏"按钮,在菜单中选择"其他命令"命令,打开"PowerPoint 选项"对话框。在对话框中的"从下列位置选择命令"下拉列表中选择命令的类别,在其下方的列表中选择需要添加的命令,单击"添加"按钮,将该命令添加到右侧的"自定义快速访问工具栏"列表中,如图 7-19 所示。单击"确定"按钮关闭"PowerPoint 选项"对话框,选择的命令将添加到"快速访问工具栏"中,如图 7-20 所示。

图 7-18 添加了"打开"命令按钮的"快速访问工具栏"

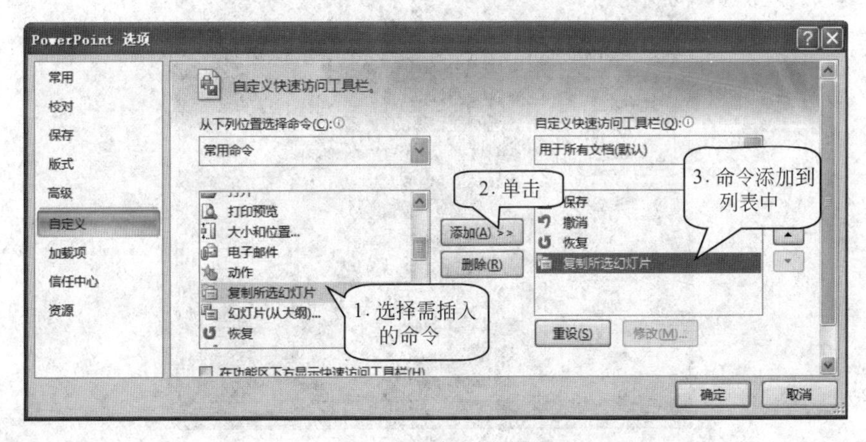

图 7-19 添加命令按钮

图 7-20　命令按钮添加到“快速访问工具栏”中

(3) PowerPoint 2007 允许用户更改“快速访问工具栏”的位置。单击“自定义快速访问工具栏”按钮，在打开的菜单中选择“在功能区下方显示”命令。此时，“快速访问工具栏”将被放置到功能区的下方，如图 7-21 所示。

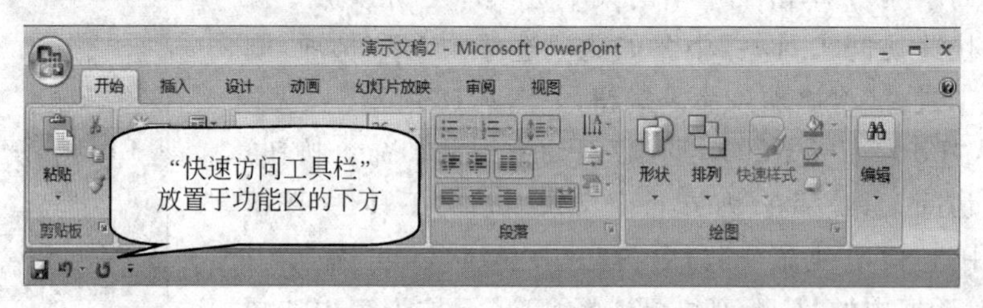

图 7-21　“快速访问工具栏”移到功能区的下方

7.3.5　Office 按钮

单击 PowerPoint 2007 程序窗口左上角的“Office 按钮”可打开和传统的文件菜单相同结构的菜单，如图 7-22 所示。

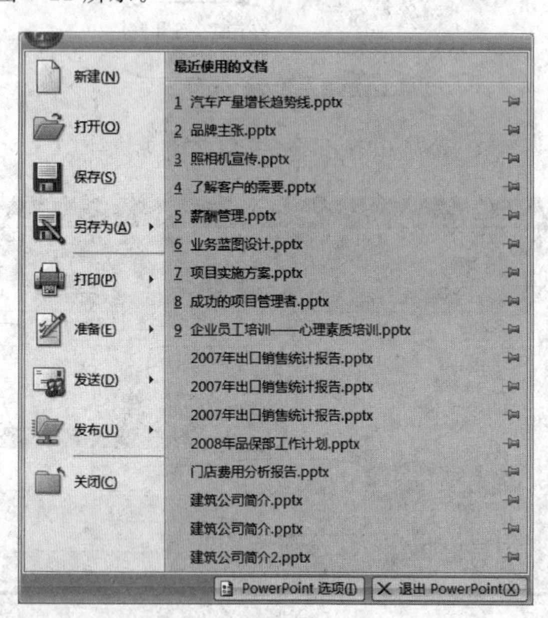

图 7-22　打开的“Office 按钮”菜单

菜单分为三个区域：左侧为命令区，选择其中的菜单命令可实现文档的各种操作，如文档的打开和保存、文档的打印以及文档的发布等。右侧占主体地位的是"最近使用的文档"列表区，该区域列出最近使用的演示文稿，可选择其中列出的文件直接打开。菜单最下方是功能按钮区，包含两个功能按钮。单击"退出 PowerPoint "按钮 X 退出 PowerPoint(X) 可关闭 PowerPoint 2007 程序窗口退出程序。单击"PowerPoint 选项"按钮 PowerPoint 选项(I) 可打开"PowerPoint 选项"对话框，如图 7-23 所示。使用该对话框对程序的界面、加载项和版式等进行设置。

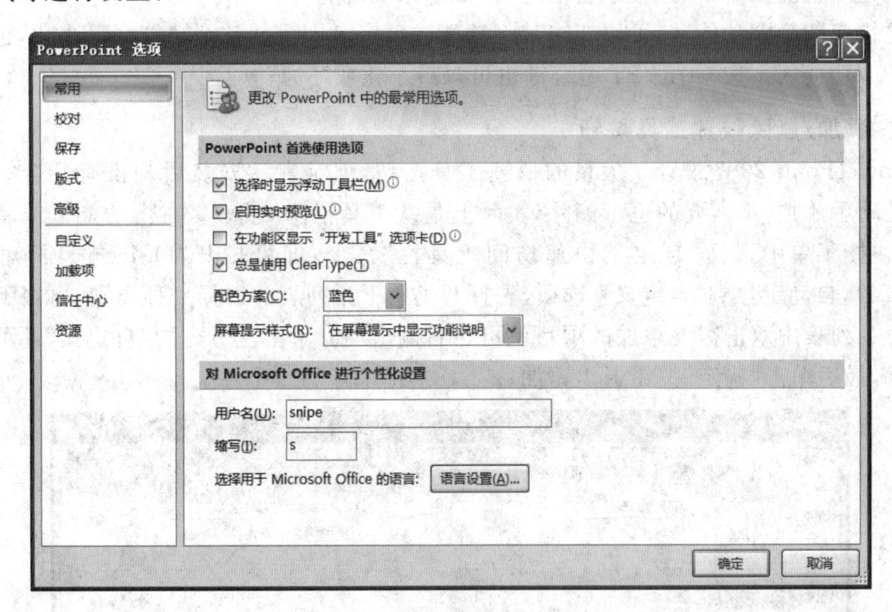

图 7-23　"PowerPoint 选项"对话框

7.4　使用 PowerPoint 创建演示文稿

7.4.1　功能区/工具栏基本操作

首次启动 PowerPoint 2007 时，会对看到的窗口结构感到惊讶，没有了菜单，工具按钮也少得可怜，抢眼的是一大块功能区。

功能区的设计能快速找到完成某一任务所需的命令。命令被组织在逻辑组中，逻辑组集中在选项卡下，多个选项卡组成一个功能区，每个选项卡都与一种类型的活动相关。为了减少混乱，某些选项卡只在需要时才显示。例如，仅当选择图片后，才显示"图片工具"选项卡。

工具按钮为你提供快速执行功能命令的方便，单击就可完成某一功能命令的执行。

1. 最小化/还原功能区

如果觉得功能区占用了太大的窗口面积，你可以最小化功能区以增大屏幕中可用的空间。始终使功能区最小化后，要使用某个功能选项（命令）时，单击功能选项卡（如“开始”、“幻灯片放映”等）就可立即展开该功能区的选项卡，单击使用的选项后功能区返回到最小化状态。最小化功能区的操作是单击“自定义快速访问工具栏”（位于工具栏最后面的小按钮），选择“最小化功能区”即可；也可以右击功能选项卡栏或工具栏的任意部位右击后选择快捷菜单中的“最小化功能区”命令来实现。

更快速的隐藏功能区，可以双击某个功能选项卡名即可使整个功能区最小化，再次双击则还原功能区。按 Ctrl＋F1 组合键也可以最小化或还原功能区。

2. 添加/删除快速工具按钮

PowerPoint 2007 设计了大量的快速工具按钮，但是默认安装后却没有几个。你可以自己动手添加，不需要的也可删除（实际上是从工具栏隐藏掉）。右击功能区或者工具栏，在快捷菜单中选择“自定义快速访问工具栏”命令，即可打开“Office 选项”对话框（图 7-24），自动定位到“自定义”选项，先打开类别下拉列表并选择一种类别，再在下面的工具命令列表中双击需要添加的项目就可在右侧出现。单击左下方的“自定义”还可设置快捷键，最后单击“确定”按钮退出添加。

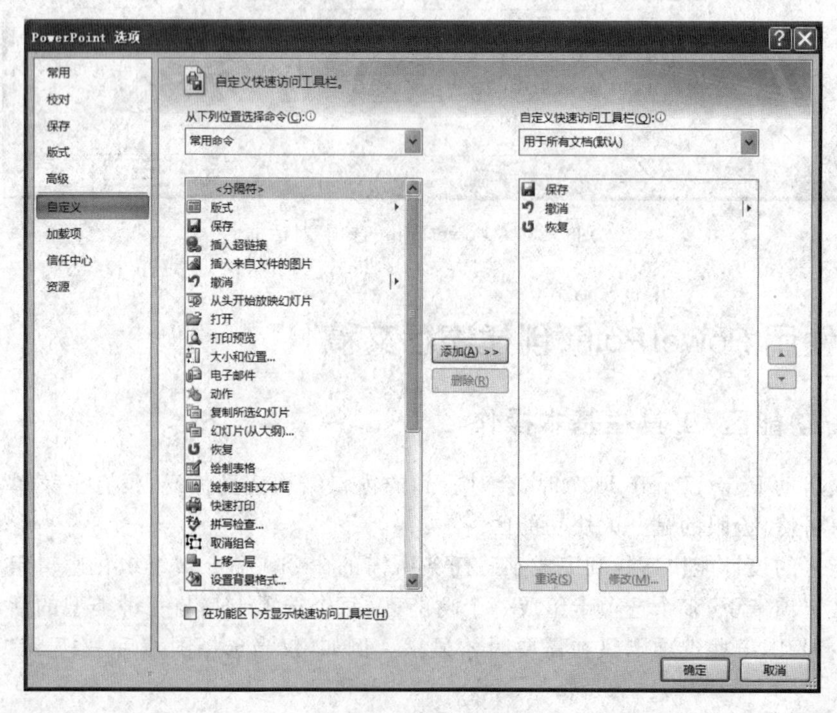

图 7-24　自定义选项

删除快速工具按钮的方法与添加类似，只是选中右侧的项目后单击“删除”按钮或者直接双击。最后单击“确定”按钮。

3. 移动、复制、删除幻灯片

在创建幻灯片后，可以对幻灯片进行移动、复制、删除等操作，也可以在两个演示文稿之间移动和复制全部或部分幻灯片。对幻灯片的操作最好在幻灯片浏览视图中进行。

(1) 选定幻灯片：对幻灯片进行处理首先要选定幻灯片。在幻灯片浏览视图中单击幻灯片的缩略图即可选定该幻灯片；先单击第一张幻灯片的缩略图，然后按住 Shift 键，并单击最后一张幻灯片的缩略图，这样就可以选定多张连续的幻灯片；按住 Ctrl 键，然后分别单击要选定的幻灯片缩略图，这样就可以选定多张不连续的幻灯片。

(2) 删除幻灯片：选中要删除的幻灯片后，按 Delete 键或单击“编辑”菜单中的“删除幻灯片”命令即可。

(3) 移动幻灯片：选中要移动的幻灯片后，按住鼠标左键进行拖动，拖动时会有一条竖直的线段表明幻灯片将要出现的位置，拖到目标位置后，松开鼠标左键即可。

(4) 复制幻灯片：选中要复制的幻灯片后，在拖动幻灯片的同时按住 Ctrl 键，拖到目标位置后，先松开鼠标左键，再松开 Ctrl 键。此时在目标位置将出现该幻灯片的副本。用户可以使用剪贴板中的“剪切”、“复制”、“粘贴”命令来移动或复制幻灯片，具体操作方法与移动或复制文本的操作相同。

4. “大纲”工具栏

在程序窗口最左侧的窗格中，单击“大纲”选项卡可以以大纲格式查看演示文稿。大纲格式是由 PowerPoint 提供的专门用来处理标题和文字的工作环境，在此环境下，用户可以从整体上组织演示文稿的内容，如调整大纲的段落级别和段落次序等。进行这些操作时离不开如图 7-25 所示的“大纲”工具栏。

图 7-25　“大纲”工具栏

从左到右，“大纲”工具栏各按钮的名称和功能如表 7-1 所示。

7.4.2　新建演示文稿文件

演示文稿文件就是一个新的演示文稿，一份演示文稿中可以包含一张至多张幻灯片，放映时默认从第一张开始依次进行，直到放映完全部幻灯片。当然，你可以通过设置来改变幻灯片的放映顺序。

1. 新建演示文稿

1) 新建空白演示文稿

启动 PowerPoint 2007 即新建了一份空白演示文稿，并在编辑区建立第一张版式为“标题幻灯片”的幻灯片，等待输入标题和副标题。如果一切内容和版式、格式、美化等工

表 7-1 “大纲”工具栏各按钮的功能

按钮名称	功　能
升级	将选定段落移至下一较高标题级(向左侧升一级)
降级	将选定段落移至下一较低标题级(向右侧降一级)
上移	将选定段落和其折叠(暂时隐藏)的附加文本向上移,到前面已显示的段落之上
下移	将选定段落和其折叠(暂时隐藏)的附加文本向下移,到后面已显示的段落之下
折叠	隐藏选定幻灯片除标题外的所有正文内容
展开	显示选定幻灯片的标题和所有折叠文本
全部折叠	只显示每张幻灯片的标题,正文部分全部被隐藏
全部展开	显示所有幻灯片的标题和正文
摘要幻灯片	为选定的一组幻灯片创建一张摘要幻灯片,在所选幻灯片前面插入摘要幻灯片
显示格式	在大纲视图中显示或隐藏字符格式

作全由自己设计制作,就可以马上开始输入文本,插入图形对象,插入声音对象,调整对象大小和位置,设置版面格式,美化各个元素,进行动画设计和切换设置等。

输入文本时需单击占位符。占位符是一种带有虚线边缘的框,绝大部分幻灯片版式中都有这种框。在这些框内可以放置标题及正文,或者是图表、表格和图片等对象。它定义了字体、字形、字号、颜色等字体格式和对齐方式等段落格式,当然其大小和格式是完全可以自由修改的。

2) 新建基于模板的演示文稿

PowerPoint 2007 设计了可供借鉴的现成演示文稿,可以新建其中的某一种,再修改其中的内容、结构,也可以进行再设置,使它更符合自己的需要。

单击“Office 选项”按钮,即左上角的大圆形按钮,在下拉菜单中选择“新建”项即打开“新建演示文稿”对话框,如图 7-26 所示。选择“演示文稿”选项卡,列出了现成的演示文

图 7-26　新建空白演示文稿

稿列表,选择一种并单击“确定”按钮,会立即打开基于模板的演示文稿。后面的工作就是对其中的内容和设置进行修改。

如果觉得内置的模板少了,还可以到微软网站去下载更多的模板。这里介绍两种设置“宽屏”演示文稿的方法。

第一种方法很简单,就是在图7-26中选择“宽屏演示文稿”模板,打开后只需删除示例幻灯片的内容,然后添加自己的内容就行了。

第二种方法,进入“设计”功能区,在“页面设置”组中单击“页面设置”选项,打开其对话框,如图7-27所示。单击“幻灯片大小”下拉列表并选择“全屏显示(16∶9)”。如果是手提式计算机,请选择16∶10的纵横比。最后单击“确定”按钮即可。

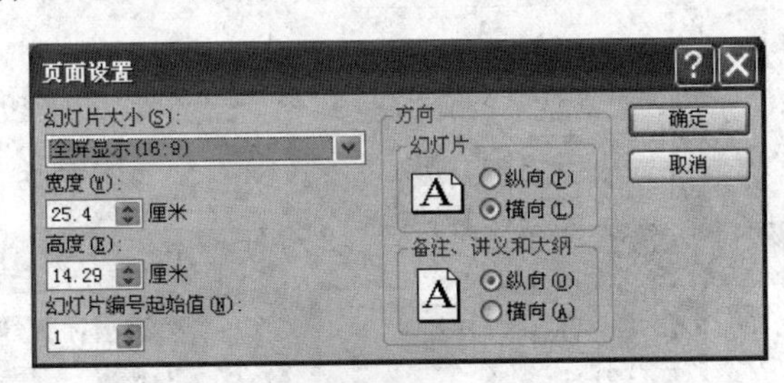

图7-27 页面设置

提示:在一开始,就要将幻灯片大小设置为打算最终使用的纵横比。如果创建了许多幻灯片后再更改幻灯片的大小,则图片和其他图形的大小也将更改,这可能会使它们的显示效果失真。

3) 将演示文稿另存为模板

如果自己完成了或从别处得到了一份制作精美的演示文稿,希望在以后的制作中也能用到这样的设计,这时就可以将它另存为“模板”。其操作方法是,单击“Office”按钮,选择“另存为”的下级菜单中的“其他格式”,打开对话框后,在“保存位置”栏选择路径,在“文件名”框中,输入模板的文件名,在“保存类型”框中,选择“PowerPoint 模板(.potx)”,最后单击“保存”按钮即可完成模板新建。

在新建模板以后,新模板就会在下次打开 PowerPoint 时按字母顺序显示在“幻灯片设计”任务窗格的“可供使用”之下,可随时使用。

提示:如果想要将保存的模板作为默认设计模板,必须将它保存在“另存为”对话框的默认路径下,而且必须将模板命名为“blank.potx”。

2. 增加/删除幻灯片

新建的空白演示文稿,开始只有一张幻灯片,基于模板的演示文稿中的幻灯片很可能不够用，可以向演示文稿中添加新的幻灯片。

当制作完一张幻灯片后，进入“开始”功能区，在“幻灯片”选项组中单击“新建幻灯片”按钮，然后在列表中选择一种版式（版式是幻灯片上标题、副标题、正文文本、列表、图片、表格、图表、形状和视频等元素的排列方式）按钮即可增加一张幻灯片，如图 7-28 所示。

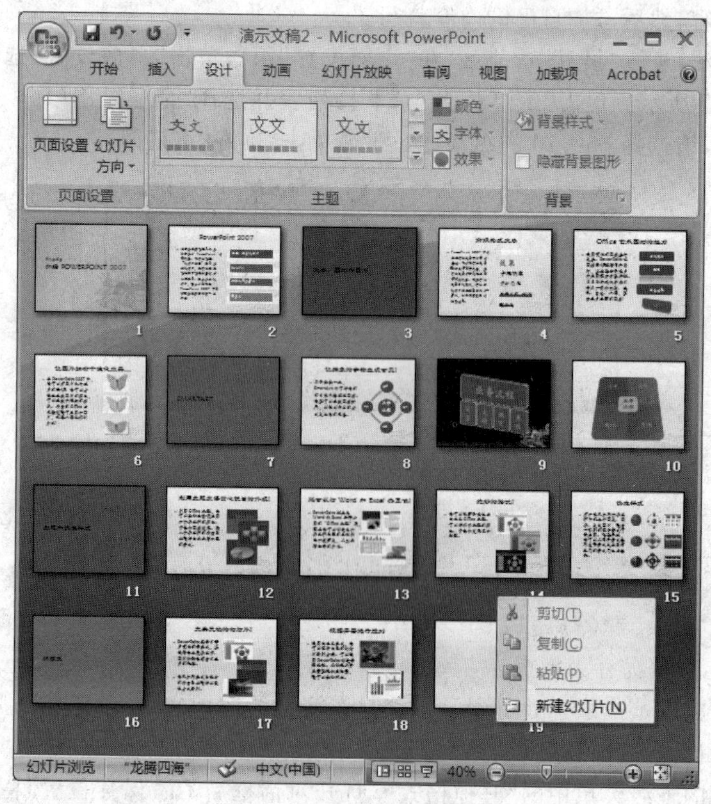

图 7-28　增加/删除幻灯片

注意：新建的幻灯片总是在当前幻灯片的后面。

如果新增的幻灯片与当前幻灯片的版式一样，则可以采用快速的方法添加幻灯片。在普通视图模式下，单击左侧“幻灯片”列表（或者“大纲”列表）中最后一张幻灯片，按一下“Enter”键就增加一张相同版式的幻灯片，再按一下“Enter”键又增加一张，依次类推。用这种方法增加的幻灯片，有时需要更改版式。

要删除幻灯片，首先将其置于当前位置，然后进入“开始”功能区，单击“幻灯片”选项组中的“删除”选项即可。

7.4.3　幻灯片的编辑排版

1. 更改版式

新建幻灯片时就可以在列表中选择版式，一般不用更改。若是使用模板新建的演示文稿，每张幻灯片都有其事先设计好的版式，但也可以更改版式。一种操作方法是选择要更改版式的幻灯片，使其成为当前幻灯片，进入“开始”功能区并在“幻灯片”选项组中单击“版式”选项，然后在下拉列表中选择一种需要的版式即可成功修改。另一种操作方法是右击幻灯片，在快捷菜单中指向“版式”命令，在下级版式列表中选中一种版式即可修改。

2. 输入/插入文本及 Excel 数据表格

在选择的幻灯片版式中若有文本占位符，单击后就可输入文本了。如果幻灯片中没有输入文本的占位符，或者需要增加一个文本块，那就要插入文本框后再输入文本内容。操作方法是，进入“插入”功能区，在“文本”选项组中单击“文本框”选项，再选择列表中的“横排”或者“竖排”选项。在编辑区按住鼠标左键拖动鼠标，绘出文本框，然后输入文本内容。

用插入文本框的方法添加文本后会出现边框线，这对版面有些影响，不过可以不显示，就像删除了一样。方法是双击文本框，在功能区会自动出现“绘图工具格式”选项组，在“艺术字样式”中单击“文本轮廓”选项，再选中下拉列表中的“无轮廓”即可去掉文本框的边框线，如图 7-29 所示。

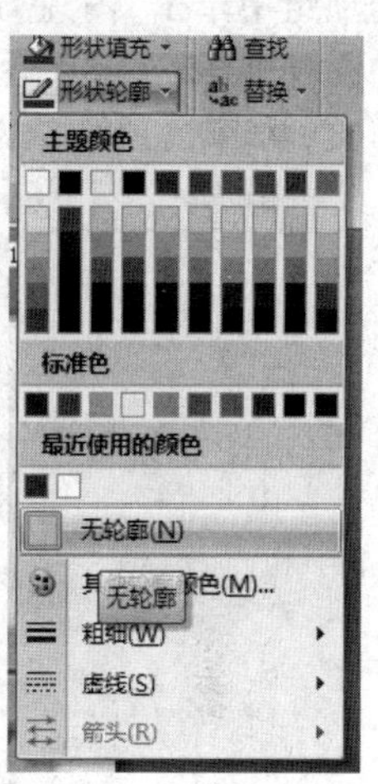

图 7-29　去掉文本框的边框线

利用下面的技巧可以快速地把 Word 文件转换成可供演示的 PowerPoint 文件。先在 Word 窗口把视图切换到大纲视图模式，然后再设置好各级标题，保存退出。再切换到 PowerPoint 窗口，在“开始”功能区“幻灯片”选项组中选择“新建幻灯片”，在下拉列表中选择“幻灯片(从大纲)”选项，在弹出的对话框中选择想要转换为幻灯片的 Word 文件就行了。在 PowerPoint 中可以方便地使用 Excel 2007 的数据表格，方法是在 Excel 中选中要复制的单元格区域，在“开始”功能区的“剪贴板”选项组中选择“复制”或按下“Ctrl＋C”组合键，再切换到 PowerPoint，单击要插入 Excel 数据表格的幻灯片或备注页，单击“开始”功能区的“剪贴板”选项组中的“粘贴”选项，在下拉列表中选择“选择性粘贴”，在对话框中选择“粘贴”单选按钮。如果想要粘贴单元格，使得能够像处理图片一样调整大小和位置，请单击“图片”按钮；如果要将单元格粘贴为嵌入对象，以便在下次仍能够在 Excel 中继续编辑，请单击“Microsoft Office Excel 工作表对象”按钮。选好后单击“确定”按钮关闭对话框就完成表格的嵌入。

3. 插入图形对象

精美的幻灯片总是离不开图片元素，在 PowerPoint 2007 中可以方便地插入各种图形对象，并可以对它进行多种设置，以达到美观的效果。

1）插入剪贴画

剪贴画是一种矢量图形，统一保存在“剪贴画库”中，可以随时查看并插入到幻灯片的任意位置。在演示文稿中适当地使用各种剪贴画，可以为演示文稿增色不少。操作的方法是：进入“插入”功能区，在“插图”选项组中单击“剪贴画”选项，会在窗口的右下方出现“剪贴画”任务窗格，设置好“搜索范围”和“结果类型”后单击“搜索”按钮，在剪贴画列表中单击需要的一幅（或者右击后选择快捷菜单中的“插入”命令）就可插入到当前幻灯片中来。

2）插入来自文件的图片

来自文件的图片是指保存在存储介质中的图形文件，在幻灯片中可以插入多种格式的图片（如.bmp、.jpg、.wmf、.jfif、.emf、.png、.jpeg 等格式）。其操作方法是：在“插图”选项组中单击“图片”选项，随后打开“插入图片”对话框，在“搜索位置”框中选择保存图片的文件夹，双击某个图片文件或单击后再单击“插入”命令即可将图片插入到当前幻灯片中来，如图 7-30 所示。

图 7-30　插入图片

提示：如果想插入的图片能够响应源图片文件的修改，即修改源文件时插入的图片可以自动更新，那就得让它与源文件建立链接。实现链接的方法是，在选中插入的图片文件后，单击“插入”按钮右侧的下拉箭头打开列表，在其中选择“链接到文件”项。

3）插入 SmartArt 图形、图表和形状

PowerPoint 2007 新增了 SmartArt 图形，内置了 7 类 100 余幅图形供选用。这些图形色彩鲜艳、创意新颖，使用到幻灯片中能让其锦上添花。其插入的方法也很简单，在“插入”功能区“插图”选项组单击“SmartArt”选项，就可打开该对话框，如图 7-31 所示。在左侧选择某一类图形标题后，到右侧选择需要的图形再单击“确定”按钮就行了。

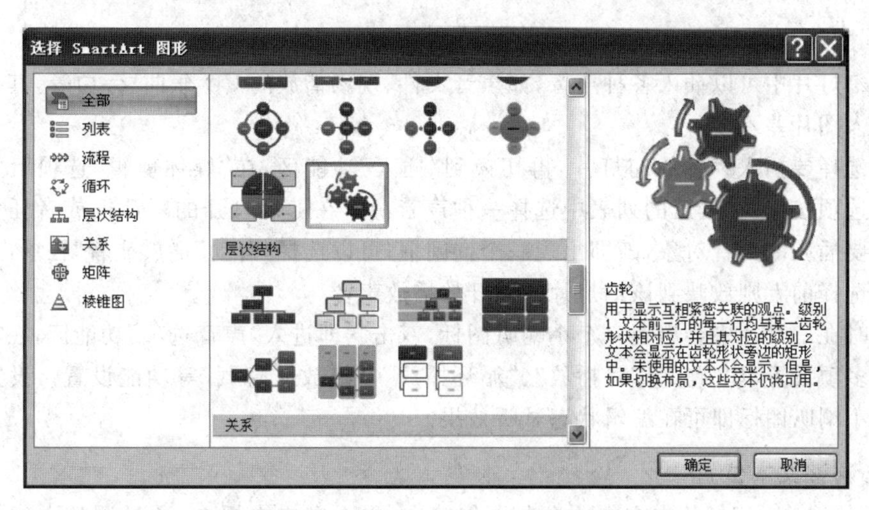

图 7-31　选择 SmartArt 图形

“图表”和“形状”的插入方法与上文（见 2)）插入来自文件的图片/插入图片的操作基本相同，这里就不再赘述。

需要特别说明的是，插入图表后，就会自动出现图表所基于的数据，当然这些数据都是固定的，你可一定要修改成自己需要的数据。一旦修改完成，图表也会自动发生变化，与数据匹配。

提示：这里所说的“形状”即是老版本的“自选图形”，只不过比过去增加了不少。

4）插入艺术字

在幻灯片中插入艺术字的方法与插入图形对象差不多，只是打开艺术字下拉列表后单击一种艺术字的样式，如图 7-32 所示，然后自动回到幻灯片编辑区，会出现一个艺术字输入框，可以立即输入文字。

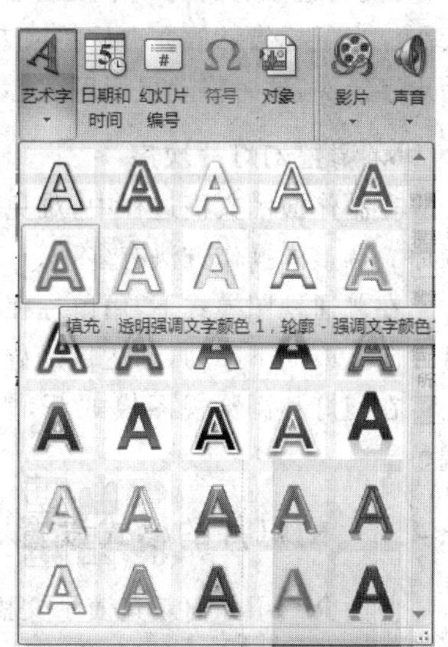

图 7-32　插入艺术字

5）编辑图形对象

1)～4) 插入的元素均属于图形对象，一旦插入

后,该对象即处于选定状态,当鼠标指针进入对象且变成十字箭头时按下左键拖动即可调整其位置,用鼠标拖动各边或顶角处的控制块可改变其大小,双击图片后在功能区选择"裁剪"选项可任意去掉不需要的部分,如果觉得剪去的部分很有必要重现,也可利用"裁剪"工具恢复一部分甚至全部,选定后按一下"Delete"键可将其删除。复制、移动操作也是在选定后进行,方法与文本块的复制和移动操作一样。

4. 插入声音

在幻灯片中可以插入各种声音,如声音文件、现场播放的CD乐曲、旁白等,其操作方法与插入图片差不多。

先选择要插入声音的幻灯片,再切换到"插入"功能区,在"媒体剪辑"选项组中选择"声音"选项按钮,在其后的列表中选择一种声音源。在随后打开的对话框或者任务窗格中选择要插入的声音对象,随即出现一个询问框,可以选择"自动"播放或者"在单击时"播放。若选择前者则放映到该幻灯片时即开始播放声音。

这时在幻灯片中会出现一个小喇叭图标,双击它即进入"声音选项"功能区,在其中可以进行多项设置,如"跨幻灯片播放"、"循环播放"、"播放时隐藏"等功能设置。设置完成后双击小喇叭图标即可在编辑状态试听效果。

5. 调整文本位置

PowerPoint幻灯片中文本要么在占位符中,要么在文本框中,通过调整占位符或文本框的大小和位置来调整文本块的位置。其操作方法是:首先选中要调整的占位符或文本框,使其边框上出现8个控制点,然后根据需要拖动控制点,占位符或文本框随之改变大小。当鼠标指针放在占位符或者文本框的边框上但不是控制点的位置时,鼠标指针成为十字箭头,这时拖动鼠标可随心所欲地调整文本框的位置。

6. 调整幻灯片次序

在制作演示文稿过程中,难免会出现幻灯片顺序不理想的情况,这就需要调整它们的顺序。调整的操作方法有多种。

在普通视图模式下,用鼠标在左侧的"幻灯片"列表(或者"大纲"列表)中拖动某张幻灯片向上或向下移动,到达目标位置时松开鼠标即可。

在幻灯片浏览视图模式下,直接拖动幻灯片到目标位置,即可完成幻灯片顺序的调整。

7.4.4 幻灯片的格式设置

前面介绍了如何新建演示文稿,怎样在幻灯片中输入文本、图形图像等元素,并将这些元素的位置、大小调整成为比较理想的布局。但这还不够,对这些元素及一张张幻灯片的整体外观表现可以通过格式设置来体现"美观"、"丰富"的意境,给人以强烈的感染力。

格式设置主要包括文本的字体、段落格式、图形对象的样式引用、填充、线条色、线形、阴影、三维格式或三维旋转、特殊效果等。

1. 文本格式设置

幻灯片的文本格式设置主要是设置字体格式和段落格式，另外还有些诸如项目符号和编号、文本样式的应用等也可设置。

设置字体格式的操作与 Word 2007 基本一致，只是“字体”和“段落”对话框的选项不完全一样，选项数要少一些。在幻灯片中选定要设置字体格式的文本或者段落，一种方法是选择“开始”功能区的相关选项按钮即可实现某种功能；另一种方法是通过单击“开始”功能区各选项组下方的小箭头按钮打开相关的对话框，在对话框中进行设置，最后单击“确定”按钮关闭对话框。“字体”对话框如图 7-33 所示。

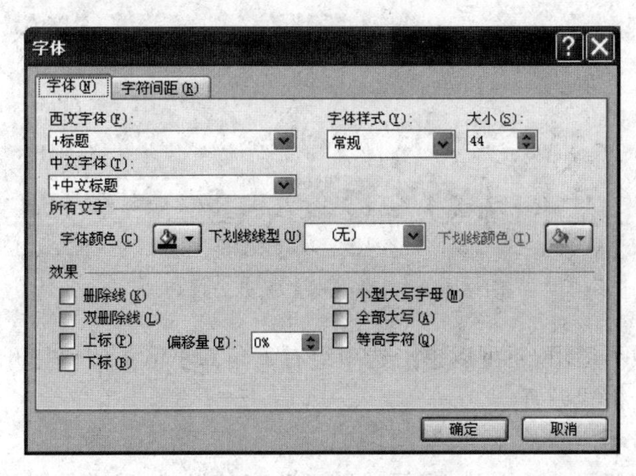

图 7-33　“字体”对话框

幻灯片中的文本肯定是在占位符或文本框中，因此还可设置文本所在形状的许多格式，其方法是双击占位符或者文本框的边框，功能区会自动切换到相关的功能选项卡“绘图工具格式”，利用这些工具选项可对占位符、文本框的背景、边框线、样式、效果等进行一系列的格式设置，如图 7-34 所示。这里要特别指出一点，那就是在 PowerPoint 2007 中可以将占位符转换成为“SmartArt 图形”。选中占位符后在“开始”功能区“段落”选项组右侧有个选项按钮就是实现这一转换功能的，单击后会出现一个下拉列表，在表中选择某一种图形即可。

2. 图形对象的格式设置

1）设置工具

只要在幻灯片中插入任何图形对象（包括艺术字、图片、自选图形、剪贴画等）且双击该对象，在窗口顶部就会显现出与之相对应的所有功能选项组及其功能选项（如“绘图工

图 7-34　SmartArt 图形

具”、“图片工具”、“SmartArt 工具”)，可对该图形对象进行一系列的格式设置，如图 7-35 和图 7-36 所示。

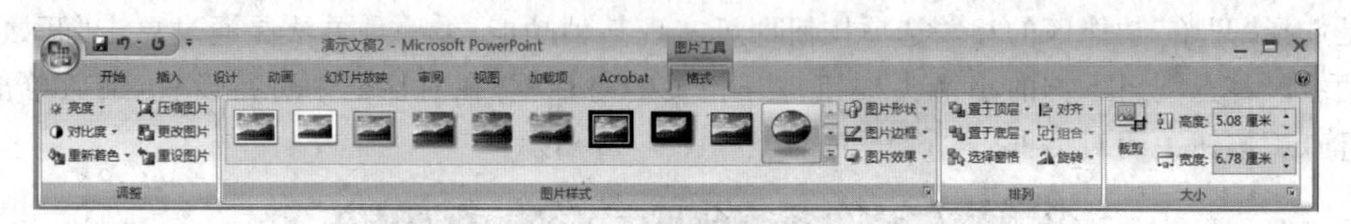

图 7-35　SmartArt 工具格式选项卡

图 7-36　SmartArt 工具设计选项卡

如果功能选项不适用，还可以单击选项组右下角的小箭头按钮打开相应的对话框，利用更多的选项进行格式设置。

2) 改变图片形状

对于插入到幻灯片中的图片，你可以随意改变其形状，以满足需要。其操作方法如下：双击要改变形状的图片对象，单击功能区“图片样式”选项组中的“图片形状”选项按钮，在列表中选择需要的形状即可(指向形状时会出现文字提示)。例如，插入了一张花朵图片，它本是矩形图片，可以通过设置把它变成心形图片，如图 7-37 所示。改变后的图片尺寸不变，但会将形状不能包含的那部分图像去掉。

3. 幻灯片背景设置

幻灯片中的文本、图形对象等，即便进行了各种格式设置，总还是会有些不尽如人意的地方。比如，间隙部分仍然是大小不等的一块块的白色，这与其中的对象色彩往往不大协调，为了改变这一现象，你可以通过幻灯片的背景设置来实现。如果不想用幻灯片使用模板中的背景，只是希望有一个漂亮的背景效果，可以按照下述方法进行。

打开演示文稿并选择一张幻灯片，单击“设计”功能选项卡，会立即切换到“设计”功能选项，在其中可选择“主题”列表中的任意一款主题样式。

单击“背景样式”功能选项按钮，则会下拉出若干种背景图案，你可以选择一种作为当

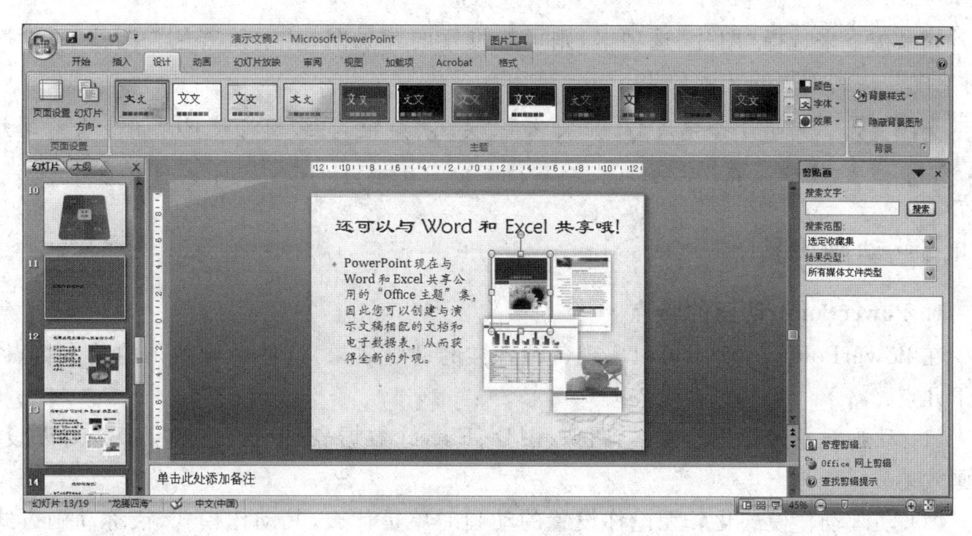

图 7-37　改变图片形状

前幻灯片的背景方案。这样,你选择的样式就应用到当前幻灯片上了。

若觉得这些样式的选择余地太狭窄,可单击"背景"选项组右下角的小按钮,打开"设置背景格式"对话框,如图 7-38 所示。选择"填充"选项卡,选择某一单行钮,则可实现"纯色填充"或"渐变填充"或"图片或纹理填充"。每一种背景填充类型中都包含了很多设置选项,你可以慢慢地体会,多试几次就一定能设计出非常漂亮的幻灯片背景来。

图 7-38　"设置背景格式"对话框

如果接下来选择“图片”选项卡，则可对设置的背景图片“重新着色”、调整“亮度”和“对比度”，达到理想的艺术效果。

提示：背景设计完成后，如果单击“关闭”按钮退出，则将设置应用于当前幻灯片；如果单击“全部应用”按钮退出，则将设置应用于当前演示文稿中的所有幻灯片。

7.4.5 动画设置

1. PowerPoint 动画的特点

在 PowerPoint 2007 中可以实现各种各样的动画效果，这些动画效果的基本特点有以下几点：

(1) 动画对象多样化。文本、图像、图片、Excel 数据表、形状、艺术字等都可以设置动画效果。

(2) 动画动作模式化。无论你设置的动画对象是什么，其动作模式(或称动画方式)都被限制在 PowerPoint 所规定的若干种内。但是，在 PowerPoint 2007 中还可以自定义动画的路径。

(3) 动画制作方法极其简单。一般的设置程式都是通过选择、设置、应用等几个简单的操作步骤就可以完成的。

2. 预设动画

所谓“预设动画”功能，是指调用内置的现成动画设置效果。这种方法比较简单、快捷，但是可用的“预设动画”不多。使用预设动画的操作过程如下：

在“普通视图”下，单击幻灯片中要设置动画效果的对象。单击功能区的“设计”功能选项卡，切换到“设计”功能选项区。在“动画”功能组中单击“动画”选项按钮打开一个下拉列表，其中列出了“无动画”、“淡出”、“擦除”、“飞入”四个选项供选择。当鼠标指针指向某一动画名称时会在编辑区预演该动画的效果，如果需要则选择一种动画效果即可。设置好以后也可以单击功能区的“预览”选项观察效果。

如果要修改该对象的预设动画效果，重新选择即可；如果要取消该对象的预设动画效果，选择“无动画”选项即可。

3. 自定义动画

“自定义动画”的功能比“预设动画”的功能强大得多，在其中你可以随心所欲地设置出丰富多彩、赏心悦目的动画效果来。现来看看如何自定义动画。

在普通视图下，切换到要设置动画的幻灯片，选中幻灯片中的某个元素。

单击功能区“动画”选项组中的“自定义动画”选项按钮，或者在设置“预设动画”时的下拉列表中单击“自定义动画”项目。在窗口的右侧会立即出现“自定义动画”任务窗格。

单击任务窗格中的“添加效果”，在下拉列表中选择类别、具体的动画效果。

如果要设置其他动画效果，单击"其他效果"选项，随即出现"添加……效果"对话框在其中会有更多的这一类动画效果可供选择，如图 7-39 所示。

在任务窗格的"速度"选项下拉列表框中单击选择一种放映速度，其中共有五种速度可供选择(非常慢、慢速、中速、快速、非常快)。同时还可设置"方向"、如何开始等。

若需要配置声音，在任务窗格中单击已经设置了动画的对象右侧的下拉箭头，然后从下拉列表中选择"效果选项"，将弹出"效果"对话框，如图 7-40 所示。

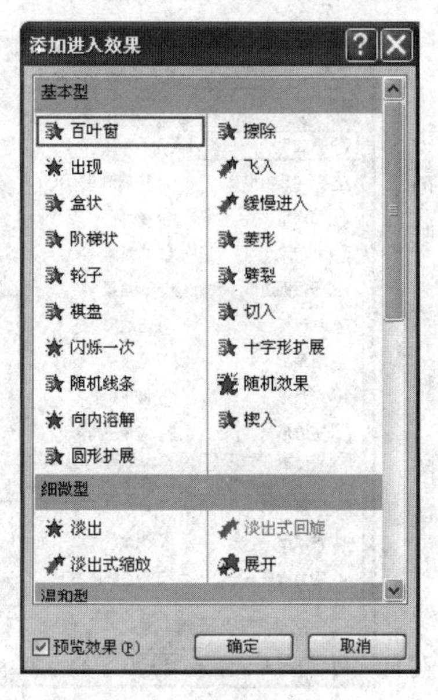

图 7-39　添加进入效果

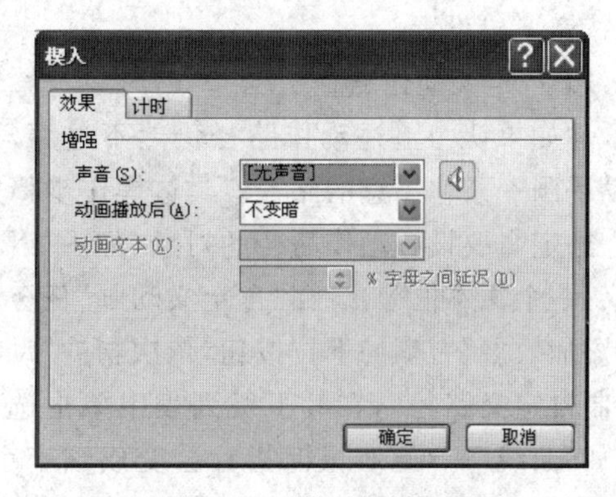

图 7-40　"效果"对话框

在对话框中单击"声音"右侧的下拉列表按钮，然后在列表中选择一种声音效果。若选择了"其他声音"选项，则会出现"添加声音"对话框，供你选择其他声音文件。

要设置其他对象的动画、声音效果，只需重复前述的操作即可。在当前幻灯片中所有对象的动画效果设置都完成以后，在每个对象的左上角都会出现一个按照设置顺序编定的编号。你当然可以调整播放的顺序，具体操作方法是：先在编辑区单击某个对象，其前面的编号会变色；再在任务窗格的"重新排序"区单击向上或向下的箭头，用来改变当前对象的播放顺序，这在顺序列表中可一目了然。

再对下一张幻灯片进行类似设置，依次类推，直到设置完当前演示文稿中需要设置动画效果的所有幻灯片为止。

设置完成后可以通过单击任务窗格底部的"播放"和"幻灯片放映"按钮来查看设置的效果。

4. 动作路径设置

PowerPoint 2007 内置了动画运动的路径,你可以从中选择一种路径。如果你觉得不满意,还可以自定义动画的动作路径。

1）选择动画路径

选择路径是在已经设置了动画效果之后进行的,选中幻灯片中的一个对象,在“自定义动画”任务窗格中单击“添加效果”右侧的下拉箭头,然后指向“动作路径”选项。

从列表给出的路径中选择一种即可。这时,在幻灯片编辑区会自动预演设置的动画路径效果。

如果觉得列出的六种路径都不如意,还可以单击“其他动作路径”选项,即会弹出“添加动作路径”对话框,如图 7-41 所示,在其中选择满意的路径后单击“确定”按钮退出设置。

2）自定义动作路径

你如果认为上述动作路径仍然不过瘾,还可以自己动手画一条你满意的路径。具体操作步骤如下:

选定需要设置动作路径的对象(如一张图片、一段文字、一个文本框等)。在“自定义动画”任务窗格中单击“添加效果”右侧的下拉按钮,依次指向“动作路径”/“绘制自定义路径”,在其下级列表中单击选择一种线形(如“曲线”)。此时鼠标指针会变成细十字形,你就可以根据兴趣在工作区中拖动鼠标描绘出该对象动画的动作路径,注意在转弯处要单击鼠标。全部路径描绘完成后,会自动用虚线描画出路径,双击鼠标即可结束绘制。

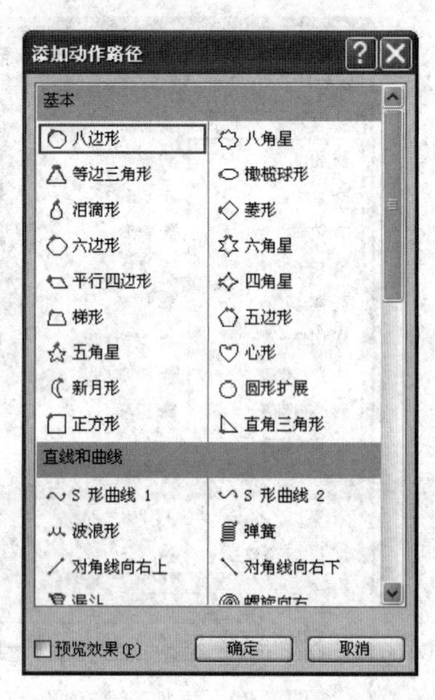

图 7-41 “添加动作路径”对话框

自定义动作路径设置完成后,动画就会沿着绘制的路径动作。单击“播放”按钮可看到动画效果。

5. 退出的动画效果设置

如果希望某个对象在放映后退出幻灯片,就可以通过设置“退出动画”效果来实现。具体操作步骤是:选中需要设置“退出”动画效果的对象,仿照上面“进入”的动画设置操作,为对象设置“退出”的动画效果。如果对设置的动画方案不满意,可以在任务窗格中单击选择不满意的动画方案,然后单击“删除”按钮即可。

7.4.6 幻灯片的切换效果设置

“幻灯片切换”效果是指两张幻灯片之间如何过渡的效果。若不设置则直接跳转,经

过设置则用动画过渡，还可设置切换过程中的声音效果。前者显得突然、生硬；后者当然显得自然平稳，艺术效果较强。设置切换效果的具体方法如下：切换到“幻灯片浏览”视图。若打算将整篇演示文稿的幻灯片切换效果都设置成一样的，则选定所有幻灯片；若要有所区别，则选定一张设置一张。在“动画”功能区的“切换到此幻灯片”选项组中列出了若干种幻灯片切换样式，你可以直接选择其中的某种切换效果，也可以单击“其他”选项按钮打开幻灯片切换效果列表，如图7-42所示，在列表中单击一种满意的切换效果即可。

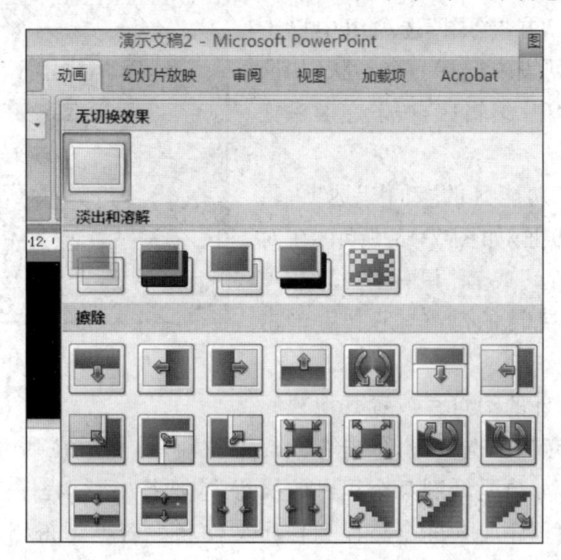

图7-42　幻灯片的切换效果设置

在功能区还有以下几项可供设置：“切换声音”、“切换速度”和“换片方式”，你可以在各个下拉列表中选择，设置其中的部分功能或全部功能。

提示：设置一项后，在工作区会自动预演，也可单击任务窗格底部的“播放”或“幻灯片放映”按钮，观看设置的切换结果。为提高效率，最好在“幻灯片浏览视图”模式下设置切换效果。

7.4.7　创建交互式效果

放映PPT 2007演示文稿时的默认顺序是按照幻灯片的先后次序进行，但通过对幻灯片中的元素进行“动作设置”(超链接)，可以改变线性放映方式，从而提高演示文稿的交互性。

1. 利用动作按钮交互

所谓“动作”是指在放映过程中，单击画面中事先插入的动作按钮，幻灯片的放映立即按照事先的设置跳转或者链接到一个指定的幻灯片、外部的演示文稿、用其他软件制作的动画或者另外的静止画面等，待这些过程结束后，单击鼠标又马上返回到刚才的“断点”并继续往前放映。利用动作按钮实现交互的方法如下：

打开演示文稿后，定位到需要设置动作的幻灯片。

进入插入功能区，在“绘图”选项组中单击“形状”选项，然后在列表中选择一个形状（如箭头）。将鼠标移到幻灯片编辑区，按下左键后拖动绘制出动作按钮。

然后单击“插入”功能区的“动作”选项，将弹出“动作设置”对话框，如图 7-43 所示，在对话框中选择“单击鼠标”或者“鼠标移过”选项卡，即可在其中设置跳转的动作，完成后单击“确定”按钮退出设置。

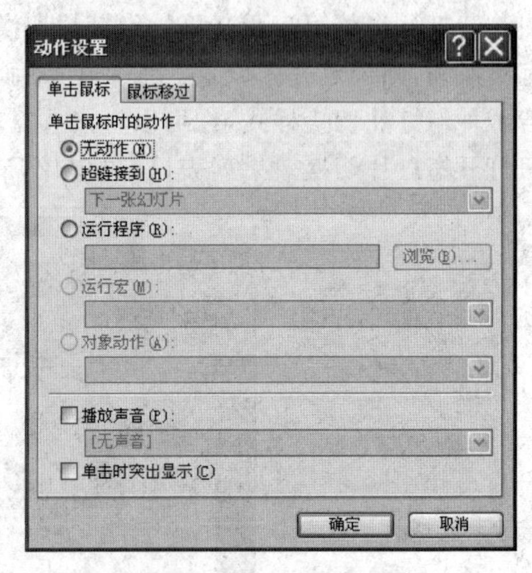

图 7-43 “动作设置”对话框

如果是链接到另外的幻灯片或者其他视频文件，应选择“超链接到”单选按钮，单击右侧的下拉箭头，然后在列表框中选择要链接到的幻灯片或者文件。如果是转到某个程序的执行，应选择“运行程序”单选，然后在右侧文本框中输入要运行的程序所在的全路径和程序文件名。若不记得路径，可单击“浏览”按钮，选择这个想要运行的程序文件。

设置完成后单击“确定”按钮退出设置。

提示：在一张幻灯片中设置了多个动作，仅仅靠用鼠标单击来触发，往往会控制不好，使得动作效果不理想。经过简单的设置可以让多个动作自动连续地进行。

在制作完当前幻灯片上所有动作后，如果希望动作二在动作一后自动进行，只需在主窗口右边的任务窗格中单击选择该动作二（如果没有出现任务窗格，只需要用鼠标单击一个对象，在“动画”选项功能组中选择“自定义动画”就可以了），然后右击动作二右边的向下箭头，在弹出菜单里执行“从上一项之后”。

如果想连续进行多个动作，只需要先按下 Ctrl 键，然后用左键选择所有希望连续的动作，同样运用上面的方法执行“从上一项之后”。

2. 利用图形、文本对象交互

在要设置动作的图形对象上单击选中或者选定要设置动作交互的文本，到“插入”功能区单击“动作”选项按钮，打开“动作设置”对话框，在对话框中的设置与上文所述完全一致。

3. 利用超链接交互

利用“超链接”同样可以实现交互式放映，其功能与前述“动作”交互是一样的，只是设置环境有些差别而已。方法是选中插入“超链接”的对象（文本、图片、形状等），在“插入”功能区单击“超链接”选项按钮，也可以直接右击对象后在快捷菜单中选择“超链接”命令，还可以按下“Ctrl＋K”组合键，会弹出“插入超链接”对话框。在弹出的对话框中进行超链接目标的指定等设置，最后单击“确定”按钮退出，如图7-44所示。

图7-44　“插入超链接”对话框

“链接到”下方的“原有文件或网页”包含三个选项：“当前文件夹”指你刚才使用的文件夹下的对象列表；“浏览过的网页”指近段时间打开过的网页；“最近使用过的文件”指在近段时间打开过的所有文件。“本文档中的位置”仅限于当前文档的标题列表（必须是本软件认可的标题样式），若幻灯片中没有规范的标题则依次编为“幻灯片××”。“新建文档”指你可以立即新建一个文档作为超链接的目标，在文件名文本框中一定要输入全路径，否则将找不到。

“电子邮件地址”指可以指定一个完整的E-mail账户（电子邮件地址全称），最近若使用过多个电子邮件地址，会在下部的列表框中显示，便于选择。

提示：若选定的是文本，则在“要显示的文字”框中出现重写的文本内容；若选定的是图形对象，则文本该框不可用。单击“屏幕显示”按钮会弹出“对话框”，在其中输入放映时鼠标指向这个对象处显示的屏幕提示文本，只要鼠标指针一进入该区域就会显示提示文本，以及时帮助你了解超链接的目标是什么。

4. 交互播放Flash动画

在演示文稿的播放过程中可以播放Flash动画，以丰富幻灯片的放映效果。实现这一功能的操作方法如下：

运行 PowerPoint 2007 程序并打开需要的演示文稿，选定要播放 Flash 动画的幻灯片。

进入"开发工具"功能区，在"控件"选项组中选择"其他控件"选项按钮，将打开"其他控件"对话框，如图 7-45 所示。

选择其中的"Shockwave Flash Object"命令并单击"确定"按钮，随后鼠标指针变成"十"字形，再将鼠标指针移到幻灯片上画出一个大小合适的矩形区域，以便在其中播放 Flash 动画。

用鼠标右击绘制出的矩形区域，从随后打开的快捷菜单中选择"属性"命令，然后在弹出的"属性"对话框中选择"Movie"选项，如图 7-46 所示。

图 7-45 "其他控件"对话框

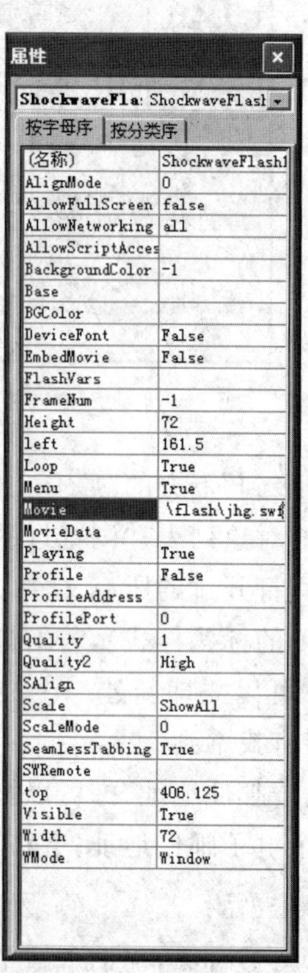

图 7-46 "属性"对话框

单击"Movie"行右边的"…"按钮，在随后打开的"属性页"对话框的"影片 URL"设置栏中输入 Flash 动画文件的完整路径及文件名，输入时要注意在动画文件的后面加上扩展名".swf"，设置好后单击"确定"按钮返回到主操作界面，如图 7-47 所示。系统默认的是"循环"播放动画，当然可以去掉该项目复选框的选中状态，那就只播放一次。需要再次

播放时，则右击播放区，在弹出的快捷菜单中选择“播放”命令。

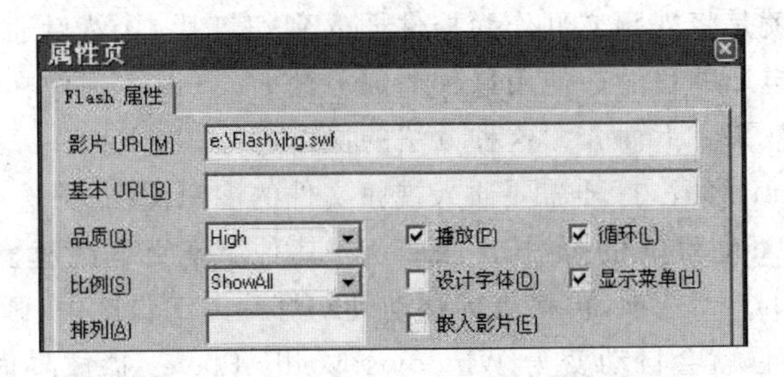

图 7-47　“属性页”对话框

按下 F5 键，就能使用 PowerPoint 播放 Flash 动画影片了。

要是 Flash 动画尺寸不合适，可以返回到编辑状态，然后用鼠标选中 Flash 动画矩形框。当四周出现控制点时，用鼠标来调整动画框的大小和位置，直到满意为止。

5. 交互播放视频电影

交互播放视频电影可采用三种办法来实现。

1）直接播放

这种播放方法其实就是将事先准备好的视频文件作为电影文件直接插入幻灯片中，该方法是最简单、最直观的一种方法。使用这种方法将视频文件插入到幻灯片中后，PowerPoint 只提供了简单的“暂停”和“继续播放”按钮，而没有其他更多的操作按钮可供选择。因此，这种方法特别适合初次使用 PowerPoint 的用户。下面介绍直接插入视频电影到幻灯片的操作。

运行 PowerPoint 2007，打开需要插入视频文件的演示文稿并选择幻灯片。

进入“插入”功能区，在“媒体剪辑”选项组中单击“影片”选项按钮，再选择下拉列表中的“文件中的影片”或者“剪辑管理器中的影片”选项。

在随后弹出的“插入影片”对话框或者“剪贴画”任务窗格，在对话框中将自己事先准备好的视频文件选中，并单击“确定”按钮，或者单击某个影片剪辑，这样就能将视频电影插入到幻灯片中(有的剪辑库中的影片剪辑会出现提示框，询问播放操作方式，分为“单击鼠标”或“自动”)。

用鼠标选中视频文件或者影片剪辑，将它移动到合适的位置处，并可以调整窗口的大小。

在播放过程中，可以用鼠标控制视频电影的暂停与继续播放。如果想暂停，可以将鼠标移动到视频窗口中，单击就行，这样视频电影就能暂停播放了；如果想继续播放，那么再用鼠标单击就可以接着播放。

2）通过控件播放

这种播放方法就是将视频文件作为控件插入到幻灯片中，然后通过修改控件属性的方法达到播放视频电影的目的。使用这种播放方法时，可以实现像在普通的媒体播放器中播放视频电影的效果。下面介绍这种方法的操作过程。

运行 PowerPoint 2007，打开需要插入视频文件的演示文稿，并选中幻灯片。

用交互播放 Flash 动画的操作方法打开“其他控件”对话框。在对话框中选择“Windows Media Player”选项，再将鼠标移动到幻灯片的编辑区中，画出一个合适大小的矩形框，随后该矩形框就会自动变为 Windows Media Player 播放界面。右击该界面，从弹出的快捷菜单中选择“属性”命令，再打开该媒体播放的属性设置对话框。在这个对话框中的“Movie”右侧单击“…”按钮，打开“Windows Media Player 属性”对话框，如图 7-48 所示。在“文件名或 URL”右侧文本框中输入需要插入到幻灯片中的视频文件的全路径以及视频文件名，也可以单击“浏览”按钮后进行搜索，然后单击“确定”按钮退出。

为了让插入的视频文件更好地与幻灯片组织在一起，还可以修改属性设置界面中的位置控制栏、播放滑块条以及视频属性栏。

在播放过程中，可以通过媒体播放器中的“播放”、“停止”、“暂停”和“调节音量”等按钮，来对视频电影的播放进行控制。

3）通过对象播放

这种方法是将视频文件作为对象插入到幻灯片中然后再播放。具体的操作步骤如下：

打开需要插入视频文件的幻灯片，进入“插入”功能区并选择“文本”选项组的“对象”选项按钮，打开“插入对象”对话框，如图 7-49 所示。

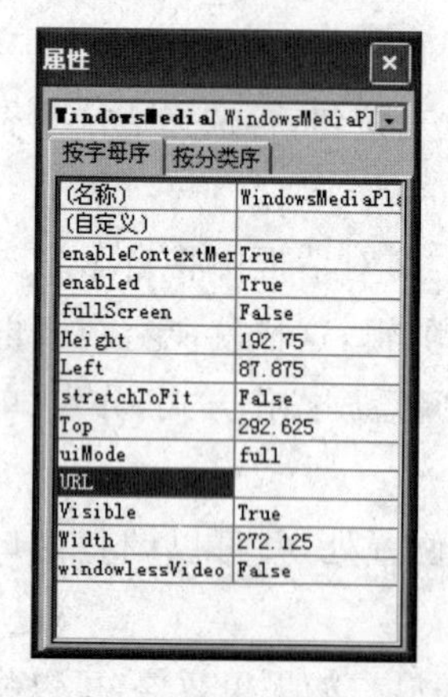

图 7-48 “Windows Media Player 属性”对话框

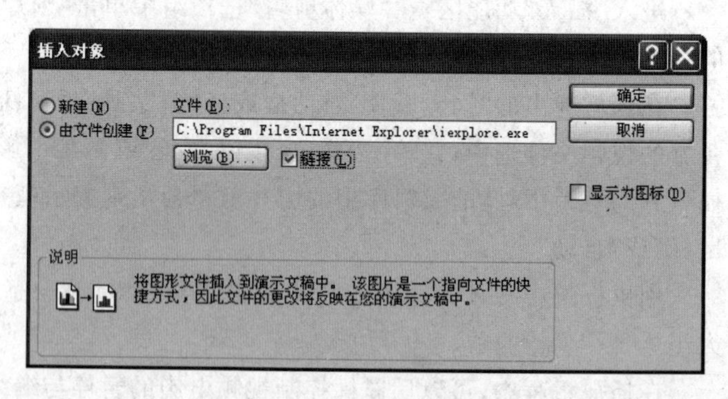

图 7-49 “插入对象”对话框

选中“由文件创建”单选项后，单击“浏览”按钮，然后在打开的对话框中选择插入的视频文件，并单击“确定”按钮返回到“插入对象”对话框，选中“显示为图标”复选框，是否选中“链接”复选框由自己确定，再单击“确定”按钮关闭对话框。

PowerPoint 自动将选择的视频文件以图标的形式插入到幻灯片。在该幻灯片编辑过程中双击视频图标即打开文件，在幻灯片的放映过程中单击即可播放该视频。

用这种方法插入的视频在播放时以全屏幕方式进行。

7.4.8　放映演示文稿

PPT 演示文稿的放映，可以选择不同的放映模式和放映方式，还可进行多项设置。

1. 设置放映模式

放映模式一般分为自动放映和手动放映两种，系统默认是后一种。如果设置成自动放映模式，只要一打开演示文稿就会按照事先设定的放映顺序和速度自动放映。

打开演示文稿后单击“Office 按钮”(左上角的圆形按钮)，在下拉列表中指向“另存为”命令，将弹出“另存为”下级菜单，在下级菜单中选择“PowerPoint 放映(S)”选项，立即弹出“另存为”对话框，在其中设置好保存位置和文件名后单击“保存”按钮退出。以后只要一打开这份演示文稿就马上会自动放映。

2. 设置放映方式和放映次序

1) 设置放映方式

演示文稿的放映方式有“演讲者放映(全屏幕)”(此为默认方式)、“观众自行浏览(窗口)”、“在展台浏览(全屏幕)”三种。另外，还有“循环放映”、“放映时不加旁白”、“放映时不加动画”等放映选项。

打开要设置放映方式的演示文稿，单击打开“幻灯片放映”功能选项区。在“设置”选项组选择“放映方式”选项，会弹出“设置放映方式”对话框，在该对话框中选择一种放映方式，还可设置放映的范围(默认“全部”幻灯片，还有一个选项是指定从几号到几号幻灯片)、换片方式(默认“如果存在排练计时，则使用它”，还有一个选项是“手动”换片)等，最后单击“确定”按钮退出。

2) 设置放映次序

放映次序分三种情况，即从头开始放映、从当前幻灯片开始放映、自定义放映。进入“幻灯片放映”功能区，选择功能区左侧第一个功能选项“从头开始放映”或者按下“F5”键将从第一张幻灯片开始放映。选择第二个功能选项“从当前幻灯片开始放映”或者单击状态栏左侧的“幻灯片放映”按钮则忽略前面的幻灯片，从选中的这张开始放映。选择第三个功能选项“自定义幻灯片放映”则弹出“自定义放映”对话框，单击“新建”按钮，会弹出下一个对话框，在其中输入自定义放映的名称，其后双击选择加入到自定义放映中的幻灯片，最后单击“确定”按钮返回到上一个对话框，单击“关闭”按钮退出设置。需要放映时选择“自定义幻灯片放映”功能选项，在下拉列表中选择某一个自定义放映的名称即可，用这种方法放映可以打乱幻灯片的原有次序。

3. 使用排练计时功能

前面所说的“自动放映”是在打开演示文稿时便自动开始放映。使用“排练计时”功能则是打开文件后并不马上自动放映，而是手动开始，然后按照排练计时的时间间隔设定自动放映，结束时停留在黑屏状态，单击后结束放映返回编辑状态。

打开演示文稿，进入“幻灯片放映”功能区，单击“排练计时”选项按钮。PowerPoint会立即进入放映状态，并且开始计时，同时在屏幕左上角出现一个动态时钟(显示时间)工具条。

由操作者手动控制放映的全过程，每换一个镜头 PowerPoint 会自动记录下所经历的时间(提醒一下：在整个放映过程中，单击鼠标的间隔一定要和录制的旁白或者插入的声音配合默契)。

整个演示文稿放映结束时，只要单击鼠标，就会立即出现一个提示框，告诉你放映的总时间，询问是否保留幻灯片的排练计时，若单击“是”按钮，则以后的每次放映都按照这个放映进度进行。如果觉得刚才的时间掌握得不够准确，可以单击“否”按钮，那就再来一遍，直到理想为止。

在排练计时过程中，可以通过单击时钟工具条中的“暂停”、“重复”按钮来暂停放映和计时、返回到片头重新开始。

4. 循环放映的设置

根据某些课程的需要，通常需要设置成“循环放映”的方式。其操作过程是：打开演示文稿，如上述进行“排练计时”的操作，结束时单击“是”按钮确认；然后单击功能区的“设置放映方式”选项按钮，在弹出的对话框中选择“放映选项”选项区的“循环放映，按 Esc 键中止”复选框和“换片方式”选项区中的“如果存在排练时间，则使用它”复选框，单击“确定”按钮退出设置。

提示：设置成“循环放映”后，只要执行了放映幻灯片的指令就会自动循环放映，单击一下键盘上的“Esc”键方可停止放映。

5. 放映过程的控制

在放映过程中，除了用前文述及的“动作”、“超链接”实现交互式放映外，还可以通过右击画面，选择快捷菜单命令来控制幻灯片放映的跳转，也可以立即结束放映。

在画面任何部位右击，将出现快捷菜单，选择要跳转的幻灯片或者“结束放映”菜单项。通过“屏幕”选项的下级菜单还可选择“暂停”、“黑屏”、“切换程序”。单击“切换程序”

选项后，会出现任务栏，在其中自由切换已启动的或未启动的程序。

为了突出显示放映画面中的某些内容，可以给它加上着重标记线。操作方法是：画面出现后右击鼠标，然后在快捷菜单中指向“指针选项”菜单项，在下级菜单中选择“画笔”选项，在画面中拖动鼠标可画出黑色着重线；若在快捷菜单项“绘图笔颜色”的下级菜单中选择一种颜色后即可画出彩色线。单击一下 Esc 键可清除着重线。若想着重线画成水平、竖直的直线，则需要按住“Shift”键拖动鼠标画线；使用画笔后，单击不能继续放映，这时可敲 Enter 键继续放映。

在放映 PowerPoint 的演示文稿过程中，往往需要与其他程序窗口配合使用以增强演示效果。可是，用鼠标单击 PowerPoint 幻灯片放映菜单中的“观看幻灯片”选项，将启动默认的全屏幕放映模式。在这种模式下可以按下“Alt＋Tab”组合键或者“Alt＋Esc”与其他窗口切换。到其他窗口操作完以后再切换回到幻灯片放映窗口继续放映。

6. 打包放映

如果将制作的演示文稿复制到另外的计算机上去放映，要分两种情况：一是目的计算机上安装了 PowerPoint 软件；二是没有安装这个软件或其他什么播放器。针对这两种情况可采用不同的复制方式。

1）直接复制放映

若目的计算机上已经安装了 PowerPoint 软件，便可直接将演示文稿复制到文件夹或 CD(光碟)，然后发送或复制到目的计算机上，即可放映观看。

2）“打包”放映

可将 PowerPoint 2007 演示文稿复制到 CD、网络或计算机的本地磁盘驱动器中，这会复制 PowerPoint Viewer 2007 以及所有链接的文件(如影片或声音)。PowerPoint 2007 不支持将内容直接刻录为任意 DVD 格式。可先将演示文稿复制到一个文件夹中，然后使用 DVD 刻录软件导入其中的内容并制作出 DVD。

打包演示文稿的方法如下：打开要复制的演示文稿。如果正在处理尚未保存的新演示文稿，请保存该演示文稿。

如果要将演示文稿复制到 CD，请在 CD 驱动器中插入 CD，然后单击“Office 按钮”，将鼠标指向“发布”选项右侧的箭头，再单击列表项中的“打包成 CD”。

在“打包成 CD”对话框的“将 CD 命名为”文本框中输入要将演示文稿复制到其中的名称，如果要将演示文稿复制到网络或计算机上的本地磁盘驱动器，则单击“打包成 CD”对话框的“复制到文件夹”按钮，在弹出的对话框中输入文件夹名称和位置，再单击“确定”按钮，如图 7-50 所示。

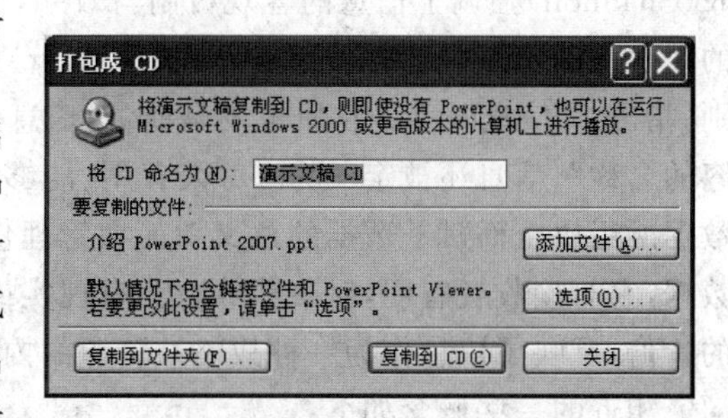

图 7-50　“打包成 CD”对话框

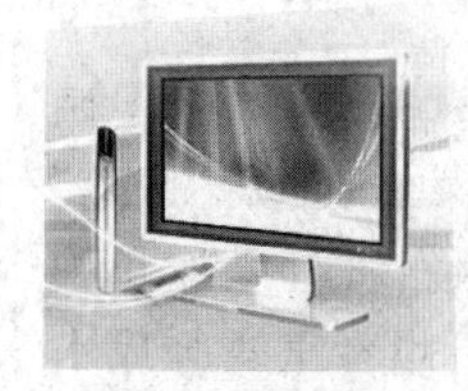

第8章 信息系统基础

本章关键词

信息系统(information system)　管理信息系统(managerment IS)　信息(information)

本章要点

本章主要介绍了信息系统的三大理论基础：管理理论、信息理论、系统理论以及理解管理与信息的关系。

重点掌握：信息理论、管理理论、系统理论。

8.1 信息理论

信息、物质和能源是人类社会发展的三大资源。工业革命使人类在开发、利用物质和能源两种资源上获得了巨大的成功。随着以计算机技术、通信技术、网络技术为代表的现代信息技术的飞速发展，人类社会正在从工业时代阔步迈向信息时代，信息已经成为与物质、能源相提并论的一种基础性资源，而且将成为信息时代的主导性资源。

8.1.1 信息的概念

信息是普遍存在于人类社会的现象。信息无时不有、无处不在。信息论的创始人香农(Shannon)强调了信息的客观机制与效果，认为："信息是人们对事物了解的不确定性的减少或消除"；"控制论之父"维纳(Weiner)强调了信息与物质和能量这两大概念的区别，指出："信息既不是物质也不是能量，信息是人与外界相互作用的过程、互相交换的内容的名称"；信息还被定义为"对人有用、能够影响人们行为的数据"或者"人们根据表示数据所用协定而赋予数据的意义"；而在管理信息系统领域，信息被认为是经过加工过的数据，它对接收者有用，对决策或行为有现实或潜在的价值，突出了信息在决策和行为中的价值，反映了信息作为一种战略性资源的内在含义。

相近的一些概念如下：

(1) 数据是反映事物状态和变化的零星的、未经组织的事实、数字、声音、图像等，它

是记录下来可以被鉴别的符号，本身并没有意义，数据经过处理仍然是数据，只有经过解释才有意义。而信息是经过收集、处理和解释的事实和数据(有意义的数据)。

(2) 消息是信息的反映形式，信息是消息的实质内容。信息不同于消息，消息只是信息的外壳，信息则是消息的内核。而且，不同的消息中包含的信息量是不同的。

(3) 情报是指有目的、有时效，经过传递获取的涉及一定利害的特定的情况报道或资料整理的结果。信息的范围比情报广泛得多。可以说，所有的情报都是信息，但不能说所有的信息都是情报。

(4) 知识是人类社会实践经验的总结，是人的主观世界对于客观世界的概括和反映。信息也不等于知识。人类要通过信息来认识世界和改造世界，又要根据所获得的信息组织知识。信息是知识的原料，这些原料又将会成为新的系统化的知识。

从认知的角度来看，只有经过解释，数据才有意义，才能成为信息，因而可以说信息是经过加工以后，对客观世界产生影响的数据。从应用的角度来看，数据是信息的载体，也是信息的一种最重要的存在形式，以数据形式存在的信息可以在现代信息技术中得到最为有效的处理和应用。

根据接收对象的不同，信息和数据二者是可以相互转换的。对于第一次加工所产生的信息，可能成为第二次加工的数据；同样，第二次加工所产生的信息，可能成为第三次加工的数据。

8.1.2　信息的生命周期

信息和其他商品一样是有生命周期的，信息的生命周期是要求、获得、服务和退出。

(1) 要求是信息的孕育和构思阶段，人们根据所发生的问题，根据要达到的目标以及设想可能采取的方法，构思所需要的信息类型和结构。

(2) 获得是得到信息的阶段，它包括信息的收集、传输以及转换成合用的形式，达到使用的要求。

(3) 服务是信息的利用和发挥作用的阶段，这时保持最新的状态，随时准备供用户使用，以支持各种管理活动和决策。

(4) 退出是信息已经老化，失去了价值，没有再保存的必要，就把它更新或销毁。

1. 信息收集

信息收集包括信息的识别和信息的采集两个阶段。由于信息的不完全性，想得到关于客观情况的全部信息实际上是不可能的，所以信息的识别是十分重要的。确定信息的需求要从系统目标出发，要从客观情况调查出发，加上主观判断，规定数据的思路。

(1) 信息识别的方法。主要由决策者进行识别，或系统分析员亲自观察识别，或两种方法结合。

(2) 信息的采集。信息识别以后,下一步就是信息的采集。由于目标不同,信息的采集方法也不相同。主要有三种方法:

一是自下而上的广泛收集。它服务于多种目标,一般用于统计。

二是有目的的专项收集。有时可以全面调查,有时可以抽样调查。

三是随机积累法。

2. 信息传输

信息传输理论最早是在通信中研究的,信息传输的一般模式如图 8-1 所示。

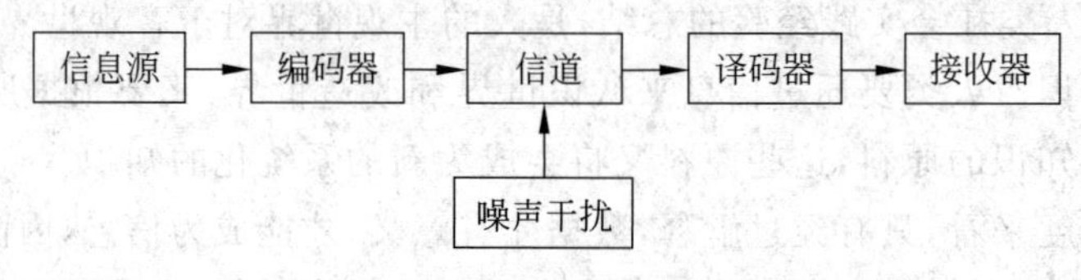

图 8-1 信息传输的一般模式

3. 信息加工

数据要经过加工以后才能成为信息,其过程如图 8-2 所示。

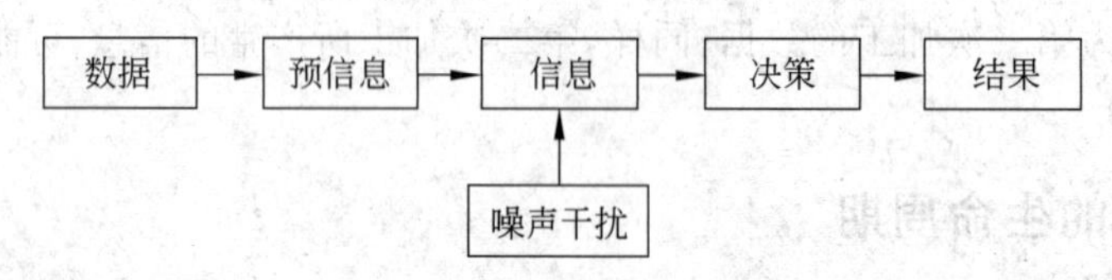

图 8-2 数据加工过程

数据加工以后成为预信息或统计信息,统计信息再经过加工才成为信息。信息使用才能产生决策,有决策才有结果。每种转换均需时间,因而不可避免地产生时间延迟。这也是信息的一个重要特征——滞后性。信息的不可避免的滞后性要求我们很好地研究,以便满足系统的要求。

4. 信息储存

信息储存是将信息保存起来,以备将来使用。

数据存储的设备主要有三种:纸、胶卷和计算机存储器。纸虽然已有几千年的历史,但现在仍然是储存数据的主要材料。胶卷起初作为纸的补充,存储图像,后来也用来存储文字和数字。计算机存储器主要用来存储变化的业务和控制信息。

5. 信息维护

保持信息处于合用状态叫做信息维护。狭义上说,它包括经常更新存储器中数据,使数据均保持合用状态。广义上说,它包括系统建成后的全部数据管理工作。

6. 信息使用

信息使用包括两个方面：一是技术方面；二是如何实现价值转换的问题。

8.1.3　信息的性质

信息具有客观性、普遍性与无限性、价值性、时效性、共享性、依附性、可传递性、可加工性、可存储性、可再生性和可增值性等，下面只介绍其中的几个特征。

1. 信息的客观性

信息内容具有客观性，是客观事物的反映；信息反映的对象即客观事物的存在和运动状态是真实的。

2. 信息的普遍性与无限性

信息是反映万物(everything)，所以信息无处不在；万物存在和变化在时空上是无限的，所以信息无时不有。

3. 信息的价值性

信息具有使用价值，可以满足人们的需求，帮助人们解决问题；信息具有认识价值，可以帮助人们认识事物对象；信息具有消费价值，可以给人们以精神上的愉悦和满足。

4. 信息的时效性

信息的使用价值随着时间的流逝而逐渐减少；它的寿命和价值大小取决于信息提供的及时性。信息的时效性是因为信息反映的内容具有滞后性，事物对象已经变化，而内容没有更新。

5. 信息可以加工，具有可再生性和可增值性

信息可以通过选择、处理和浓缩等手段进行加工，经过处理信息价值更大；信息可以通过引申、推理、聚合、联系等方式，产生出更多的新信息，同时可以增加它的价值。

6. 信息的共享性

一个单元(或一条)信息可以同时被多人或社会分享，不像特质产品那样具有独占性。同时，信息在共享中不会磨损或消耗，信息的拥有者不会因共享而失掉其占有权。与我们熟知的物质与能量资源不同，信息资源的分享与交换不具有排他性，而具有非零和性。信息可以为不同的人所占有，A将信息C告诉B，A、B将同时拥有信息C；而物质能量交换具有零和性，表现为A将物品C交给B，B之所得即为A之所失，所得所失之和为零。

信息分享后，既可能引起信息价值的增加，也可能引起信息价值的降低。一家工厂内的一项物料需求信息在生产线上下游间的分享会增加信息的价值，而一项保密技术被竞争对手获得后，则会大幅贬值。

7. 等级性

不同的人所要求的信息是不同的，这就造成了信息的等级性。以我们主要讨论的管理信息来说，管理信息的等级是与管理的等级相对应的，对于最高层（如总经理）、中层（如部门经理）、底层（如一般员工）这三个不同的层次来说，他们需要并使用的信息特点各不相同。总的来说，最高层和底层的信息表现出相反的特征，而中层的信息通常介于上述两者之间。表 8-1 从不同角度分别对信息的等级性加以说明。

表 8-1　信息的等级性

信息级别	战　略　级	策　略　级	执　行　级
来源	关于企业的方向、目标、路线、总纲等，多来自外部	关于如何获得资源、选择工厂位置、生产效益、与其他厂的比较。多来自内、外部双向	关于生产调度信息、生产指标完成情况。来自内部
寿命	寿命较长，如企业的发展规划、新产品投产、停产、新厂址选择、开拓新市场等	寿命次之，如某一产品的设计、生产	寿命最短，如考勤信息、发工资、奖金信息等，用完之后没必要再保存
保密程度	要求最高，如公司的战略对策，不可泄密	要求也较高，如某些先进技术、产品，可以有偿转让或推迟一段时间	保密要求最低，因为很难提取有价值的信息
加工方法	不固定，常是靠人预测，或计算机辅助计算，等等	有一定的方法，但不是很固定	加工方法最固定，如计算工资方法、仓库发料方法
使用频率	最低，如 5 年计划数据，每年只用一两次	相对较高，如 1 年的生产计划	使用频率最高，如质量检查标准、每天都要用
精确程度	最低，如长期预测有 60%～70%已很满意	在于战略层与执行层之间	执行级最高，如会计的结账、一分钱都不能差

8.1.4　信息的价值度量

信息是一种资源，能够给人和组织带来现实的或者潜在的利益，因此信息必然具有一定的价值。信息的价值主要是指信息的实用性，也就是信息的使用价值。在商务活动中，信息价值性最本质的体现是，信息的所有人因掌握更多的信息而占有或者保持竞争优势。在正确的时间、以正确的方式提供正确的信息，这个信息才有价值，因此可以从时间、内容、形式三个维度来评估信息的价值（图 8-3）。

1. 信息的时间维度

信息的时间维度主要包括及时性和新颖性两个方面。

1）及时性

及时性的含义是指在人们需要的时候拥有信息。及时的信息对于人们的正确决策有

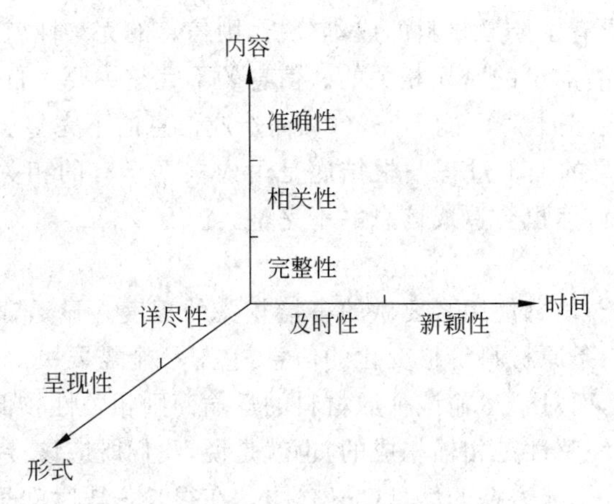

图 8-3　信息的价值度量

着非常重要的作用。信息都具有一定的时效，过了时效就不再具有价值或者价值大幅度下降。比如，及时地获知某地区市场对某种产品的需求量对于生产该种产品的厂家来说就具有很重要的作用。

2）新颖性

新颖性的含义是指获得最近和最新的信息。一般来说，具有新颖性的信息比仅具有及时性的信息更具有价值。如果说及时性能够帮助企业把握住机会的话，那么新颖性则可以为企业创造机会。

信息的时效性是指从信息源发送信息，经过接收、加工、传递、利用的时间间隔及其效率。时间间隔越短，使用信息越及时，使用程度越高，时效性越强。一般来说，越新颖、越及时的信息，其价值越高。因此，应该尽量缩短信息采集、存储、加工、传输、使用等环节的时间间隔，提高信息的价值。从某种使用目的来看，信息的价值会随着时间的推移而降低，但是对于其他的目的来说，它又可能显示出新的价值。例如，超级市场的销售信息，在每年的账务结算后，作为核算凭据的价值已经失去，但是如果将多年的销售数据收集起来，就有可能通过数据挖掘等方法总结出消费者的行为规律，从而指导超市的销售行为。

2. 信息的内容维度

信息的内容维度指信息“讲的是什么”，通常包括信息的准确性、完整性、相关性三个方面。

1）准确性

准确性也称为信息的事实性，这是信息第一位、最基本、最核心的性质，不符合事实的信息不具有价值，甚至可能给信息接收者带来负的价值。

2）完整性

完整性指是否包括所有与信息使用者要做的事情相关的信息。比如，在一个风险投

资的计划书中，如果没有主要原材料的成本分析，则信息的完整性就会大打折扣。信息的完整性是与接收信息者的目的密切相关的。信息的不完整主要来自两个方面：

(1) 作为原料的数据本身可能不完整，从而造成信息的不完整。

(2) 从数据到信息的加工过程归根结底是由人根据已有的相关知识来完成的，人类对世界认知的不完全必然也会造成信息的不完整。

3) 相关性

相关性是指信息与信息使用者要做的事情相关的程度。显然，相关性越高的信息价值越高。比如，同样一条原材料价格变化的信息，它对一个需要决定产品价格的企业经理决策的相关性比较高，而对于运输该种原材料的运输商则相关性较低。

信息的相关性和完整性是相辅相成的，也就是说，我们既应该接收与工作相关的信息(相关性)，也应该接收全部需要的信息(完整性)。在很长一段时间里，人们都在为解决信息的完整性而努力。但是，近年来信息技术的快速发展带来了信息量的激增，甚至是“信息爆炸”。在这种情况下，如何甄选出相关性高的信息就成为人们关注的重点。

3. 信息的形式维度

信息的最后一个维度是形式维度，其涉及信息是“什么样的”这一问题，主要包括详尽性和呈现性两方面特征。

1) 详尽性

详尽性是指信息概括的程度。随着目标的不同，对信息概括程度的要求也不同。比如，对于生产主管来说，他需要知道每一位工人每天每件产品的生产量。但是对财务主管来说，只要知道每天的产量汇总情况就可以了。

2) 呈现性

呈现性是指信息是否以适当的载体提供。信息的载体可分为两个层次：语言、文字、图像、符号、电子信号和自然、社会活动所产生的其他印迹等是信息的第一载体；而存储第一载体的物质，包括纸张、胶片、磁带、计算机存储器和刻有铭文的器皿等记录着自然、社会活动所产生的印迹的物质等则是信息的第二载体。信息的载体是可以变换的，它可以由不同的载体和不同的方式承载和载录。

随着人们每天接收到的信息量的不断增加，以何种载体提供信息就成为非常重要的问题。适当的载体可使信息接收者易于接收和理解。目前演讲者在阐述一个问题时，经常使用幻灯片的形式，这就是为了使听众能够最有效地接受演讲者的观点。

以上三个维度如果运用得当，也就是说，在正确的时间、以正确的方式提供正确的信息，那么将大大提高信息使用者成功的机会。

8.1.5 信息化社会

信息化是指由工业社会向信息社会前进的动态过程。在这个过程中，整个社会通过

普遍地采用信息技术和电子信息设备，更有效地开发信息资源，使信息资源创造的价值在国民生产总值中的比例逐步上升直至占主导地位。

信息化也可以理解为相对工业化而言的一种新的经济与社会格局，在这个新格局中，信息作为管理的基础、决策的依据、竞争的第一要素，成为比物质、能源更重要的资源。可以理解为，文化发展的新阶段信息化最直接的形成者便是信息技术。信息化对社会的影响如下：

(1) 带来产业结构的巨大变化。表现在：在现代信息技术基础上产生了一大批以往产业革命时期所没有的新兴产业；传统产业体系步入衰退，利用信息技术对其改造，成为传统产业获得尊重的出路；服务业的发展使其越来越在国民经济中占主导地位。

(2) 带来生产要素结构与管理形式的变化。现代社会中，生产要素结构中知识与技术的作用大大增强，已经成为第一生产力，而物质资料与资本的作用相对减弱。

(3) 加速经济国际化进程。一方面表现为现代信息技术本身发展的国际化，另一方面表现为现代信息技术对整个经济国际化的推动。

(4) 导致社会结构的变化。表现在城市化的分散趋向；家庭社会职能的强化；职业结构中知识与高技术化职业增多；工作方式与生活方式的变化等。

信息化社会又称为后工业社会，指的是信息社会，就是整个社会的广度和深度上，以运用信息化的理论方法和技术处理实践问题为主要特征的社会。

8.2 管理理论

管理就是通过计划、组织、指挥、协调和控制等一系列活动，合理配置运用各种资源，以达到组织既定的目标。信息是管理的基本手段，也是使各项管理职能得以发挥的重要前提。从本质上说，管理就是通过信息协调系统内部资源、外部环境与预定目标的关系，从而实现系统的功能。

现代社会的特点是分工越来越细，各种问题的影响因素越来越错综复杂，对企业反应速度的要求越来越高，管理效能和生产、经营效能越来越取决于信息系统的完善程度，因此对信息的需求不仅在数量上大幅度增加，而且在质量上也要求其正确性、精确性和时效性等不断提高。传统手动系统越来越无法应付现代管理对信息的需要。生产社会化的发展必然会要求更为科学的决策与管理。基于计算机网络的信息系统，能把生产和流通过程中的巨大数据流收集、组织、控制起来，经过加工处理，转换为在管理中具有重要意义的信息。

8.2.1 现代管理理论的主要学派

第二次世界大战以后，世界形势趋于稳定，许多国家都致力于发展本国经济，科学技

术水平不断提高，科学技术转化成生产力的过程在缩短，管理理论体系更加完善。现代管理思想大致可分为七大学派，即管理程序学派、行为科学学派、决策理论学派、系统管理理论学派、权变理论学派、管理科学学派和经验主义学派。管理理论中的这些学派虽然都有自己的独到之处，但它们所研究的对象基本是一致的。

1. 管理程序学派

管理程序学派是在法约尔管理思想的基础上发展起来的。该学派的代表人物有美国的哈岁德·孔茨和西里尔·奥唐奈，其代表作是两人合著的《管理学》。第二次世界大战之后，法约尔的名著《工业管理和一般管理》的英译本在美国发行。法约尔将管理分为计划、组织、指挥、协调、控制五种职能，使管理程序学派迅速发展，不断完善。

管理程序学派认为，管理是一种程序和许多相互关联着的职能。在该派学者的著作中，尽管对管理职能分类的数量不同，但都含有计划、组织和控制职能。它强调了管理职能的共同性。管理程序学派认为可以将管理的职能逐一地进行分析，归纳出一定的原则作为指导，以利于更好地提高组织效率，达到组织目标。

管理程序学派提供了一个分析研究管理的思想构架，其内涵丰富、范围广泛，便于理解，一些新的管理概念和管理技术均可容纳在计划、组织及控制等职能中。

2. 行为科学学派

行为科学学派是在人群关系理论的基础上发展起来的。该学派的代表人物很多，如美国的马斯洛，其代表作是《激励与个人》；赫兹伯格，其代表作是《工作的推动力》，等等。该学派认为管理是经由他人的努力以达到组织的目标，管理中最重要的因素是对人的管理，所以要研究人的需求，关心人，尊重人，满足人的需要，以调动人的积极性，并创造一种能使下级充分发挥力量的工作环境，在此基础上指导他们的工作。行为科学学派和人群关系理论的共同点都是重视组织中人的因素，由于行为科学学派是在人群关系理论的基础上发展和完善起来的，因此具有以下特点：

(1) 从单纯强调感情的因素、搞好人与人之间的关系转向探索人行为的规律，重视对人的管理，进行人力资源的开发。

(2) 强调个人目标与组织目标的一致性。调动人的积极性必须从个人因素和组织因素两方面着手，使组织目标包含更多的个人目标，不仅要重视人们工作外部环境的改善，而且更要重视改进工作设计，使人们从工作中得到被需要的满足。

(3) 行为科学学派认为传统的组织结构和关系容易造成紧张气氛，对组织各层职工均有不利的影响，提倡在企业中恢复人的尊严，实行民主，让员工参与管理，改善上下级之间的关系，由服从命令变为支持帮助，由监督变为指导，实行职工的自我管理。

3. 决策理论学派

决策理论是以社会系统论为基础，吸收了行为科学理论和系统论的观点，运用计算机

技术和运筹学的方法而发展起来的一种理论。这个学派的主要代表人物是西蒙。西蒙于1916 年出生于美国威斯康星州，是一位经济学家和社会科学家，他在管理学、组织行为学、经济学、政治学、人工智能等方面均有所造诣。决策理论学派的主要观点如下。

1）管理就是决策，决策贯穿于整个管理过程

西蒙等认为，决策是组织及其活动的基础。组织是作为决策者的个人所组成的系统。组织之所以存在，是因为所有组织成员作出了参加组织的决策，这也是任何组织的任何成员的第一个决策。在此基础上，组织成员还要作出其他决策。决策贯穿于整个管理工作的过程始终。制订计划并在两个以上的可行方案中选择一个可行方案需要决策，进行组织设计、机构选择、权力分配需要决策，对组织系统进行分析、评价也需要决策。总之，管理就是决策。

2）决策是一个过程

管理的实质是决策。决策不是瞬间即能完成的一种活动，而是由一系列相互联系的工作构成的工作过程。在这个过程中包括四个阶段的工作：提出决策目标；制定实现目标的可行方案；在诸多行动方案中进行抉择，选择最满意的方案；对该方案进行评价。这四个阶段中都含有丰富的内容，并且各个阶段相互联系，因此决策是一个反复的过程。

3）决策的准则

西蒙认为，由于组织处于不断变动的外界环境影响之下，决策者搜集决策所需要的材料具有一定的困难。同时，设计出全部可行方案，一方面受决策时间的限制，另一方面也受人力、物力、财力的限制，所以可行方案的设计数目一般是满足需要即可。在实践中，如果追求最佳方案，就可能导致无解，其主要原因是最佳方案一般都附有较高的实施条件，由于种种原因，某一组织系统暂时还不具备这些条件。因此，只能在现有约束条件下，制定一套满意的标准，只要达到或超过了这个标准，就是可行方案。决策时，一般是寻求一个相对较好的方案。

4）程序化决策与非程序化决策

根据决策性质的不同可以把决策分为程序化决策和非程序化决策。程序化决策是指反复出现的常规性决策，因为这种决策的问题经常反复出现，因此人们已制定出一套程序来专门解决这种问题。非程序化决策是指对偶发性问题所作出的决策。这种偶发性问题具有不确切性、模糊性及特殊性，例如，在工业企业中新产品的开发、企业资产重组的决策等。程序化决策与非程序化决策的划分并不是一成不变的，随着人们的认识深化和实践经验的积累，许多非程序化决策将转变为程序化决策。

4. 系统管理理论学派

系统管理理论学派侧重于用系统的观念来考察组织结构及管理的基本职能，它来源于一般系统理论和控制论，代表人物为卡斯特等。卡斯特的代表作是《系统理论和管理》。系统管理理论学派认为，组织是由人们建立起来的，相互联系并且共同工作着的要素所构

成的系统。这些要素被称为子系统。根据需要可以把子系统分类。企业就是一个由许多子系统组成的开放性大系统。在企业内部包括有：①目标和准则子系统；②技术子系统；③社会心理子系统；④组织结构子系统；⑤外界因素子系统。另外，企业又是社会大系统中的一个子系统。系统的运行效果是通过各个子系统相互作用的效果决定的。它通过与周围环境的交互作用，并通过内部和外部的信息反馈，不断进行自我调节，以适应自身发展的需要。

系统管理理论学派认为，组织这个系统中的任何子系统的变化都会影响其他子系统的变化。为更好地把握组织的运行过程，就要研究这些子系统与它们之间的相互关系，以及它们怎样构成了一个完整的系统。

5. 权变理论学派

权变理论是一种较新的管理思想。权变理论认为，对组织或系统的管理要根据内外条件的变化而变化，没有一成不变的、普遍适用的、最好的技术和方法。因此，为了使问题得到很好的解决，要进行大量的调查和研究，然后把组织的情况进行分类、建立模型，据此选择适当的管理方法。权变理论学派的代表人物是美国尼布拉加斯大学的教授卢桑斯。1976 年他出版了权变理论学派的代表作《管理新论：一种权变学》，在该书中他集中阐述了权变理论的重要观点。

(1) 权变理论认为以往的管理理论都不同程度地存在理论与实践相脱节的现象，以此为依据难以进行有效的管理。权变理论就是要把环境变化对管理的作用具体化，将管理理论与管理实践结合起来。

(2) 权变理论认为环境是影响管理方法选择的重要因素。环境和管理的关系是，前者是自变量，后者是因变量。环境不同，管理中运用的管理方法、手段也就不同，没有普遍适用的理论与方法。与其他管理学相比较，权变理论主要强调了理论的环境适应性，有较强的现实意义。

6. 管理科学学派

管理科学学派又称数理学派，它是泰勒科学管理理论的继续和发展，其代表人物为美国的伯法等，伯法的代表作是《现代生产管理》。管理科学学派具有如下特点：

(1) 他们主要是减少主观因素，依靠建立一套决策程序和数学模型以增加决策的科学性。他们将众多方案中的各种变数或因素加以数量化，根据各种变数和因素之间的相互关系，建立数学模型，寻求一个量化的最优方案。

(2) 各种可行的方案均是以经济效果作为评价的依据。组织是一个追求经济利益的系统，它主张以等量的成本获得最大的收益，而且是整个系统的收益，不是局部的最大收益，是“整体优化”，而不是局部优化。

(3) 广泛地使用电子计算机。现代企业管理面临着许多复杂问题，需要及时地进行

决策。现代化管理需要信息的及时提供和有效处理，依靠传统的方法很难适应这种需要，电子计算机的应用为管理的现代化、科学化提供了保证。管理科学学派重点研究的是操作方法和作业方面的管理问题。

7. 经验主义学派

经验主义学派以为西方大企业的经理提供管理企业的成功经验和利导方法为目标。他们认为，管理科学应该从企业管理的实际出发，以大企业和管理经验为主要研究对象，将其概括和系统化，以利于向企业管理工作者和研究人员传授。经验主义学派的主要代表人物有杜拉克、戴尔等，其中以杜拉克最为著名。杜拉克的主要著作有《管理的实践》、《有效的管理》等。这一学派的理论要点如下：

(1) 作为组织的主要领导人，应重点抓好这样几方面的工作：①经理必须创造一个"生产的统一体"，有效地调动组织的各种资源，尤其是发挥人力资源的作用；②领导者作出的每一项决策或采取的每一个行动，都要协调眼前利益与长远利益的关系。

(2) 要建立合理的组织结构，各类组织只能根据自己的目标、工作性质、环境和内部条件来确定本组织的管理结构，一定要结合具体情况来确定。

(3) 对科学管理和行为科学应正确地进行评价。

(4) 提倡实行目标管理。

以上介绍了现代管理理论中比较重要的学派，它们在管理学的发展过程中，起到了十分重要的作用。

8.2.2　信息在管理过程中的作用

信息已经成为管理活动中最重要的要素，它对管理的影响也越来越大，尤其是随着组织经营领域的不断扩大以及竞争的加剧。信息在管理中的重要作用，如果从管理的目的角度来看，只有信息的有效利用是提高经济效益和社会效益的有效途径；从管理的组织角度来看，只有通过信息沟通，才能使系统成为一个有机的整体，使系统的各部分形成统一的目标，有统一的行动；从管理的过程角度看，现代管理者已不再直接同被管理者接触，而更多地处理表征管理对象的信息，通过对信息的分析综合得出结论，作出决策。管理的发展其实与信息发展是同步的，或者说管理的发展是在信息发展的推动下进步的。

信息表现在管理整个过程中的作用，具体有以下几个方面。

1) 信息是一切管理组织系统的基本构成要素和中介

从管理的对象角度来看，传统的管理活动主要面向人、财、物，随后人们越来越认识到时间以及信息的重要性，认识到了信息资源对组织生命的重大影响。从信息的本体论角度来看，信息可以客观地反映组织运行过程与环境。管理者对管理对象的指挥、指导和控制，都要以信息作为中介手段。因此，信息的有序传递和处理、协调流通与交换、合理利用与开发，是管理的基础，也是管理的资源、对象和手段。

2）信息是决策与计划的依据

管理就是决策，决策的前提是以信息作为基础的，它是预测形成的根基；在控制过程中必然也会对各种信息作出反馈，以保证整个管理活动能按照既定的目标进行。在组织进行各种管理活动时，要首先进行计划。计划是建立在大量信息基础上的，没有信息就不能形成完整、合理、科学的计划，也就没法使工作进行下去。因此，重视信息、掌握信息、运用信息既是保证管理各环节运动的基本前提，又是保证管理活动达到预期目标的重要因素。

3）信息是管理组织的脉络，是组织各部门沟通的纽带与桥梁

组织的良性发展依赖于信息在组织内部的流通情况。信息良好的交流是组织形成凝聚力的保障，是统一思想和认识的基础，是指令下达的渠道。这种信息在组织内部的流通就像一只无形的手，将各方面、各层次的思想、行动、感情、氛围、气质等紧紧地联系在一起。没有信息沟通，就不会有正确的信息传递，也就不会使组织内部各部门之间建立起联系的纽带与桥梁。

4）信息是控制的前提

控制是使事物在当前运动以及从当前状态向目标状态的运动过程中，采用一系列手段使其不偏离轨道和朝着我们期望的方向发展。在这个过程中，涉及对事物状态的感知、前状态与期望状态的比较、采取行动、下达命令等行为，而所有这些行为，始终与信息分不开。实际上，这个控制过程就是一个信息处理的过程。在此过程中，信息的作用通过前馈与反馈两种方式体现。前馈是指在事物目前状态的基础上，预期或预先规定在未来某一时刻系统应处的状态，在达到这一时刻时，根据现实状态与预定状态的偏差来采取调节措施。反馈是指把测得事物状态的信息作为输入信息，以决定采取何种调节措施。前馈一般出现在不可逆的、不可现的开放系统中，如社会经济系统中的宏观经济政策问题；反馈则常常出现在相对封闭、可以再现的系统中，如工程技术中的许多自动控制系统。

8.2.3 信息系统的管理学内涵

管理科学的发展为信息系统的发展提供了坚实的理论基础，任何管理信息系统中都包含着先进的管理思想与先进的管理方法。企业信息化就是挖掘先进的管理理念，应用先进的计算机网络技术去整合企业现有的生产、经营、设计、制造、管理，及时地为企业的“三层决策”系统（战术层、战略层、决策层）提供准确而有效的数据信息，以便对需求作出迅速的反应，其本质是加强企业的“核心竞争力”。

任何组织都需要管理，一个组织的管理职能主要包括计划、组织、指挥、协调和控制五个方面，其中任何一方面都离不开信息系统的支持。基于管理职能的系统结构从企业的职能方面来描述系统的结构。企业的分工没有统一的模式，但可以按照管理职能分成相互联系的若干子系统。如制造业的信息系统可分为市场销售、生产管理、财务管理、人事

管理、信息管理、物资供应、高层管理等功能子系统，使用每个功能子系统可以完成事务处理、作业控制、管理控制、战略规划等功能。其中，各子系统的功能分别如下：

(1) 市场销售子系统。该系统进行销售统计、销售计划等工作，协助管理者进行销售分析与预测，制定销售规划和策略。

(2) 生产管理子系统。该系统协助管理者制定与实施产品开发策略、生产计划和生产作业计划，进行生产过程中的产品质量分析、成本控制与分析等。

(3) 财务管理子系统。该系统协助管理者进行财会财务管理、财务计划、财务分析、资本收益规划、收益的量度等。

(4) 人事管理子系统。该系统协助管理者进行人员需求预测与规划、绩效分析、工资管理等。

(5) 信息管理子系统。该系统协助管理者制定信息系统的发展规划，对信息系统的运行和维护进行统计、记录、审查、监督和对各部分工作进行协调。

(6) 物资供应子系统。该系统协助管理者制订物资采购计划、物资的存放与分配管理等。

(7) 高层管理子系统。该系统面向企业最高级领导部门和人员，为高层管理人员制定战略规划、进行资源分配等工作提供支持，同时协助管理者进行日常事务处理，对下级工作进行检查、监督。

以上的各信息系统，都从不同方面为管理者所使用，使管理者的管理工作效率得到了提高。各信息系统之间的关系如图 8-4 所示。

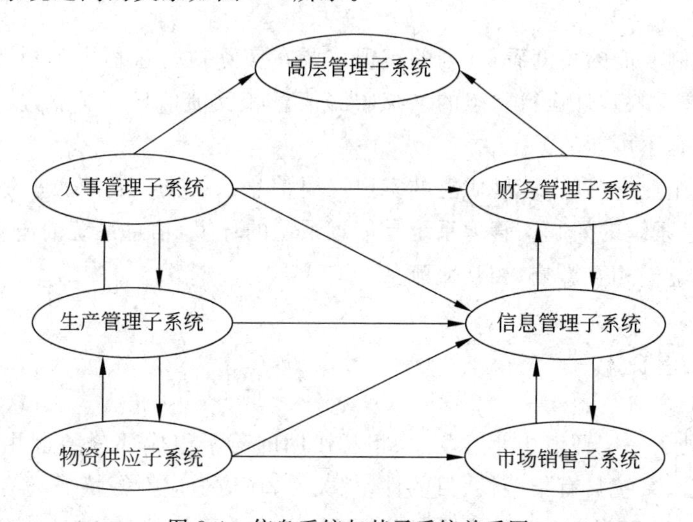

图 8-4　信息系统与其子系统关系图

管理的任务是通过对组织资源运用的计划、组织、协调、控制、监督等职能来实现预定目标。就具体的管理活动来说，一切管理行为都是通过信息的处理、传递和反馈来实现的。管理的每一项职能的发挥都离不开信息系统的支持。

首先，从组织战略决策的角度看，战略上的成功在于能够在涉及组织长远兴衰的重大问题上把握未来，而若要把握未来，正确而又系统地进行科学决策，则依赖于掌握充分而系统的信息。这是因为，战略决策行为的本质是其预先性，即它们是预先作出的，且越能高瞻远瞩便越主动。战略决策以较为准确的外部环境要素及内部资源条件测量为基础，由于决策者所面对的是一个诸多变量交织混杂、相互制约的系统，而且该系统总是处于错综复杂的变动中，因而，决策者对外部环境要素及内部资源条件的认识总会存在着不定度(不肯定的程度)、未知度(不知道的程度)和混杂度(主次难分、真假难辨的不清晰程度)。为了尽可能地将认识中的不定度、未知度和混杂度降到最低点，必须不断地收集、加工各种信息。同时，作为一项复杂决策行为也需要信息系统提供方法论支持。

其次，从计划职能的角度看，计划是对组织未来行动作出的安排和部署。合理的计划需要对内部资源和外部环境的现状与变化趋势很明确的把握，并运用科学的方法进行预测、优化，通过反复试算平衡，最终确定行动方案。没有信息系统的支持，计划职能是不可能实现的。

再次，从组织职能的角度看，它包括人、财、物的组织，即先是组织体系的设计，然后是物流、资金流、事务流、信息流等流程的设计，最后是运行过程中各种关系的协调。它涉及组织中的方方面面，是一项系统工程，没有信息系统的帮助，组织职能同样是不可能实现的。

最后，从控制职能的角度看，计划的实现需要在实际执行过程中不断调整和纠正，这就必须随时掌握反映管理运行状态的系统监测信息和反馈信息。显然，没有信息系统的支持，有效控制是不可能的。

总之，现代企业中，许多管理职能的实现需要信息系统的支持，管理的效率在相当程度上取决于信息系统的效率。管理系统是信息系统的环境，信息系统的输入来自环境，输出则影响环境，它们相互影响、相互交流。

8.3 系统理论

系统是由处于一定环境中相互联系、相互作用的若干组成部分结合并为达到整体目的而存在的集合，系统具有集合性、目的性、相关性、环境适应性等特征。信息系统是一种人-机系统，它由人、硬件、软件和数据资源组成，其目的是及时、正确地收集、加工、存储、传递和提供信息，实现组织中各项活动的管理、调节和控制。信息系统以人为主导，它不仅是一种技术系统，而且是一种管理系统和社会系统。

8.3.1　系统的要素及性质

人类很早就有了关于系统的思想，但是近代比较完整地提出系统理论的，则是奥地利的贝塔朗菲(Ludwig von Bertalanffy)。奥地利学者贝塔朗菲在1945年发表了《关于一般系统论》。在该书中，贝塔朗菲研究了系统中整体和部分、结构和功能、系统和环境等之间的相互联系、相互作用等问题。

系统是一组相互关联、相互作用、相互配合的部件为完成特定的目标、按一定的结构组成的整体。

1. 系统的基本组成要素

1）系统的环境

任何系统都不能孤立地存在，它必须处于一定的环境中。环境是系统存在的前提，同时系统也影响环境。

2）系统的边界

系统的边界是系统与其环境的分界线。系统通过其边界与外界进行物质、能量和信息的交换。

3）系统的输入与输出

系统是通过输入和输出与环境发生关系的，输入是指所有由环境进入到系统并被处理的元素，可以是物质、能量或信息；输出是指从系统向其环境传输的元素，是经系统转换的结果。

4）系统的部件

系统的部件是指完成某种特定功能而不必进一步分解的工作单元。它是一个动态的概念，取决于研究者的角度和意图。

5）系统的结构

系统的结构有静态和动态两个方面的含义。从静态的角度来看，系统的结构是指组成系统的部件有哪些；从动态的角度来看，系统的结构是指系统部件之间的相互关联、相互作用、相互配合的关系是什么。

6）子系统

在研究和表示复杂系统的结构时，常常将整个系统按某种特性分解成多个子系统，子系统再进一步分解，直到所得到的子系统的规模易于理解和处理为止，或直到组成系统的部件为止。

7）系统的功能和行为

系统具有特定的结构，表现为一定的功能和行为。系统整体的功能和行为由构成系统的要素和系统的结构决定，而这些功能和行为又是系统的任何一部分都不具备的。

2. 系统最普遍、最本质的性质

系统最普遍、最本质的性质是集合性、目的性、相关性和环境适应性。

1）集合性

单个元素或者空集合不能构成系统，系统就意味着一个以上的元素及其相互关系构成的一个集合、一个整体。系统之所以成为系统，首先是系统具备整体性。

这表现在，系统的目标性质、运动规律和系统功能等只有在整体上才能体现出来。系统部分的目标和性能必须服从于整体发展的需要，但系统整体的性能、功效并不等于各部分的简单叠加，也不遵从守恒定律。系统之所以能维持它的整体性，正是由于组成系统的各元素之间保持着有机的联系，形成了一定结构的缘故。

2）目的性

系统的目的就是其基本宗旨，是系统追求的一种状态。应该指出，对于某些简单的无机系统来说，其本身并无目的可言，但是对各种生物及社会经济系统来说，其目的性是不可缺少的，尤其是我们将着重讨论的管理信息系统更是这样。系统必须有目标，但是目标不一定是单一的。系统的多个目标之间也可能是互相冲突的，这种情况下通常需要设计者在两个冲突目标的实现中寻求一种平衡，使总目标最优。

3）相关性

系统中各要素不是孤立地存在着，每个要素在系统中起着特定的作用。要素之间相互关联，构成一个不可分割的整体。在考察一个系统时，不能孤立地考察组成系统的各个要素，还应该考察它们相互作用、相互依存的关系。

4）环境适应性

系统是“相互作用着的若干要素的复合体”，这其中隐含着系统边界概念。系统中所有的要素及其相互关系在系统边界之内、系统边界外的所有物质、能量、信息构成了系统的环境。显然，系统的环境应该包括除系统外的宇宙，但是一般我们只考虑那些能够对系统行为产生一定直接影响的事物。系统需要的输入来自其环境，产生的各种输出又返回其环境。对于一个企业系统来说，主要有八种环境要素，即供应商、客户、工会、金融界、股东、竞争者、政府和区域社会。

系统的环境是复杂多变的。外部环境的变化必然会引起系统内部各要素之间的变化，一个系统必须适应环境的变化才不会消失。不能适应环境变化的系统是没有生命力的，而能够经常与外部环境保持最优适应状态的系统，才是理想的系统。

8.3.2 系统的分类

由于系统的来源、目的、组成方式、内部状态等特征的不同，我们可以从各个角度对系统作出分类。下面介绍几种常用的分类方法。

1. 按系统的物质构成不同划分

按系统的物质构成不同,可将其分成无机系统、生物系统和社会系统三种。

无机物质构成的系统称为无机系统,如矿藏系统、气象系统等。无机系统没有自身的目的,所以又称为无目的系统。

主要由动植物及其群落构成的系统称为生物系统,如人体系统、森林系统、草原系统等都是生物系统。

以人为基本单元、人在其中起主导作用的系统称为社会系统。

生物系统是在无机系统的基础上发展起来的,社会系统又是在生物系统的基础上发展起来的。因此,社会系统相对于生物系统为高层次系统,生物系统相对于无机系统又是高层次系统。生物系统和社会系统有其自身的目的,系统中各子系统为了大系统的既定目标而协同工作。所以,生物系统和社会系统总称为目的系统。

一般来说,低层次系统不能包容高层次系统,但高层次系统能够包容低层次系统。

2. 按形成的方式不同划分

按形成的方式不同,系统可划分为自然系统、人造系统和复合系统。

自然系统是由自然物如矿物、植物、动物等在无人类干预的情况下形成的系统,如原始森林的生态系统、气象系统等都是自然系统。

人造系统是人类为某种目的而创造和构建出来的系统,如生产、交通、运输、管理等系统。一般人造系统包括三种类型:一是由人们从加工自然物中获得的零件、部件装配而成的工程技术系统;二是由一定的制度、组织、程序、手续等所构成的管理系统;三是根据人们对自然现象和社会现象的科学认识所创立的学科体系与技术体系。人类不断地发展和创立更新的人造系统以满足人类生存和发展的需要。了解自然系统的形成及其规律,是创建人造系统的基础。

复合系统是指那些有人在其中发挥重要的作用,但并非由人构造出来的系统,如整个地球的生态系统。

3. 按系统与环境联系的方式及密切程度不同划分

按系统与环境联系的方式及密切程度不同,可将其分成封闭系统、开放系统和相对封闭系统。

封闭系统又称孤立系统,它是与外界环境没有物质、能量、信息交换的系统。它既不被其他事物所影响,也不对其他事物施加影响。绝对的封闭系统几乎是不存在的,只是有时为了研究的方便,把某些与外界联系较少的系统近似地看做封闭系统。

开放系统是指系统与环境经常有较多的物质、能量、信息的交换,而且这种交换影响着系统的功能与状态,一旦与外界的联系切断便会影响系统的稳定,甚至使系统破坏。自然界实际存在的系统基本上都是开放系统。

相对封闭系统是开放系统的一种，其特征如下：

(1) 它受到其他事物的影响，但是这种影响只能以特定的方式，通过特定的途径才能发生作用。

(2) 它对其他事物也施加影响，但这种影响只能以特定的方式，通过特定的途径才能发生作用。

一般地，我们在研究系统时，经常忽略一些与外界联系的次要因素，把系统看做是一个相对封闭的系统。

4. 按系统的状态与时间的关系不同划分

按系统的状态与时间的关系不同，可将其分成静态系统和动态系统。

系统的状态不随时间而变化，则该系统就是静态系统；反之就是动态系统。事实上，完全的静态系统是不存在的。如果在一段相当长的时间内系统状态的变化可以忽略不计，我们就可以近似地把它看做是一个静态系统；反之，如果系统状态在较短的一段时间内持续发生变化，则这类系统就叫做动态系统。

我们说静态系统，并非指系统中一切都是静止的，而仅仅是指系统的状态是不变的。换句话说，是指系统中各子系统间、系统与环境间虽有物质、能量、信息的交换，但这种交换处于一种动态平衡的状态。

5. 按系统对环境变化的响应不同划分

按系统对环境变化的响应不同，可将其分成自适应系统和非自适应系统。

系统的环境是复杂多变的，一部分系统在环境发生变化时能够自发地调整自身结构初状态来适应环境的变化以求得生存与发展，这样的系统称为自适应系统，否则就称为非自适应系统。

6. 按具体研究或者服务对象的不同划分

按具体研究或者服务对象的不同对系统加以区分时，就产生了各种各样的对象系统。

从管理对象不同，系统可分为社会管理系统、经济管理系统、科研管理系统、教育管理系统、医疗卫生管理系统等；就经济管理而言，系统又可分为重工业管理系统、轻工业管理系统、基础建设管理系统等。各类系统逐级依层次展开，形成塔状结构。

7. 按系统的控制要素不同划分

按系统的控制要素不同，系统可分为开环系统和闭环系统。

没有控制要素的系统称为开环系统，具有控制要素的系统则称为闭环系统。从系统的内部结构看，当系统的输出不能够去影响系统的输入，系统过去的行为不能控制未来的行为，系统没有自动调节给定目标值的能力时，这种没有反馈的系统功能称为开环系统。输出量直接或间接地反馈到输入端，形成闭环参与控制的系统称为闭环控制系统。由于环境总会对系统产生一些干扰，所以开环系统在现实中不可能保证实现其预定目标，现实

生活中的大多数系统是闭环系统。

8. 按系统的抽象程度不同划分

按系统的抽象程度不同,系统可分为实在系统、概念系统和逻辑系统。

实在系统就是由实际物体所组成的系统,它是由最具体、抽象程度最低,如森林、湖海、山脉等自然物组成的自然系统。

概念系统则是最抽象的,它是人们根据目标和知识设想的系统,由一组相互协调的概念、原理、方法、制度、程序等非物质的实体构成,如学科体系系统、法律体系系统、思想方法体系系统、政策制度体系系统等。它是人们根据待建系统的目标和以往的知识初步构思出的概念系统。它在各方面均不很完备,某些地方很含糊或者忽略一些次要问题,也有可能难以实现,但是它表述了待建系统的主要特征(功能),描绘了待建系统的大致轮廓。

逻辑系统的抽象程度则介于以上两者之间,它是在概念模型的基础上构造出的原理上行得通的系统。它已经考虑到待建系统总体的合理性、结构的合理性和实现的可能性。它应该使人确信,以现在可用的资源一定能实现该系统所规定的要求,但它没有给出实现的具体元件。所以,逻辑系统是摆脱了具体实现细节的能满足功能要求而结构在逻辑上合理的系统。

实在系统与概念系统,在多数情况下常常不可分割。例如,在机械工程系统中,某种具体的机械工程属于实在系统,而用以指导其制造的方案、计划和步骤属于逻辑系统,指导方案涉及的原理理论与方法则属于概念系统。因此,概念系统为实在系统提供方法与策略,即提供服务与指导,而实在系统则是指导与服务的对象。

必须指出的是,单纯的某种类型的系统是从一个特定角度对现实系统简化的结果。现实中的系统往往是几种典型系统类型的综合,如我们将要着重讲到的信息系统就是一个综合性的系统。

8.3.3 系统方法

所谓系统方法,就是按照事物本身的系统性把对象放在系统的形式中加以观察的一种方法,是一种立足整体、统筹全局、使整体与部分辩证地统一起来的科学方法。具体地说,就是从系统的观点出发,始终着重在整体与部分(要素)、要素与要素、整体与外部环境的相互关系中揭示对象的系统性质和运动规律,以达到最佳地处理问题的一种方法。在运用系统方法考察客体对象时,一般应遵循整体性、历时性和最优化的原则。

整体性原则是系统方法的出发点,它是指把对象作为一个合乎规律的由各个构成要素组成的有机整体来研究。系统整体的性质和规律,只存在于各部分之间相互联系、相互作用、相互制约的关系中,单独研究其中任何一部分都不能揭示出系统的规律性,各组成部分的孤立特征和局部活动的总和,也不能反映整体的特征和活动方式。因此,它不要求人们像以前那样,事先把对象分割成许多简单的部分,分别加以考察后再把它们机械地叠

加起来，而是把对象作为整体对待，从整体与部分的相互关系中揭示系统的特征和运动规律。

历时性是系统方法的又一个基本原则，是指在运用系统方法分析研究对象时，应着重注意系统以什么方式产生，在其发展过程中经历了哪些历史阶段，以及它的发展前景如何。也就是说，把客体当做随时间变化着的系统来考察，从客体的形成过程和历史发展中认清现象的本质规律。任何系统都有一个生命周期，即系统从孕育、产生、发展到衰退、消亡的过程。由于现代社会系统内部信息流动的速度不断加快，对于信息系统来说，这种历时性会表现得更为明显。

最优化原则是指从许多可供选择的方案中挑选出一种最优方案，以便使系统运行于最优状态，达到最优效果。它可以根据需要和可能为系统确定最优目标，并运用最新技术手段和处理方法把整个系统分成不同等级和不同层次结构，在动态中协调整体与部分的关系，使部分的功能和目标服从系统总体的最优功效，达到整体最佳的目的。例如，对一个信息系统的设计和控制问题，系统方法可以根据环境与信息系统的关系，根据信息需要和可能提供的资源条件，为该系统一个最优目标；通过分析系统结构，研究如何把这个大系统划分成若干个子系统，如采购、生产、运输、营销等；每个子系统又可分为更低一级的分支系统，以便逐步分级进行最优处理；然后在最高一级统一协调求得整个系统的最优化。

具体地讲，运用系统方法进行思考、分析和处理系统问题时应遵循的一般程序为：①明确问题；②选择目标；③形成方案；④建立模型；⑤方案优化；⑥作出决策；⑦付诸实施。

德尔克食品有限公司

德尔克食品有限公司是一个生产、零售和批发食品的公司，其作业级和战术级的信息系统支持销售、物流、产品和管理等工作。

物流信息系统是作业级系统。订单从六个服务中心进入系统后，订单上的数据就被用来更新应收账款和分销文件。发票能在当地或离客户最近的服务中心打印出来，这样便能最快地收到货款，保持现金良好的流动性。应收账款状况报表提供联机信用审查，拖欠账款的客户在没有交预付款之前，其订单不会被登记。一旦订单数据输入计算机，客户服务人员可以立即向系统发出指令，及时响应客户发送和运输的要求。当收到客户的付款现金时，付款信息几乎自动地被记入客户账户。

德尔克食品有限公司的不少战术信息系统支持着公司的市场开拓工作。大多数销售分析的基础是记载 24 个月订货历史的客户产品信息。按产品系列，利用这些数据生成各地区的销售月报。另一些支持战术决策的报告是重要会计报表和新产品报告，前者显示主要账户中的销售活动，后者则显示对新推出产品的订货分析。

其余的一些作业系统应用于生产领域，包含每种产品的成分及其批量大小的物料清单也被设计成易于被计算机处理的格式。工艺流程或产品生产的工序集合，同物料清单合并后产生批量产品的生产订单。

产品明细文件是另一种作业级数据，用做原料信息的参考资料或为采购订货提供打印文本。生产过程结束后，产成品存货必须被运送到各个分销店的仓库。预测报告指导库存管理人员按预期要求给不同地方的仓库分配存货。

在财务和行政管理中，应收账款的数目根据客户发票和现金支付票据来进行更新。每月产生阶段试算平衡表，并按一定时间间隔产生催款信函。

这些系统帮助该公司及时地处理订单、管理库存和组织生产。这些系统削减开支、增加财政收入和提高服务质量。例如，订货处理系统可以使偏远的分销中心自动地产生发票和运输单，从而减少订货处理的天数，并且使公司及时地收回账款。战术信息系统使管理者通过产品存货分析销售状况，部署市场开发方案以满足需求。战略计划系统向高层管理者提供了行业竞争的数据资料，以便他们判断市场趋势。

案例分析问题：

(1) 案例中描述了哪些层的信息？

(2) 每个层的信息有什么特点？

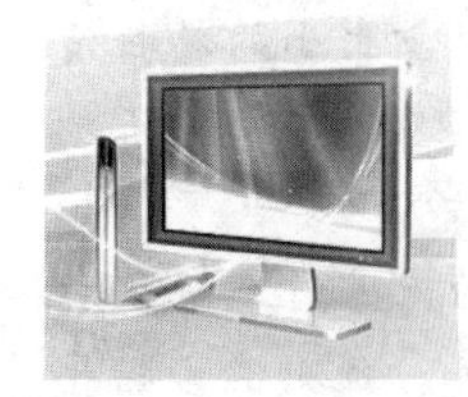

第9章 计算机的科学应用

本章关键词

信息(information)　计算机应用(computer applications)

本章要点

本章主要介绍了计算机在生产生活中的应用及其影响。

重点掌握：我国信息化建设的历程。

随着计算机技术的发展和普及，计算机的应用范围日益广泛，已渗透到科学技术、国民经济、社会生活等各个领域。计算机的应用主要体现在科学计算、信息处理、生产过程控制与管理、人工智能与仿真以及多媒体技术等方面。

本章介绍计算机在不同领域的典型应用，使读者全面了解计算机在国民经济中的传统应用领域和新的应用方向，拓宽视野，提高实际应用能力。

9.1 我国信息化基础建设

计算机的发展与应用水平已成为衡量一个国家现代化水平的重要标志。为了促进信息化建设的发展，我国政府于1993年年底启动了旨在促进国家信息化基础建设的"三金工程"："金桥工程"、"金关工程"和"金卡工程"，建设中国的"信息准高速国道"。

1. "金桥工程"

"金桥工程"是国务院直接领导下实施的国家公用经济信息网工程：中国金桥信息网(CHINAGBN)，以光纤、微波、程控、卫星及无线移动等多种方式形成空、地一体的网络结构，与邮电部的通信网以及各部门已有专用通信网互联，形成了覆盖全国的通信网，旨在为国家宏观经济调控与决策、经济和社会信息资源共享、企业应用信息系统和为推动国民经济信息化进程、提高全社会生产力提供服务。

2. "金关工程"

"金关工程"即国家经济贸易信息网络工程，可延伸到用计算机对整个国家的物资市

场流动实施高效管理。“金关工程”是将海关、外贸、外汇管理以及税务等部门和企业的业务处理系统联网，建立出口退税管理、配额许可证管理、进出口收汇结汇管理和进出口贸易统计信息应用系统，并广泛应用电子数据交换(EDI)技术，提高外贸、海关等部门的现代化管理水平，实现海关报关业务的电子化和信息化。

3. “金卡工程”

“金卡工程”旨在建立一个安全可靠的通信网络和良好的电子货币服务体系，以加快我国金融电子化和商业电子化的进程。计划用10多年的时间，在城市3亿人口中推广普及金融交易卡，实现支付手段的革命性变化，从而跨入电子货币时代，并逐步将信用卡发展成为个人与社会的全面信息凭证。目前，诸如银行卡、借记卡以及各种IC卡已经广泛使用，人们的购物方式和货币支付方式已发生变革。这种变革不仅使人们的生活方便快捷，而且也可减少货币的发行与流通。现代化电子支付系统已经在国家金融网上运行，由此实现了异地或跨行业的资金清算、银行卡授权以及债券管理的功能。

我国政府还先后启动了一系列“金”字工程和信息化建设工程。

(1) 中国公用信息网建设(CHINANET)：国家邮电部经营和管理的全国性公用信息网，是Internet在我国的延伸。在北京和上海建立了连接Internet的国际出口，可以向用户提供Internet的所有服务功能。该网已广泛用于政府部门、科学研究、远程教育、电子商务、广告宣传和信息查询等各个领域。

(2) “金智工程”：建立与教育科研有关的网络工程——中国教育和科研网(CERNET)。

该工程由教育部主持，清华大学、北京大学、上海交通大学等10所高校承担建设任务，包括全国主干网、地区网和校园网三级网络层次结构，网络中心设在清华大学。“金智工程”的目的是实现世界范围内的资源共享、科学计算、学术交流和科技合作。

(3) “金税工程”：国家税务系统的信息化建设工程。

(4) “金财工程”：“政府财政管理信息系统”。

(5) “金贸工程”：为促进我国商品流通领域电子化和信息化而实施的应用工程。

(6) “金宏工程”：“国家宏观经济管理信息系统”建设工程。

(7) “金农工程”：为推进农业和农村信息化建立的“农业综合管理和服务信息系统”。

(8) “金图工程”：中国图书馆计算机网络工程。

(9) “金卫工程”：中国医疗和卫生保健信息网络工程。

(10) “金企工程”：“全国工业生产与流通信息系统”。

中国是一个发展中国家，面对全球信息化发展，已经作出了积极的反应，把国家信息化提到了重要的战略位置，全方位地指导和建立了各行业的信息化网络系统，加快

了数字化城市、数字化政府、数字化企业的建设,为计算机应用水平的提高打下了良好的基础。

9.2 计算机在教育中的应用

目前,许多人在学习中都会上网查询学习资料,坐在多媒体课堂上听老师用计算机课件上课,但计算机在教育中的应用远不止这些。计算机辅助教育实际上是个很广的概念,凡是利用计算机作为辅助工具进行教或学的活动都属于计算机辅助教育,其典型应用如下:

(1) 计算机辅助教学(computer assister instruction,CAI),是指用计算机来辅助进行教学工作,它利用文字、图形、图像、动画及声音等多种媒体将教学内容开发成 CAI 软件的方式,通过图、文、声、影并茂的效果,加深学生的印象,提高学生的学习兴趣,使教学过程形象化。CAI 可以采用人-机对话的方式,对不同学生采取不同的教学进度,改变了教学的统一模式,更适用于学生个性化、自主化的学习,还可以实现自我检测、自动评分等功能。

(2) 计算机辅助实验。计算机辅助实验可以采用模拟技术来仿真一个实验环境进行实验,避免不必要的器材损耗,节约实验成本。例如,用计算机设计电子线路实验、模拟汽车驾驶等。

(3) 多媒体教室。利用多媒体计算机和相应的配套设备建立多媒体教室,可以演示文字、图形、图像、动画和声音,给教师提供了强有力的现代教学手段,使得课堂教学变得图文并茂、生动直观,同时提高了教学效率,减轻了教师的劳动强度。

(4) 计算机管理教学(CMI)。计算机管理教学将计算机用于学校的日常教学管理中,如学生学籍管理、选课与成绩管理、排课与教室管理系统等,实现了计算机的辅助管理,从而提高了教学质量和学校管理水平与工作效率。

(5) 远程教育。运用计算机网络技术实现的计算机远程教育是现代社会重要的教育方式之一。教育部已推出了几百门国家级精品网络课程,各省也相应推出了省级优秀网络课程,而许多学校在校园网上也都有网络课程。这些课程使学生可随时上网学习,突破了时间和地域的限制。远程教育还包括远程教学、虚拟教室和网上考试等,教师可以通过网络进行教学、布置作业、答疑等,学生也可以通过网络学习课程、提问、提交试卷和作业等。利用计算机网络将大学校园内开设的课程传输到校园以外,使得更多的人有机会受到高等教育。

采用多媒体计算机辅助远程教学,可以实现学生的自主学习,实现从以教师为中心的学习方式到以学生为中心的教学模式转变,如图 9-1 所示。

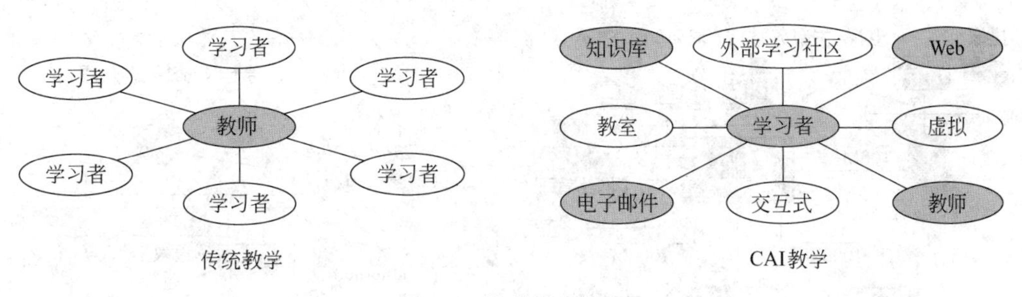

图 9-1　教学模式转变

教育网络的建设为远程教育提供了良好的学习和研究环境，如图 9-2 所示为我国教育科研网络拓扑结构，如图 9-3 所示为校园网络的基本结构。

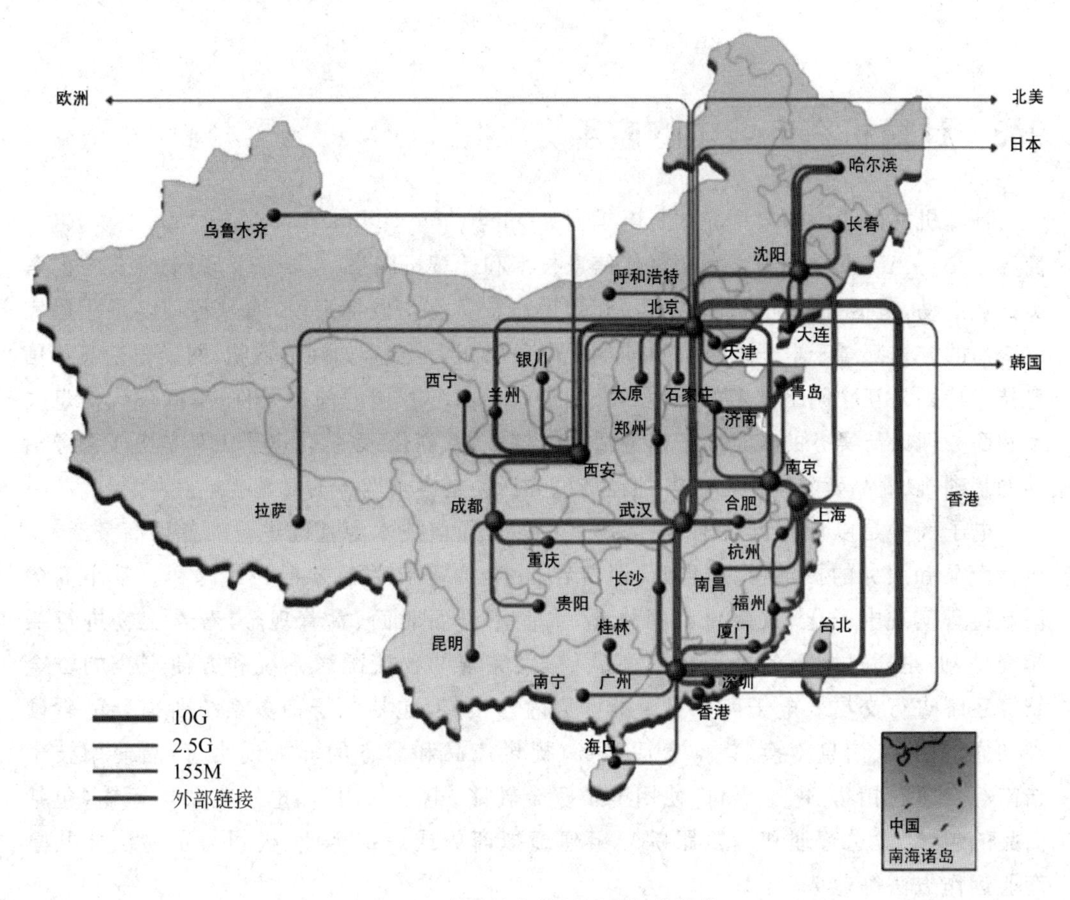

图 9-2　我国教育科研网络拓扑结构

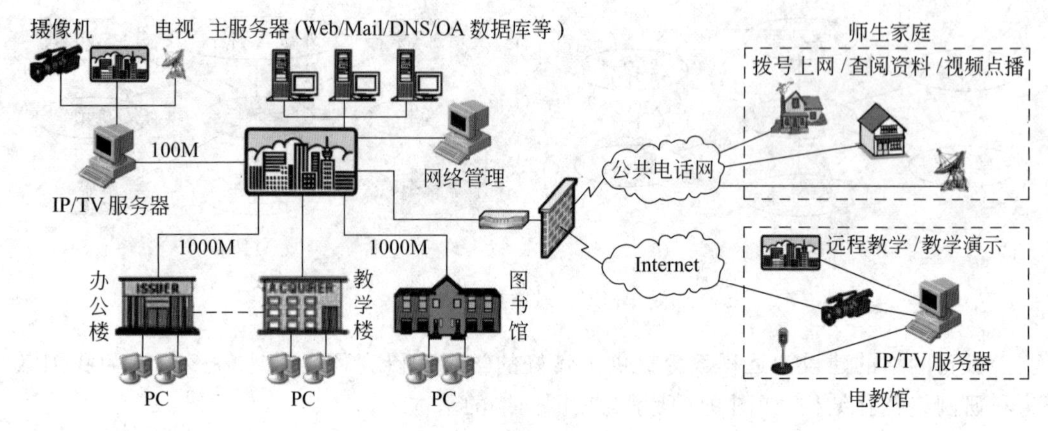

图 9-3　校园网络的基本结构

9.3　计算机在商业中的应用

计算机在商业中的典型应用是电子商务(electronic commerce,EC)。广义上说,电子商务指交易当事人或参与人利用现代信息技术和计算机网络(主要是互联网)所进行的各类商业活动,包括货物贸易、服务贸易和知识产权贸易。概括来说,通过各种电子手段完成交易的方式都属于电子商务。目前电子商务已相当普遍,如网上购物、网上营销等。信息技术特别是互联网络技术的产生和发展是电子商务开展的前提条件;掌握现代信息技术和商务理论与实务的人是电子商务活动的核心;系列化、系统化电子工具是电子商务活动的基础;以商品贸易为中心的各种经济事务活动是电子商务的对象。

电子商务是以计算机技术、网络技术和远程通信技术为基础进行的各种商务活动,包括商品和服务的提供者、广告商、消费者、中介商等有关各方行为的总和。整个商务活动过程实现电子化、数字化和网络化,人们不再面对面、拿着现金、看着实物进行买卖交易,而是通过网上各种形式的商品信息、完善的物流配送系统和方便安全的资金结算系统进行交易。电子商务涵盖的业务内容很广,包括电子商务系统所需要的软硬件和通信网络、信息交换、售前售后服务(提供产品和服务的详细说明、产品使用技术指南等)、进行销售、电子支付(使用电子资金转账、电子信用卡、电子支票)、运输(包括商品的包装、发送管理和运输跟踪)、组建虚拟商店或虚拟企业、公司与贸易伙伴共享商业运作方法等业务。

参与电子商务的角色有四类:顾客(个人消费者或企业集团)、商户(包括销售商、储运商)、银行(包括发卡行、收单行)及认证中心。如图 9-4 所示为一个电子商务应用系统

的组成。

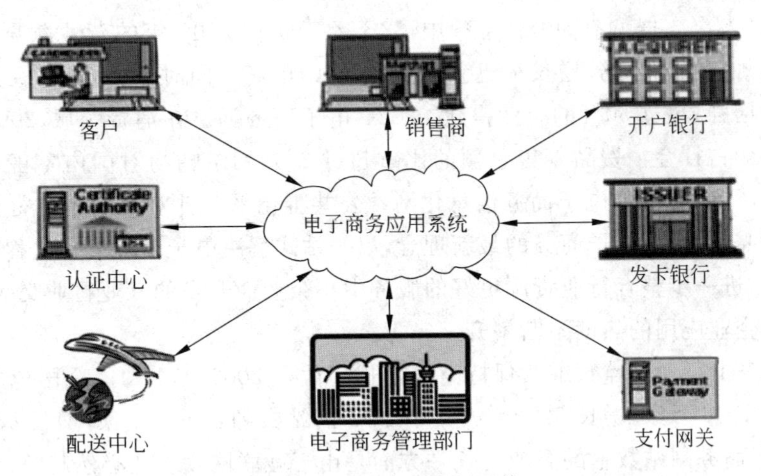

图 9-4　电子商务应用系统

电子商务是一种比传统商务活动更为方便的商务形式，它改变了人们的购物方式，人们可以足不出户，采用自我服务的方式进行网上交易。电子商务向人们提供了新的商业机会和经营机制。

中国电子商务始于 1997 年。如果说美国电子商务是"商务推动型"，那么中国电子商务则更多的是"技术拉动型"，这是在发展模式上中国电子商务与美国电子商务的最大不同。在美国，电子商务实践早于电子商务概念，企业的商务需求"推动"了网络和电子商务技术的进步，并促成电子商务概念的形成。当 Internet 时代到来的时候，美国已经有了一个比较先进和发达的电子商务基础。在中国，电子商务概念先于电子商务应用与发展，"启蒙者"是 IBM 等 IT 厂商，网络和电子商务技术需要不断"拉动"企业的商务需求，进而引致中国电子商务的应用与发展。了解这一不同点是很重要的，这是中国电子商务发展的一大特点，也是理解中国电子商务应用与发展的一把钥匙。

在 1997 年和 1998 年，中国电子商务的主体是一些 IT 厂商和媒体，它们以各种方式进行电子商务的"启蒙教育"，激发和引导人们对电子商务的认识、兴趣和需求。经过这一阶段，在 1999 年和 2000 年，以网站为主要特征的电子商务服务商在风险资本的介入下成为中国电子商务最早的应用者，也成为这一阶段中国电子商务的主体。随着电子商务应用与发展的深化，以及资本市场泡沫的破灭，网站电子商务开始跌入低谷，而企业特别是传统企业却开始大规模地进入电子商务领域，中国电子商务从 2001 年开始进入第三个阶段，企业电子商务成为中国电子商务新的主体。

中国电子商务迅猛发展，据第三方机构 CNZZ 的统计数据表明，2009 年全年电子商务总交易量比 2008 年翻了一番还要多，总金额达到 25 000 亿元，而全国电子商务站点数

量达到 1.56 万家，访客量同比增长 61.29%。其中，B2C 站点数保持着持续增长，访客量达到 2.46 亿人次。据调查，电子商务中 B2B 运营商在 2009 年的营业额增加了 20%，B2C 的市场规模猛增一倍，增长最迅猛的则是 B2C 市场。同时，电子商务在国民经济中的作用显著增强，超过 50%的企业搭建了 B2C 电子商务网。在消费领域，2009 年中国网络购物交易额占社会消费品零售总额的比重超过 2%，网络购物对国内零售市场的影响日趋增大。PT37 智能型电子商务信息化网站公共孵化平台针对现实中各行业在运作中对信息化的需求，运用电子商务的最新理念，以一站式解决电子商务交易过程中的全方位问题为目的，进一步整合行业资源更好的服务中小企业而开发的专业行业交易平台，上线半年来中小企业应用的热度不断攀升。

电子商务的行业站点数继续保持高速增长。截至 2009 年 12 月，全国电子商务的总网站数达到 1.56 万家，增长 32.34%，其中 B2C 网站数超过 9 400 家，增长 43.79%。分析指出，电子商务网站数量的高速增长一方面是由于互联网发展的必然趋势；另一方面在金融危机影响下，越来越多的企业和个人选择建立低成本、易维护的电子商务网站来闯过难关。PT37 智能型电子商务信息化网站公共孵化平台通过为中小企业提供一站式最新的电子商务交易网站，解决企业在电子商务交易过程中需要考虑的成本、货源、交易、安全支付、物流、信用、售后服务、企业内部信息化管理等问题，进而将这些企业网站集合起来，形成各个行业专业的交流交易平台，即行业门户，以高科技、数字化、信息化为服务宗旨，给消费者提供便捷式的新式网络服务，带入网络体验消费新时代，创造更多行业内的合作商机。

电子商务网站的受众范围也在不断扩大。CNZZ 的数据显示，2009 年 12 月电子商务网站的访客数达到 2.67 亿，同比增加 61.29%，比总网民数的增长率高出了 21 个百分点。在 12 月，全国网民中有 86.49%访问过电子商务网站，同比增加 13 个百分点，达到历史新高。

2009 年 12 月，在电子商务网站购物的消费者达 1 350 万人，较年初提高 12%。网购消费者基本遵循价格越高、交易时间越长的原则，在主要的商品类别中，消费者在购买家居用品所用的平均时间为 6 分 52 秒、化妆品为 7 分 48 秒，卡费类商品 B2C 用户对家居用品、化妆品的价格敏感度较高。

由于，C2C 购物往往存在信誉、质量和售后服务等诸多问题，这在一定程度上打消了用户的购物欲望。而 B2C 网上商城则省去了更多的中间环节，能真正做到既物美价廉又有售后保障，迎合了消费者的网购需求，并打消了其心中的顾虑。而随着网购的逐步发展与成熟，B2C 渐渐被各大企业所重视。

众多的传统行业中的寡头搅局 B2C 电子商务，迫使 B2C 互联网公司扩大经营范围往广度做，同时，淘宝这样的 C2C 平台也更聚焦于 B2C。我们有理由相信，2010 年 B2C 将

超过 C2C 而成为电子商务领域的主流。

在目前的经济形势下，运用电子商务的中小企业的生存状况远远好于运用传统模式的企业。

9.4　计算机在金融行业中的应用

金融行业主要分为三大行业：银行、证券和保险业。金融信息化是构建在由计算机、通信网络、信息资源和人力资源等四要素组成的国家信息基础框架上的综合信息系统，将具备智能交换和增值服务、以计算机为主的多种金融信息系统实现互联，创造金融经营、管理、服务的新模式。1993 年我国启动的“金卡工程”就是以发展我国电子货币为目的、以电子货币应用为重点的信息化网络工程，它加快了我国金融电子化和商业电子化的进程。

计算机在金融业中的常用信息系统如下：

(1) 金融服务主要包括网上银行服务、网上支付、银行信用卡网络管理系统、外汇交易系统、个人财务管理、会计账务管理等。

(2) 保险业主要包括保险代理服务、网上报价、理赔管理等。

(3) 投资理财业主要包括网上证券交易、委托投资、网上投资、理财指导系统等。

(4) 金融信息服务业主要包括发布与统计信息，咨询、评估与论证管理等。

(5)“城市一卡通工程”。该项目是应用现代智能卡、网络通信和计算机技术，整合公共交通、公用事业缴费、小额消费支付等公共服务领域的社会资源，为市民提供方便、快捷的电子支付手段而建立的应用平台。“城市一卡通”作为城市信息化基础设施的重要组成部分，可大大提高城市的信息化进程，构筑社会新的经济增长点，不断满足城市建设和社会发展的需求。

9.5　计算机在办公自动化与电子政务中的应用

办公自动化(office automation，OA)和电子政务(electronic government affair，EGA)是政府机关运用计算机进行网络化办公的具体应用。

办公自动化即利用计算机及其他设备来辅助进行办公。办公自动化系统是一个信息系统，如日程管理、电子邮政、电子会议、文档管理及统计报表等，具有管理与决策的辅助功能。工作人员可以利用各种办公软件来编制计划、撰写报告、制作报表等。目前，在许多组织和单位都有内部局域网和办公自动化系统，通过该系统可以互相传输电子文档，实现部门内部信息共享，即“无纸化办公”，可大大节约办公成本，提高工作效率，同时保证数据的统一性和完整性。

所谓电子政务，就是指政府机构应用现代信息和通信技术，将管理和服务通过网络技术进行集成，在互联网上实现政府组织结构和工作流程的优化重组，向社会提供优质和全方位的、规范而透明的管理和服务，完成相关政务活动，其典型应用就是“政府上网工程”。

我国于1999年启动“政府上网工程”，逐步构建了我国的“电子政府”。目前，我国绝大部分县级以上政府都建立了政府门户网站，在网上介绍政府信息、收集民众建议、发布政府公告等，而且部分实现了网上办公、网上审批，开辟了与民众沟通交流提供服务的渠道。计算机在电子政务中的典型应用还有电子公文系统、网上政府招投标管理、电子税务、社会保障管理、就业指导、公民信息服务等。

另外，以数据库技术为基础开发的管理信息系统(management information system, MIS)、决策支持系统(decision support system, DSS)、企业资源规划系统(enterprise resources planning, ERP)等信息系统的应用，大大提高了企业和政府部门的现代化管理水平。

9.6 计算机在医学中的应用

1995年卫生部提出了医疗系统的“金卫工程”，这是中国医疗和卫生保健信息网络工程，包括建立国家卫生高速信息网络、医院信息系统(hospital information system, HIS)、发行统一的金卫卡(是一种全国通用的个人医疗保健激光卡)。它的建立为我国数字化医院的发展起到了推进作用。计算机在医学中的典型应用有如下几种：

(1) 医院信息系统(HIS)，包括医院信息管理系统、临床信息系统、办公自动化系统、医院网站等，它包括门诊药房管理、病历管理、药库管理、病房管理、病例数据库等。如图9-5所示，是一个典型的医院信息管理系统中的门诊收费系统。

(2) 远程医疗，如利用计算机网络进行远程医疗监护、远程协同会诊、远程协同手术和治疗；建立网上医疗专家系统，提供共享的医疗咨询服务。

(3) 医学专家系统，是指将著名医学专家的医学知识和经验存到知识库中，为医疗人员提供诊断等决策支持。医生通过计算机可查阅病人的家族病史、病人病历表，然后根据经验观察病人的病兆，依次运用这些方法就可以给出一个预诊，再经过优化选择，就可为病人提出一个可行的治疗方案。

(4) 计算机辅助药物研究新药开发、中药复方的计算机模拟研究、计算机药物自动筛选、药物信息数据库等。

(5) 网上疾病查询。Internet有丰富的医学信息，如可以查阅病例、就医指导、医疗保

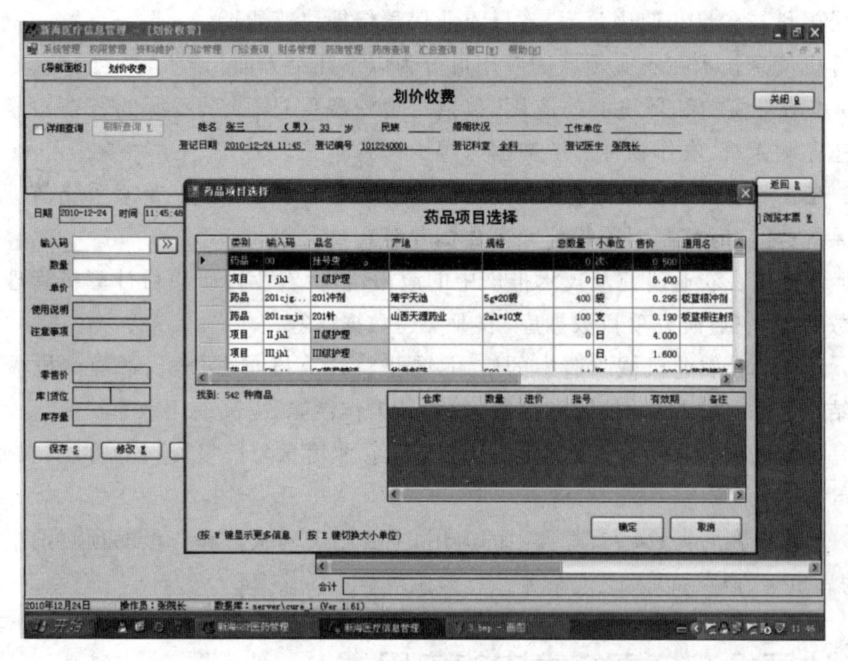

图 9-5　典型的医院信息管理系统中的门诊收费系统

健指导等。

（6）数字化医疗设备，是指将传统的医疗器件与计算机、电子技术、生物技术、精密制造等技术相结合形成的医疗设备，如 CT、磁共振、数字 X 线机、化验诊断监护设备等，从过去的一维信息到二维、三维的可视化信息，极大地丰富了医生的诊断技术和治疗手段。

9.7　计算机在农业中的应用

计算机在农业生产中的应用是促进农业生产管理科学化、农业生产过程控制自动化和农业科研与教育现代化的重要手段。我国实施的“金农工程”是为加速、推进农业和农村信息化建设的重点工程之一，其主要内容是：建立完善农业和农村经济监测管理服务信息系统、农村大型公共信息服务系统和提高农村网络覆盖率。“金农工程”一期项目的主要内容如下：

（1）构件农产品预警、市场监管和农村市场科技信息服务三个应用系统。

（2）开发国内、国际两类农业信息资源，健全国际农产品生产贸易信息系统，为农业参与国际竞争提供必要的支撑，重点建设国家和地方两级数据中心。

（3）强化农村信息服务网络。配备必要的计算机及网络通信设备，提高农业部门信

息基础设施科技含量和使用效率，建设农业信息传播快速通道。

计算机信息技术在农业领域的应用可分为以下几个方面：

(1) 在农业资源和环境上的应用，包括土地资源信息系统、资源的普查和监测、农业产量动态监测系统、农作物种资源数据库等。

(2) 在农业生产系统中的应用，包括作物生长模拟模型、农业专家系统、农业生产实时控制系统(如实时控制园艺栽培和畜禽饲养等)。

(3) 计算机在农业研究及技术推广中的应用，包括农业科研项目计算机管理系统、农业文献数据库、农业研究项目数据库、农业实用数据库等。

(4) 计算机在农业机械改造中的应用，是指将计算机与耕作机械、灌溉机械、收获机械有机结合起来，实现自动检测和控制，改善其工作性能，提高使用效率。

(5) 计算机在农业经济管理中的应用，包括农业信息与情报资料的管理、农业的规划和决策等。

(6) 计算机在防灾、减灾、避灾中的应用，主要用于病虫害和产量的预测预报、预防洪灾、作物病虫害、旱灾，以及土地荒芜沙化监测等。

9.8 计算机在仿真技术中的应用

仿真是建立在控制理论、相似理论、信息处理技术和计算机技术等基础上，以计算机及其相应的软件为工具，利用模型对真实的系统进行模拟实验，并借助专家经验知识、统计数据和信息资料对信息结果进行分析和研究，进而作出决策的一门综合性和试验性技术。仿真已经成为理论研究和实验研究之外的认识世界的第三种方法。

计算机技术的发展为仿真技术提供了先进的工具，加速了仿真技术的发展。利用计算机实现对于系统的仿真研究不仅方便、灵活，而且经济。因此，计算机仿真在仿真技术中占有重要的地位。现代仿真技术的主要研究内容包括仿真建模理论与方法、仿真系统与技术和仿真应用工程。仿真建模理论与方法包括仿真建模理论、仿真系统理论、仿真相似理论及仿真方法论等；仿真系统与技术包括仿真系统支撑环境与仿真系统构建技术；仿真应用工程包括仿真应用理论、仿真应用的可信性理论、仿真共性应用技术和各领域的仿真应用技术。

计算机仿真技术已经在机械制造、航空航天、交通运输、船舶工程、经济管理、工程建设、军事模拟以及医疗卫生等领域得到了广泛的应用。

计算机仿真技术还可用于系统研制过程中方案论证、设计分析、生产制造、试验评估、运行维护和人员训练等阶段的全过程。如在汽车碰撞实验方面，根据汽车碰撞的事故形态与乘员伤害之间的规律建立了乘员动力学响应的数学模型并开发出相应的仿真软件，

可部分代替实车碰撞实验进行汽车被动安全性能的研究，节约大量试验成本并获得更为全面的技术数据。

又如反应堆及其相关技术的研究是一项大科学工程，需要耗费大量人力、物力。传统的研究方法存在一些不足，主要表现在：在某些环节上效率比较低，设计工作中的反复较多，设计中存在着很多程式化的工作等。这些不足增大了研究耗费，浪费了领域专家的宝贵时间，延长了研究周期，因此在反应堆设计中引入仿真技术就显得尤为重要。使用仿真技术，用已有的物理模型为基础，以计算机硬件为依托，使用各种软件技术存储、处理和表达反应堆的各种数据的综合应用平台，建立数字反应堆，即可为领域专家提供一个高效方便的研究平台，将大大提高领域专家的工作效率。如图 9-6 所示为一台真实的反应堆——中国 EAST 全超导托卡马克，如图 9-7 所示为通过计算机仿真的数字反应堆。

图 9-6　中国 EAST 全超导托卡马克

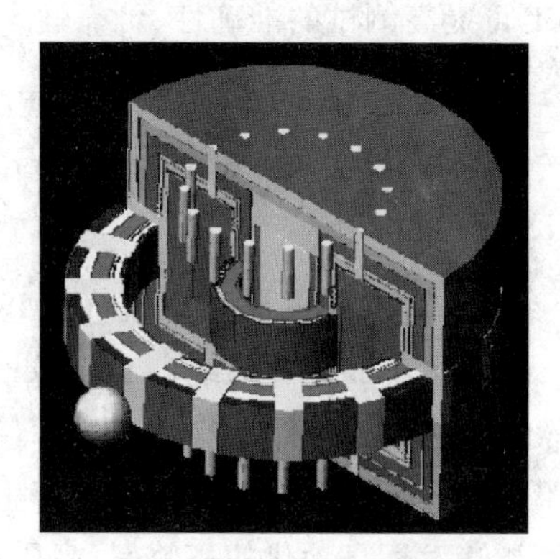

图 9-7　数字反应堆剖面图

9.9　计算机在生产制造企业中的应用

计算机在生产制造企业中的应用主要如下。

1. 计算机辅助设计（CAD）

计算机辅助设计（computer aided design，CAD）利用计算机来辅助完成产品或工程设计。CAD 可缩短设计周期、降低成本、提高设计质量，同时可以提高图纸的复用率和可管理性。采用计算机辅助设计的范围很广，如飞机、汽车、城市规划、房屋、桥梁、服装、集成电路等。AutoCAD 是应用最广泛的辅助设计软件，各种基于 AutoCAD 的专业设计软件也被开发出来。

2. 计算机辅助制造(CAM)

计算机辅助制造(computer aided manufacturing,CAM)利用计算机来辅助完成产品的制造,可实现对工艺流程、生产设备等的管理与对生产装置的控制和操作,如对数控机床、制造设备的自动控制等。

随着生产技术的发展,越来越多的CAD和CAM功能已融为一体,形成了计算机辅助设计与制造技术,简称为CAD/CAM。它是利用计算机的快速计算、逻辑判断等功能和人的经验形成一个专业系统,用于帮助产品或各项工程的设计制造,使设计和制造过程实现自动化。

3. 计算机辅助测试(CAT)

计算机辅助测试(computer aided testing,CAT)是指利用计算机辅助进行产品测试。CAT可提高测试的准确性、可靠性。

4. 计算机辅助工艺编制(CAPP)

计算机辅助工艺编制(computer aided process planning,CAPP)利用计算机来辅助编制工艺流程。

5. 计算机集成制造系统(CIMS)

计算机集成制造系统(computer integrated manufacture system,CIMS)是利用计算机软硬件、网络、数据库等信息技术,将企业的经营、管理、计划、产品设计、加工制造、销售及服务等环节的人力、财力、设备等生产要素集成起来,形成一个统一协调的整体,使之一方面能够发挥自动化的高效率、高质量,另一方面又具有充分的灵活性,以利于经营、管理及工程技术人员根据不断变化的市场需求及企业经营环境,灵活、及时地调整企业的产品结构及各种生产要素的配置方法,建立现代化的生产管理模式,从而提高企业的整体素质和竞争能力。

6. 生产过程控制

过程控制又称实时控制,是指用计算机及时检测采集受控对象的数据,按最佳值迅速对控制对象进行自动控制或自动调节。利用计算机进行过程控制,不仅提高了控制的自动化水平,而且可以大大提高控制的及时性和准确性,从而达到改善劳动条件、提高产品质量、节约能源、降低成本的目的。现代工业,由于生产规模不断扩大,技术、工艺日趋复杂,从而对实现生产过程自动化控制的要求也日益提高。计算机过程控制已在冶金、石油、化工、水电、纺织、机械、军事、航天等许多部门得到广泛的应用。如图9-8所示为一个实际应用的自来水生产过程自动控制系统构成。

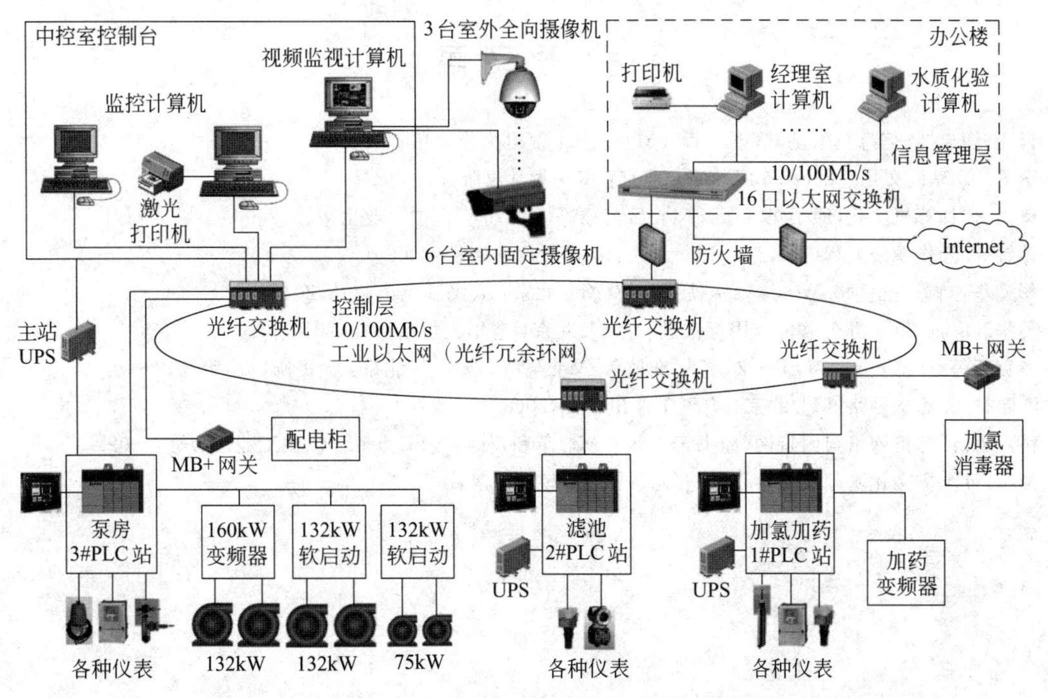

图 9-8　自来水生产过程自动控制系统构成

参考文献

肖诩，谢忠新. 信息技术基础(第3版)[M]. 上海：复旦大学出版社，2010.
李秀. 计算机文化基础(第5版)[M]. 北京：清华大学出版社，2005.
奥嘉著. 计算机文化(原书第8版)[M]. 吕云翔等译. 北京：机械工业出版社，2006.
孙钟秀. 操作系统教程(第4版)[M]. 北京：高等教育出版社，2008.
彭爱华，刘晖，王盛麟. Windows 7 使用详解[M]. 北京：人民邮电出版社，2010.
吴华. Office 2007 办公软件应用标准教程[M]. 北京：清华大学出版社，2010.
考克斯等著. Microsoft Office 2007 标准教程[M]. 吴浩，李娜译. 北京：人民邮电出版社，2009.
谢希仁. 计算机网络[M]. 北京：电子工业出版社，2008.
科默著. 计算机网络与因特网(原书第5版)[M]. 革和，林生等译. 北京：机械工业出版社，2009.
谭宁. 计算机文化基础案例教程[M]. 北京：高等教育出版社，2010.